别让沉不住气毁了你

宿文渊◎编著

中国华侨出版社

图书在版编目 (CIP) 数据

别让沉不住气毁了你 / 宿文渊编著 .—北京 : 中国华侨出版社，2015.1

ISBN 978-7-5113-5152-4

Ⅰ.①别… Ⅱ.①宿… Ⅲ.①人生哲学 – 通俗读物 Ⅳ.①B821-49

中国版本图书馆 CIP 数据核字（2015）第 018340 号

别让沉不住气毁了你

编　　著：宿文渊
出 版 人：方　鸣
责任编辑：白　豫
封面设计：韩立强
文字编辑：彭泽心
美术编辑：杨玉萍
图片提供：www.quanjing.com
经　　销：新华书店
开　　本：710mm × 1000mm　1/16　印张：20　字数：359 千字
印　　刷：北京华平博印刷有限公司
版　　次：2015 年 4 月第 1 版　2015 年 8 月第 4 次印刷
书　　号：ISBN 978-7-5113-5152-4
定　　价：29.80 元

中国华侨出版社　北京市朝阳区静安里 26 号通成达大厦三层　邮编：100028
法律顾问：陈鹰律师事务所
发 行 部：（010）58815874　　传　　真：（010）58815857
网　　址：www.oveaschin.com
E-mail:oveaschin@sina.com

前言

人生在世，没有人一辈子交好运，也没有人一辈子走背运。失败、委屈、痛苦、无奈、寂寞等都是成功前必须要经历和承受的。一个沉不住气的人，心智肯定是不成熟的；一个沉住气的人，必然在大是大非面前不糊涂。面对世间百态，我们压住自己内心的不平、愤怒和躁动，只有在小处忍让，才能在大处获胜。

古往今来，无数成大事者都不是一帆风顺的，都经历过艰难曲折，司马迁在《报任安书》中就举出许多例子："文王拘而演周易；仲尼厄而作春秋；屈原放逐，乃赋离骚；左丘失明，厥有国语；孙子膑脚，兵法修列；不韦迁蜀，世传吕览。"就连司马迁本人，也是在遭遇宫刑之后发愤著书，才有"史家之绝唱，无韵之离骚"的《史记》传唱于世。能沉得住气的人，必是勇者，更是智者。曹雪芹耐住了一生的寂寞，才成就了我国历史上伟大的小说《红楼梦》；参加科举考试屡屡失意的蒲松龄，于寂寞里聊斋闲话，才有了"写鬼写妖高人一等，刺贪刺虐入木三分"的《聊斋志异》；居里夫妇埋头实验，耐住数十年的寂寞，才终于从几十吨矿石残渣中提炼出 0.1 克的镭……由此可见，只有沉得住气的人，才能成就一番事业，实现自己的人生价值。

没有人随随便便就能成功，在面对黑暗的时候只有沉住气，才能有所作为。在苏轼《留侯论》中有这样一段话："古之所谓豪杰之士者，必有过人之节。人情有所不能忍者，匹夫见辱，拔剑而起，挺身而斗，此不足为勇也。天下有大勇者，卒然临之而不惊，无故加之而不怒。此其所挟持者甚大，而其志甚远也。"说的是古时候被人称作豪杰的志士，一定具有胜人的节操，拥有一般人没有的度量。普通人受到侮辱，拔剑而起，挺身上前搏斗，这不能算作勇敢。天下有一种真正勇敢的人，遇到突发的情形毫不惊慌，无缘无故地对他施加侮辱也不动怒。为什么能够这样呢？是因为他胸怀大志、目标高远的缘故。人生自有沉浮，当我们遇到突发事件时，要沉住气，做到"猝然临之而不惊"，"泰山崩于前而色不变”，以冷静的态度应对；当目标没有达成时，要沉住气，学会忍耐，等待机遇，继续努力；当遇到挫折或者失利时，要沉住气，心态平和，靠毅力咬紧牙关。时刻谨记：沉住气，才能成大器。

王国维在《人间词话》里说：“古今之成大事业、大学问者，必经过三重境界：‘昨夜西风凋碧树。独上高楼，望尽天涯路’，此第一境也；‘衣带渐宽终不悔，为伊消得人憔悴’，此第二境也；‘众里寻他千百度，蓦然回首，那人却在灯火阑珊处’，此第三境也。”第一境界的含义是，做学问、成大事业者，首先要有执着的追求，登高望远，勘察路径，明确目标与方向，了解事物的概貌。这也是人生迷茫、独自寻找目标的阶段。第二境界作者以此两句来比喻成大事业、大学问者，不是轻而易举、随便可得的，必须坚定不移，经过一番辛勤劳动，废寝忘食，孜孜以求，直至人瘦带宽也不后悔。这也是人生的孤独追求阶段。第三境界是说，做学问、成大事业者，必须有专注的精神，反复追寻、研究，下足功夫，自然会豁然贯通，有所发现，也就自然能够从沉得住气，耐得住寂寞中破茧化蝶的。这也是人生的实现目标阶段。由此可见，大凡成功者都是孤独而执着的。沉住气，是一个人思想、灵魂、修养的体现，是一种难能可贵的风范。

沉住气是成功的基石，是成功前的蓄积。只有耐得住寂寞、沉得住气，才有时间和精力去刻苦钻研、奋然前行。少了物质的羁绊，少了心灵的纷扰，做事情就会更加投入和专注。寂寞不一定都能通向成功，但所有的成功必有一段在寂寞中奋争的过程。远离喧嚣，敬谢浮名，认认真真做事，扎扎实实地积累与突破，这样才能在人生路上走得稳、走得远。过于浮躁，急功近利，往往适得其反，劳而无功。

本书从人生、处世、名利、职场、理财、生活等方面对“别让沉不住气毁了你”进行了全面而深入的解读。一个人如果沉不住气，精神的家园就会被杂草侵占，心灵的净土就会被邪念玷污，生命的底线就会被欲望突破，就极有可能从此徘徊在黑暗与痛苦里，饱受心灵的鞭笞和谴责，甚至将自己的所有都彻底葬送。相反，能够沉住气，就会对生活中的痛苦和快乐有所感悟，精神灵魂就会得到升华。因为沉住气，才守住了幸福；因为沉住气，才成就了事业……沉住气之于人生，不是无聊与痛苦的渊薮，而是成长与创造的乐园。

目录

第一章

沉不住气，难免耐不住寂寞不成器

宋代大文豪苏东坡说过：“古之成大事者，不惟有超世之才，亦必有坚韧不拔之志。”这“坚忍不拔之志”里面就有沉住气，埋头去做，不放弃、不认输的进取精神。沉得住气，波澜不惊中蕴藏着勇猛精进的态度，低调平实中包含着积极进取的决心。无论何时，沉得住气都是我们通往成功的必备信条。

第二章

沉不住气，怎能临之不惊压得住事

世界潜能激励大师安东尼罗宾斯说过：“成功的秘诀就在于懂得怎样控制痛苦与快乐这两股力量，而不为这两股力量所反制。如果你能做到这点，就能掌握住自己的人生，反之，你的人生就无法掌握。”这就需要我们“卒然临之而不惊，无故加之而不怒”，面对困境要从容，面对顺境要超然，不论得失成败，不论荣辱盛衰，不论喜怒哀乐，都要沉着冷静，以不变应万变，把事情做得更好。

第三章

沉不住气，势必意气用事动真气

《大学》中有句话：“知止而后有定，定而后能静，静而后能安，安而后能虑，虑而后能得。”能够有一种淡泊宁静的心态，我们的意志才会有定力，意志有了定力，我们的心才能静下来，不会妄动；能做到心不妄动，我们才能安于处境，身心安泰；能够身心安泰，我们才能处世精当，思虑周详；能够思虑周详，我们便能达到至善的境界。

第四章

沉不住气，难免嫉贤妒能生闷气

中国人常说：“别动气，动气就损了精气；别生气，生气就坏了元气；别斗气，斗气就伤了和气；宜忍气，忍气便能神气。”其实，一切情绪都来源于我们自身，要知道，我们自己是一切情绪的创造者，没有你的同意谁也别想让你生气。因此，与其让别人的错误来惩罚自己，还不如给别人台阶下，一笑了事罢了。

第五章

沉不住气，必然急功近利少志气

成功常成于坚忍，毁于浮躁。只有一步一步脚踏实地，慢慢积累，才能达成自己的目的。做事的时候不要一味贪多求快，急功近利反而欲速则不达。凡真正成大事者，都须戒骄戒躁，善于权衡大小，重长远，趋大利；善于控制、调节自己；目光远大，自信心强。

第六章

沉不住气，定会惶恐忐忑没勇气

舍局部而求全局，舍眼前而求长远，是尊重客观规律、对人生负责任的一种体现。在适当的时候舍弃眼前的利益和诱惑，着眼于长远，把时间和精力花在更有价值的事情上，沉住气，踏踏实实地努力去做，为下一次的出击积蓄力量，全力以赴，才会有成功的可能。

第七章

沉不住气，自然斤斤计较不大气

聪明的人懂得“吃亏是福”。吃亏是沉住气、通观全局的眼光，是精明睿智的妥协，是淡定从容的洒脱，是不去争强斗狠的风度，是获得长远利益的动力与基石。睿智的人具有包容的智慧。包容是换位思考的理解，是修身养性的真经，是俯仰自如的风度。心胸有多大，事业就有多大。包容有多少，拥有就有多少。

第八章

沉不住气，势必口无遮拦伤和气

说话的时候一定要三思而后言，注意时机和场合，权衡一下话说出后的利弊，平心静气地交谈往往更容易为人所接受。相反，如果沉不住气，过激、过头、过火的言辞不但有失分寸，而且会增加对方的对立情绪，给自己造成不必要的麻烦。

第九章

沉不住气，难免心浮气躁没生气

在追求幸福的道路上，许多的努力不是一下子就可以看到成果的，需要忍耐和等待。有了忍耐，才有了坚持以及坚持的可贵；有了等待，才有了希望以及希望的美丽。其实，不但幸福需要忍耐和等待，在一定程度上，忍耐和等待本身就是幸福。忍耐和等待的结果并不重要，重要的是忍耐和等待的过程，幸福的意义就在这个过程中。

第十章

沉不住气，就会意志消沉少骨气

一个人要想成大器，重要的是历经长久的磨炼。无论谁的人生，都是一条崎岖之路。这条路充满了艰辛苦难，路上会有太多的磨难和挫折，人要坚强地生存下去，就要忍耐。在追求成功的过程中，痛苦而且漫长，但是只要有“磨”的精神，困难就微不足道了。而且，唯有“磨”，才能收敛锋芒，才能磨炼心性，不断提升自己的能力。

第十一章

沉住气，世界就是你的

当你胸怀大志、有深远高明的见识时，当你计谋、策略高人一筹时，就应该踏踏实实地做好每一件事，让你的抱负、才干得到体现。那些投机取巧、三心二意之人，看似精明，就算曾经风光一时，却由于缺乏脚踏实地的务实态度和坚定不移的执着精神，而难以有所建树，充其量，他们只能是小打小闹的投机者，而难以成为集大成的大功业者。

第十二章

沉住气，才能做情绪的主人

卓越的成功者过得充实、自信、快乐，平庸的失败者过得空虚、窘迫、颓废。善于控制自己的情绪的人，能在绝望的时候看到希望，能在黑暗的时候看到光明，所以他们心中永远拥有积极向上、不断奋斗的动力；而失败者并不是真的像他们所抱怨的那样缺少机会，或者是资历浅薄，甚至是上天不公。其实，他们之所以失败，就是因为他们没有很好地掌控自己的情绪。

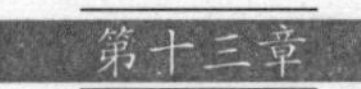

沉住气，苦难的尽头就是幸福的开始

如果说幸福是灵魂的巨大愉悦，这愉悦源自对生命的美好意义的强烈感受，那么，折磨之为折磨，在于它能够撼动生命的根基，打击了人对生命意义的信心，因而使人陷入巨大痛苦中。生命中所经历的一切，无论多么悲惨，如果没有震撼灵魂，就称不上是折磨。当你不断遭受折磨，你的灵魂也在折磨中不断升华，最终，你将在不断的进步中趋近完美的人生。

第十四章

沉住气，三千越甲可吞吴

所谓：“有志者、事竟成，破釜沉舟，百二秦关终属楚；苦心人、天不负，卧薪尝胆，三千越甲可吞吴。”说的就是要沉住气这个道理。但沉得住气是需要非凡的执着和定力的，寂寞的坚守，是“零落成泥碾作尘”的矢志不渝，是“吹尽黄沙始到金”的忠贞不悔，是“千磨万击还坚劲”的顽强不屈……“板凳要坐十年冷，话语不说半句空”，远离喧嚣，敬谢浮名，认认真真做事，扎扎实实地积累与突破，这样才能在人生路上走得稳、走得远。过于浮躁，急功近利，往往适得其反，劳而无功。

第十五章

沉住气，拿得起更要放得下

沉住气，就是要低调沉稳，不争功、不诿过，不逞强好胜，不斤斤计较，宠辱不惊，去留无意。反之，如果你认为自己处处胜人一筹、高人一等，就会有失谦逊之德、平易之美。所以，一个人不管在什么情况下，都要放下自己的身段，低调做人、高调做事，这不仅是体面生存和尊严立世的根本，也是赢得人生、成就事业的最佳心态。

第十六章

沉住气，可以有性格但别太个性

太有个性被人压，太没个性被人掐。有个性并不是什么错事，更不是坏事，每个人都在用独特的个性眼光来审视周围的世界。可是，当我们步入社会，太有个性就容易受到伤害，我们的过分个性、特立独行在别人看来就是一种傻，有时候还会变成利刺伤害别人，我们也会为自己过于个性化的行为或者思想付出代价。所以，沉住气，收敛自己的个性，别太有个性，也别太没个性。

第十七章

沉住气，放长线才能钓大鱼

沉住气，虽说是个心态问题，其实也包含了做人做事的大智慧。做事知方圆，做人要通达。沉住气，不焦躁，一副和光同尘、宠辱不惊之状，反而更利于化解人际摩擦，创造和谐人际，集中精力引导事态向良性方向发展。

第十八章

沉住气，运气就来了

识时务者为俊杰，自古雄才大略之人皆能顺应时势而成大事，有智慧的人并非雄心勃勃，意气用事，随心所欲。而是能够沉住气，冷静地审时度势，理智地进退，在瞬息万变的社会中把握机遇，扬长弃短，借势而起，从而拥有更辉煌的成功。

第十九章

沉住气，福气就来了

《阴符经》上说："性有巧拙，可以伏藏。"它告诉我们，善于伏藏是成功的关键。一个人过于显露出自己高于一般人的才智，往往会对自己不利，甚至招来外力的攻击。聪明人大都才华不外露，锋芒内敛，以装糊涂的办法而尽力避免做出犯糊涂的事情。这是一种很明智的做法，既可以保全自己，也可以伺机而动。学会"藏拙"，并不意味着抱残守缺、不思进取，而是沉住气，静下心来，充分了解自己的缺陷不足，找到适合自己的方向、位置而加倍努力，将长处发挥到极致，一步步走向成功。

第一章

沉不住气，难免耐不住寂寞不成器

宋代大文豪苏东坡说过：“古之成大事者，不惟有超世之才，亦必有坚韧不拔之志。”这“坚忍不拔之志”里面就有沉住气，埋头去做，不放弃、不认输的进取精神。沉得住气，波澜不惊中蕴藏着勇猛精进的态度，低调平实中包含着积极进取的决心。无论何时，沉得住气都是我们通往成功的必备信条。

·伟大是熬出来的·

伟大究竟是怎样成就的？伟大的力量究竟在哪里？

冯仑在《野蛮生长》一书中说过，决定伟大的有两个最根本的力量，时间就是其中之一，时间的长短决定着事情或人的价值，决定着能否成就伟大。所以当你要做一件你希望它伟大的事情时，首先要考虑你准备花多少时间。如果是一年，绝对不可能伟大，20年或许有可能。这么长时间怎么过？不可能一直顺风顺水，肯定要熬。

想要成就伟大，就要耐得住寂寞，埋头去做，用时间熬成伟大。

这是一个在中国地图上找不到的小岛，但历史上西方列强曾7次从这一海域入侵京津。在这个小岛上驻守着济空雷达某旅九站官兵。这个雷达站新一代海岛雷达兵在艰苦寂寞、气候恶劣的自然环境中，用青春和汗水铸起了一道天网。近年来，连队雷达情报优质率始终保持100%，先后20多次圆满完成中俄联合军事演习等重大任务，被誉为京津门户上空永不沉睡的“忠诚哨兵”。

这个雷达站80%的官兵是“80后”，70%的官兵来自城镇、经济发达地区和农村富裕家庭，50%的官兵拥有大中专以上学历。尽管如此，这些新一代军人仍

然能够像当年的“老海岛”一样，吃大苦、作奉献、打硬仗。

风平浪静时，小岛十分美丽，初进海岛的官兵都会感到心清气爽。可不出一个星期，无法言喻的孤独和寂寞感就会悄然爬上心头。白天兵看兵，晚上听海风。值班时，盯着枯燥的雷达屏幕看天外目标；休息时，围着电视机看外面的世界。除了连队的文体活动场所外，小岛上没有任何可供官兵休闲娱乐的去处。每当有客船来岛，听到进港的汽笛声，没有值班任务的官兵，就会欢呼雀跃地拉起平板车跑向码头，去接捎给连队的货物，顺便看上一眼岛外来人的陌生面孔，呼吸几口船舱带来的岛外空气。孤岛上的寂寞，连祖祖辈辈生活在这里的渔民都发出这样的感慨：“初来小海岛，心境比天高；常住小海岛，不如死了好。”

5年间，60多名战士从当兵到复员没有出过岛，他们守住了孤独，守住了寂寞。目前，九站已连续12年保持先进，年年被评为军事训练一级单位，先后两次被军区评为基层建设标兵连队，荣立集体二等功、三等功各一次。

用时间熬成伟大，是所有成就事业者遵循的一条原则。它以踏实、厚重、沉思的姿态为特征，以一种严谨、严肃、严峻的表象，追求着一种人生的目标。

人一生中际遇不会相同，伟大的标准也不会相同，但只要你踏踏实实过好每一天，不断充实、完善自己，就能很好地把握机遇，成就伟大。有“马班邮路上的忠诚信使”称号的王顺友就是这样一个踏踏实实“熬”过每一天的人。

王顺友，四川省凉山彝族自治州木里藏族自治县邮政局投递员，全国劳模，2007年全国道德模范的获得者。20年来，他一直从事着一个人、一匹马、一条路的艰苦而平凡的乡邮工作。邮路往返里程360千米，月投递两班，一个班期为14天。22年来，他送邮行程达26万多千米，相当于走了21个二万五千里长征，围绕地球转了6圈！

王顺友担负的马班邮路，山高路险，气候恶劣，一天要经过几个气候带。他经常露宿荒山岩洞、乱石丛林，经历了被野兽袭击、意外受伤乃至肠子被骡马踢破等艰难困苦。他常年奔波在漫漫邮路上，一年中有330天左右的时间在大山中度过，无法照顾多病的妻子和年幼的儿女，却没有向组织提出过任何要求。

为了排遣邮路上的寂寞和孤独，娱乐身心，他自编自唱山歌，其间不乏精品，像“为人民服务不算苦，再苦再累都幸福”等等。为了能把信件及时送到群众手中，他宁愿在风雨中多走山路，改道绕行以方便沿途群众。而且还热心为农民群众传递科技信息、致富信息，购买优良种子。为了给群众捎去生产生活用品，王顺友甘愿绕路、贴钱、吃苦，因而也受到群众的广泛称赞。

20年来，王顺友没有延误过一个班期，也没有丢失过一个邮件、一份报刊，投递准确率达到100%，为中国的邮政事业做出了自己的贡献。

王顺友是伟大的，因为他耐住了寂寞，战胜了自己。很多人以为王顺友的日子太苦太难熬，其实，这就像爬山，熬过艰难的攀登过程，到山顶一看，天高云淡，神清气爽。我们每一个人，只有先去经历“熬”的过程，才能真正体会到“伟大”的境界。

任何人的一生，都是一趟漫长的旅行，沿途有无数的坎坷和泥泞。我们要以熬药、熬粥、熬汤的态度对待人生，能够忍耐，能够战胜坎坷，将日子慢慢地熬，耐心地过，每一天都过得香甜有滋味。

“熬”是一种难得的品质，不是与生俱来的，也不是一成不变的，它需要长期的艰苦磨炼和凝重的自我修养与完善。“熬”是一种有价值、有意义的积累。一个人的生活中总会有这样、那样的挫折，会有这样、那样的机遇，然而如果你有一颗能“熬”的心，用心去对待、去守望，伟大就会属于你。

·人生最大的享受是磨砺·

“滴水石穿，绳锯木断”，成功来自于坚持，功夫全在于磨砺。“磨”不是怯懦的忍耐，而是为了实现某种目标而采取的手段。

在追求成功的道路上，很多人天赋异禀，但因为没有毅力，很难到达胜利的终点；而那些资质平平的人，却可以凭借恒心，点滴积累，看到成功的顶点。正所谓：十年磨一剑，功夫全在磨。愿意坚持的人笑到最后，耐跑的马脱颖而出。

2006年，一本名叫《明朝那些事儿》的历史小说声名鹊起，受到千万读者的热烈追捧。小说的作者“当年明月”才气横溢、嬉笑怒骂皆成文章。殊不知，在现实生活中，“当年明月”却是一个毫不起眼，甚至有点木讷内向的小伙子。

“当年明月”本名石悦，1979年出生在一个平凡的家庭，他性格内向，成绩中等，没有任何特长，从小到大，一直被身边的人视为资质平庸、将来不可能有多大出息的男孩。石悦唯一有点与众不同的地方，就是对历史非常痴迷。小时候，别的男孩子都喜欢变形金刚、武侠小说，石悦却对《上下五千年》等历史书籍情有独钟，百看不厌，进入大学，许多同学忙着谈恋爱、沉溺于各种网络游戏，石悦仍然将自己的课余时间全都交给了史书。

大学毕业后，石悦考取了公务员。工作之余，石悦不抽烟不喝酒、不打麻将

不泡吧，也不爱交朋友，他依旧躲进史书中与各朝各代的历史人物交友为伴。石悦成了众人眼中的另类，甚至大家觉得他有点孤僻。

直到有一天，一本名叫《明朝那些事儿》的历史小说在天涯论坛、新浪网站风起云涌，很多出版商赶到石悦的单位争相要和他签订出版合约时，同事们才知道，这个平时毫不起眼、有点木讷内向的小伙子就是目前网络中大名鼎鼎的当红作者“当年明月”。

后来，有媒体记者向石悦讨取成功经验时，他调侃地说道：“比我有才华的人，没有我努力；比我努力的人，没有我有才华；既比我有才华，又比我努力的人，没有我能熬！”

石悦的成功确实是熬出来的，正因为他十年如一日地耐得住寂寞，迷恋于历史，才会换来今天的辉煌成就。石悦从忍受煎熬到享受煎熬的过程，完成了一个成大事者历经磨砺，进而蜕变腾飞的华美转身。

人生本身就是一种修炼的过程，有些人之所以能成功，并不是因为他们有与生俱来的天分，而是因为他们有志气，更重要的是他们能够调整自己的心态，在沉稳中磨炼身心。所谓“磨”，就是要磨炼心性，聚精会神地做一件事的过程和态度。无论何时，遇到怎样的困难，成功者都能为了实现某种目标而经历“磨”的过程，他们具备超凡的忍耐力，总能坦然地面对生活中的各种磨难，爆发时才能撑得起未来的辉煌。

·自律方能有条不紊·

有些人说创业伟大，因为能够领导别人。这其实是一种想当然的错误理解，伟大不是体现在领导别人上，而是体现在管理自己上。所谓管理自己其实就是自律，是人的一种重要的品质，同时也是一种最容易被人忽略的品质。

孔子说：“躬自厚，而薄责于人，则远怨矣！”“躬”就是反躬自问，“自厚”并不是对自己厚道，而是对自己要求严格。当别人做错事，责备别人时，不要像对自己那样严厉。只有严于律己、宽以待人，才能远离别人的怨恨。

自律是一个人的优良品质，一个人要想担负起责任，没有这种品质是不行的；一个人如果想很好地为自己的团队服务，也必须具备这样的品质。它之所以这样重要，因为它是一个优秀人才必备的素质，同时也是任何人都希望具有的素质。

通用电气原董事长兼CEO杰克·韦尔奇认为，一名优秀的职员应该具备出色的自制能力，一个连自己都管理不了的人，是无法胜任任何职位的，当然，最终他也不会成为一名好职员。

一名初入歌坛的歌手，他满怀信心地把自制的录音带寄给某位知名制作人。然后，他就日夜守候在电话机旁等候回音。

第一天，他因为满怀期望，所以情绪极好，逢人就大谈抱负。第十七天，他因为不明情况，所以情绪起伏，胡乱骂人。第三十七天，他因为前程未卜，所以情绪低落，闷不吭声。第五十七天，他因为期望落空，所以情绪极坏，拿起电话就骂人。没想到电话正是那位知名制作人打来的。他为此毁了希望，断送了前程。

覆水难收，徒悔无益。我们在为这名歌手深深惋惜的同时，也更深刻地明白了无法克制自己的情绪带来的危害。

对于自制自律的问题，诙谐作家杰克森·布朗曾经有过一个有趣的比喻："缺少了自我管理的才华，就好像穿上溜冰鞋的八爪鱼。眼看动作不断可是却搞不清楚到底是往前、往后，还是原地打转。"如果你有几分才华，自以为付出的努力也很多，却始终无法获得应有的成就，那么，你很可能缺少自我约束的能力。

曾经有一位立下了赫赫战功的美国上将，有一次他去参加一个朋友的孩子的洗礼，孩子的母亲请他说几句话，以作为孩子漫长人生征途中的准则。将军把自己历经苦难，以致最终荣获崇高地位的经历，归纳成一句极简短的话："教他懂得如何自制！"

生活中，大多数人很难在开始的时候就具备出色的自律能力。往往是经历了他律、协助性自我管理之后，才能实现真正意义上的自我管理。

自律能力在完善一个人的个性方面起着巨大的积极作用。"如果一个人没有自律能力，那他在工作上的敬业程度就会大打折扣。"一家大企业的人力资源经理举了这样一个例子："我们的上班时间是8：30，有人8：20就到了，有人8：30到，也有人8：40才到。在平时看不出这三类人有什么本质上的区别。但是在关键时刻，或许正是因为这迟到10分钟的习惯，误了大事。这其实就是每个人的自律能力不同导致的后果。"

当你意识到自制自律的重要性，并在日常工作、生活中加以实施时，你会发现，无论你做什么事，都会得心应手，有条理可循。

·阻碍我们的不是能力，而是狭隘·

在现实生活中，普遍存在着这样一种人，他们在工作中取得了一点成绩后，便骄傲自满起来。然而，这样的人由于沉不住气，缺乏继续攀登的决心，他们在工作中没有付出100%的努力，也就很难有更好、更具建设性的想法或行动。所谓船到江心，不进则退，如果他们持续抱有这样不思进取的态度，其结果可想而知。

纳迪亚·科马内奇是第二个在奥运会上赢得满分的体操选手，她在1976年蒙特利尔奥运会上完美的表现，令全世界为之侧目。

有一次在接受记者采访时，当纳迪亚·科马内奇被问到她为何会有如此完美的表现时，她说："我总是告诉自己'我能够做得更好'，不断鞭策自己更上一层楼。要拿下奥运金牌，你不能过正常人的生活，要比其他人更努力才行。对我而言，做个正常人意味着会过得很无聊，一点儿意思也没有。我有自创的人生哲学：'别指望一帆风顺的生命历程，而应该期盼成为坚强的人。'"这就是她为自己所设定的标准。

一般人认为还可以接受的标准，对于像纳迪亚·科马内奇这样渴望成功的人而言，却是无法接受的低标准，他们会努力达到更高的标准。

美国富兰克林人寿保险公司前总经理贝克曾经这样告诫他的员工："我劝你们要永不满足。这个不满足的含义是指上进心的不满足。这个不满足在历史中已经导致了很多真正的进步和改革。我希望你们绝不要满足。我希望你们永远迫切地感到不仅需要改进和提高你们自己，而且需要改进和提高你们周围的世界。"

这样的告诫对于我们每一个人来说，都是必要的。不思进取的人不但不能够发展，说不定还会在日益激烈的社会竞争中被淘汰。只有那些沉住气，能够不断学习，适应形势需要的人才能够在这个社会中长久地生存。一个和自己较劲的人，就拥有了不懈的动力，凭借这样的动力，才能够不断提升自己，全力以赴将任何事情做到最好，也为改变自己的命运提供了更多的机会。

在人类航海史上，哥伦布靠着超越的信念和勇气，书写下了光辉的一页。在他每一天的航海日记上都会出现这样一句话："我们继续前行！"

是的，人生就是一个不断攀登、不断超越的过程，漫漫的人生路途中，也许会阴云密布，令你感到茫然无措，但是只要你从始至终都坚定自己的信念，就会迎来阳光灿烂、鸟语花香的美景。只有不断地超越自己，才能成功。

曾经有一个笑话：

一个渔翁在河边钓鱼，一条接着一条，收获颇丰。奇怪的是，他钓到大鱼就把它放回河里，小鱼才装进鱼篓里。路人很好奇，便走过去问他为什么要这么做。钓鱼翁答道："你以为我喜欢这么做吗？我也是没办法呀！我只有一个小煎锅，煎不了大鱼啊！"

很多时候，我们就像这位渔翁一样，虽有一番雄心壮志，却习惯性地告诉自己："算了吧，我只有一个小煎锅，可煎不了大鱼。"我们甚至会进一步找借口来劝慰自己："如果这是个好主意，别人一定早就想过了。我的胃口没有那么大，还是挑容易一点的事情做好，别把自己累坏了。"

多数人遭受失败的原因在于他们不能正确地判断自己的能力，低估了自己的价值。只有不平凡的个性才能成就不平凡的人生。韦尔奇说："要么做行业第一，要么做行业第二，达不到就不要去做。"人的追求在哪儿，他的人生也就在哪儿，追求永无止境，你的成就也就永无止境，一旦在心里为自己预设一个追求的高度，你的人生就会局限在一个小圈子里，难以再有突破。

新希望集团总裁刘永行说过："如果我们每个人不是把事情做到九分，而是做足十分，如果整个企业所有人都这样，我相信我们的员工就能拿到十倍于现在的工资。如果我们每个人的工作都改进一点，做足十一分，尽到十二分的责任，我们就能够赶上欧美。企业发展了，个人也才会随之发展。"

"没有最好，只有更好！"不管你从事什么行业，不管你有什么样的技能，你仍然应该不断激励自己："不断刷新我的业绩，我的位置应在更高处。"只有沉得住气，永远进取的人才能够在事业上获得一个又一个上升的台阶。

·别让房子毁掉你的梦想·

俗话说"先成家，后立业""安居才能乐业"，在这些观念影响下，很多刚刚走上社会的年轻人迫不及待地买房，不单是把自己每个月的大部分收入用来供房，更有甚者在交首付时还榨干父母辛劳半生的积蓄。

买房真的这么着急吗？你是否意识到，在你年轻的时候，买一套房子在多大程度上毁掉了你的梦想？先来看下面一个故事：

1951年，巴菲特在哥伦比亚大学毕业，在纽约找不到工作，于是回到了老家

奥马哈做股票经纪人。一年以后，巴菲特遇到了自己喜欢的姑娘苏珊，于是向她求婚。苏珊问他，房子怎么办？结婚后我们住哪里？

巴菲特说，我才工作一年，加上其他积蓄，我手头上只有1万多美元。我们有两个选择：第一，花这笔钱买个小房子；第二，租房结婚，我先拿这笔钱做投资，过几年可以买个大点的房子。苏珊选择了第二个方案。

于是巴菲特和苏珊在租来的房子里结婚，一年后他们的第一个女儿出生。1956年，租房子住4年后，26岁的巴菲特成立巴菲特联合有限公司，开始创业。1958年，巴菲特的事业才有了起色，他的投资开始获利，于是花了3.15万美元买下位于奥哈马的一座灰色小楼，至今住在这里。

1962年，结婚10年后，巴菲特赚到了自己人生的第一桶金——100万。虽然周围的朋友有很多都住上了大房子，但巴菲特没有考虑改善居住环境，而是把钱投入到了他的事业中。2008年，巴菲特拥有620亿美元的资产，成为世界首富，但他们至今仍住在奥哈马的那座灰色小楼里。

如果当时巴菲特和苏珊选择买房而不是发展自己的事业，估计巴菲特现在仍将是一个普普通通的股票经纪人，而不是一个全世界最著名的投资商。

刚刚踏入社会的年轻人，投资自己远远比投资房子更重要，事业的起步和发展是需要时间和积累的，即使是股神巴菲特这样的天才，从事业起步到收获第一桶金也需要10年的发展机会。

无独有偶，国内大部分创业者也是在他们最适合创业的年代，选择了创业而不是买房。

1998年，马化腾等5人凑了50万，创办了腾讯；1999年，漂在广州的丁磊用50万创办了网易；1999年，陈天桥炒股赚了50万，创办了盛大；1999年，马云团队18人凑了50万，注册了阿里巴巴。

之所以都是50万，是因为当时的《公司法》规定，要注册必须是50万。50万在当时能干什么？1998年的时候，深圳市平均房价在每平方米3000元左右，也就是说，如果马化腾们当年拿这些钱来买房子，应该可以买一套100多平米的房子。

可以说，当年的马化腾们做了一个不错的选择——不买房，买梦想，从而成就了自己辉煌的事业。与他们持类似观点的还有国内房产业大佬王石。2008年初，国内楼市初现调整之时，王石抛出了惊人之语："对于那些事业没有最后定型，还

有抱负、有理想的年轻人来说，40 岁之前租房为好。”

可以说，从职业发展来看，一套房子会毁掉你一生的梦想。据调查，不购房的人一个月之内就可以跳槽到新的行业和公司，承担转换行业与职位的短暂压力，获得更好的发展机会；只要准备 8 个月就可以尝试创业。而选择购房的人作出这些改变的阻力则要大得多。简单来说，如果你有一份 5000 元的工作，用 20 年的贷款买了一套最一般的房子。那么在接下来 20 年的时间中，在我们最有旺盛的学习力与拼劲的年代，在我们最需要选择自己适合的职业目标，在我们最有机会开始尝试创业的年代，我们却不敢轻举妄动，甚至会永远与这些机会擦肩而过。

面对当今“买房难，难于上青天”的社会形势，我们应该沉住气，多给自己一些发展和规划的时间。美国人平均 31 岁才第一次购房，德国人 42 岁，比利时人 37 岁，欧洲拥有独立住房的人口占 50%，剩下的都是租房。我们凭什么要一踏上社会就买房，而且还要为之卖出我们的发展与梦想？

·要有善于忍耐的心性·

人的一生只有短短数十年，谁不想在这世上干出一番事业，留下一世英名？可是这世界上的人能做事的不少，能成大业者却微乎其微。为何会如此：因为能成事者除了要有各方面的主客观条件外，还需要有善于忍耐的心性。

孔子曾说：“小不忍，则乱大谋。”意思就是如果不能忍受一时一事的干扰，不能忍住一星一点的欲望需求，则会因此而影响全局，以至于破坏即成的大事。

《卧虎藏龙》让华裔导演李安名噪一时。有人认为他的成功全靠运气，其实，李安能有今天的成功，与他的坚忍密不可分。

1978 年 8 月，艺专毕业后，李安申请到美国伊利诺大学攻读戏剧。1983 年顺利拿到硕士文凭后，李安花了一年的时间制作自己的毕业作品。作品出来时，除了得到当年最佳作品奖的荣誉外，也吸引了经纪人公司的注意，有一家经纪人公司不仅与他签约，还表示要将李安推荐到好莱坞。

进入好莱坞电影城发展几乎是每个年轻人的梦想，李安也不例外。与经纪人公司签约后，李安原以为离梦想已经不远了，但事情并不如想象中美好。原来所谓的经纪人，并不是帮他介绍工作，而是要等他有了作品后，再代表他把这部作品推销出去。然而没有剧本，哪来的电影作品？于是毕业后的李安，转而专心埋

首于剧本创作。

墙上的日历就像李安笔下的稿纸一样，撕了一张又一张，整整6年的时间，他都待在家里写剧本，等机会。

要进好莱坞，谈何容易！于是李安选择从台湾出发，果然，电影《推手》一推出，立即受到来自各界的瞩目与好评，李安6年的蛰伏得到了肯定。他说："6年不是一段短时间，如果没有相当的耐心，可能早已消沉了。"

6年之中，李安最大的体会就是，身处逆境中千万不要焦躁不安、惊慌失措及盲目挣扎，"我庆幸自己学会了忍耐，才有今日的成就"。

忍耐是中国人的处世之道，是中国两千多年来的儒家思想的精髓。中国历史上的许多成名人物都是靠忍字而成大业的。现代世界上许多在事业上非常成功的企业家、金融巨头亦将忍奉为修身立本的真经，均在自己家中、办公室中悬挂着巨大的忍字条幅……可以毫不夸张地说，忍学是世界上成功的企业家、政治家、军事家、外交家、科学家的必修之课。

忍，是一种韧性的战斗，是战胜人生危难的有力武器。

为什么要提倡"忍"呢？这是根据某些事物的具体情况来决定的。有的时候，你处于十分尴尬的境地，无论你怎么努力，成效似乎都不大，被你一直信奉不疑的"一分耕耘，一分收获"似乎不再有效，这就好比手中拿着一万块钱却想通过自己的精心测算、分析来撼动股市一样。此时，你所做的最好策略就是不要凭着自己的"蛮劲"，一味地相信自己的判断，投入到某些前途极端凶险的股票中，相反，若退一步，静观一下股市变化，先求其次，待选定时机东山再起，投入到选中的冷门中，这时你才能真正获得成功。所以说，忍耐的过程是痛苦的，结果却很甜蜜。

·把事做到极致，为目标而坚守·

在追求梦想的道路上，要时刻提醒自己：做事的时候不要一味地贪多求快，凡是真正成大事者，都会戒骄戒躁。只有坚持不懈，梦想才不再遥远。

坚持就是胜利，所有人都懂得这个道理，但是要真正做到并不容易。始终记着心中的目标，坚持就不再是盲目的举动。古人云"不积跬步，无以至千里；不积小流，无以成江海"，坚持不懈地努力，最终会换来丰硕的果实。

1882年，26岁的考拉尔来到英国斯特林镇的一所学校当教师。他热爱读书，

一次，他想在学校附近买几本书，结果却发现整个斯特林镇都找不到一家书店。

考拉尔想：“为什么我不能自己开一家书店呢？这样，我能够在赚钱的同时，还能读到自己喜欢的书。”想到这里，考拉尔开始行动了。

经过一番忙碌，一家名叫“思想者”的书店正式开张营业了。

可是，书店的生意并不好，因为镇上的人都没有读书的习惯。一连几个月下去，书店基本上可以说是门可罗雀。考拉尔想：“生意刚开始时都是难做的。只要我能够坚持到底，迟早会做起来的。即便真的做不起来，我就当这些书是自己的藏书算了。”

就这样，考拉尔在困境中坚持了下来。

可是，书店的生意越来越差。幸好考拉尔和妻子都有一份稳定的工作，他们将自己的收入几乎全补贴在了书店上，可依然入不敷出。这时，身边的朋友们都劝考拉尔干脆把书店关了算了，既然赔钱，干嘛还要开下去。这个时候，考拉尔的思想已经发生了转变，他由最初的单纯经营转变成为弘扬文化而经营。他坚定地说：“对于一个城市来说，书店是城市文明的象征，它能够带给人们知识和力量。不管书店生意如何，我都决定坚持下去。”

此后，即使遇到了金融危机，遭遇了两次世界大战，考拉尔的书店依旧照常营业。当初的斯特林镇也变成了斯特林市。

1948 年，92 岁高龄的考拉尔走到了生命的尽头，临终前，考拉尔告诉自己的子孙，以后不管时代如何变迁，书店都要一直开下去。

2004 年，斯特林市参加了全球 50 个文明城市的竞选，在激烈的竞争中，斯特林市得分落后，眼看就要落选了。这时，有人向市长提到了存在了上百年的“思想者”书店。这个建议让市长眼前一亮。当他把“思想者”的牌子打出去后，“百年老店”的坚守精神让斯特林市得到了更多人的尊重。评选结束后，斯特林市不但入选，名次还排在前十。

一时间，考拉尔的“思想者”书店名扬四海，很多慕名而来的人被考拉尔的精神所感动。就这样，“思想者”书店不但成为了当地最著名的旅游景点，还成为了当地销售额最高的书店。现在每年的销售额已经达到了几百万美元。

2006 年，考拉尔的后人接手了书店。他对书店一百多年的经营做了详细的分析，结果发现，在考拉尔经营的 66 年里，书店有 9 年在赚钱，17 年持平，其余的 40 年都一直处于亏损状态。

对此，考拉尔的后人动情地说：“面对这样的经营情况，我不知道世界上有几个人能够坚持 66 年。我无法想象我的祖先是如何度过那段岁月的。在那个年代，

他绝不会想到书店能带来如此巨额的利润。事实上，他只是在一个思想贫瘠的时代，为文明而苦苦坚守。”

如今，“思想者”书店为考拉尔家族带来了数不尽的金钱与荣誉，但这一切，都源于考拉尔最初的坚持。其实，人生中有许多时候都是需要坚持的。谁坚持到最后，谁就能赢得胜利。许多伟大的成就都是坚持的结果。不管未来多么遥远，前方的道路多么坎坷，只有坚持到底，才能获得胜利。

世间最容易的事常常也是最难做的事，最难的事也是最容易做的事。说它容易，是因为只要愿意做，人人都能做到；说它难，是因为真正能做到并持之以恒的，终究只是极少数人。巨大的成功靠的不是力量而是韧性，竞争常常是持久力的竞争。有恒心者往往是笑到最后、笑得最好的胜利者。每个人都有梦想，而追求梦想需要不懈地努力，只有坚持不懈，成功才不再遥远。

坚持到最后一分钟

很多人在树立目标之初，能够坚定不移地向着目标迈进，但是不久之后，他们或者遇到了无法避免的挫折，或者遇到了令自己无法抵御的诱惑，于是在不知不觉中转移了注意力。此时，他们生命的航道开始偏离原来的目标，而且越走越远。

柏拉图说：“成功的唯一秘诀，就是坚持到最后一分钟。”在很多时候，许多看似强大的人却脆弱得不堪一击，而那些似乎注定要失败的人反而创造了奇迹。这一差别的关键就在于，成功者能够坚持目标，埋头去做，不言放弃，一直到最后一分钟。

汤姆是一位来自美国俄亥俄州的拳击冠军，他曾经有过这样一段经历。

18岁那年，汤姆的身高只有159厘米。那一年，他参加了一场非常激烈的比赛，他的对手是一位身材魁梧的黑人拳击选手，身高179厘米，最擅长的是左勾拳，而且是连续三年蝉联俄亥俄州的拳击冠军。当时在人们看来，这位非常有实力的黑人选手必然会毫无悬念地赢得这场比赛。但是谁也没有想到，汤姆竟然赢得了这场看似实力对比悬殊的比赛，获得了冠军。

其实，比赛一开始，情形的确与人们预想的丝毫不差，年轻的汤姆在高大的黑人选手面前毫无还手之力，被打得浑身是血。在中场休息的时候，汤姆跟自己的教练吉比说：“这场比赛对我来说，无疑是鸡蛋碰石头，我想退出比赛。”可是，吉比教练却不赞成他这样做。吉比教练说：“不，汤姆，你能行。什么都不要想，只要你能够坚持到最后，你就一定会是胜利者。”

在接下来的比赛中，汤姆还是任由对方有力的拳头打落在自己身上，发出空洞的响声。汤姆感觉到，他的灵魂似乎已经脱离了自己的身体。然而，汤姆仍然牢牢记住吉比教练的话：“只要能够坚持到最后！”

很快，那位黑人对手在不停地进攻下消耗了太多体力，而汤姆的顽强坚持也使黑人对手产生了畏惧心理，此时汤姆抓住机会，开始真正地反击。凭借着坚强的意志，汤姆一拳又一拳地击向对手，汗水和血水模糊了汤姆的双眼，他只有一个念头：“一定要坚持到最后！”

终于，裁判举起了汤姆的手，吉比教练也跑过来抱着他又唱又跳。此时，汤姆才发现，自己胜利了，对手已倒在了赛场上。

在这场比赛中，汤姆看上去不具备成功的天资、机智和才能，但是他凭借着惊人的毅力，顽强坚持，终于使自己的愿望变成了现实。

现实生活中，每一个渴求成功的人都应该做到：无论在何种情况下，都不要轻言放弃，一定要沉住气，坚持到最后一分钟。毅力是世界上最强大的力量，拥有毅力的人，无疑是伟大的，它会让人具备无穷的智慧和克服困难的能力，使人拥有一股百折不挠的强大力量，最终找到通向成功的道路。

第二章

沉不住气，怎能临之不惊压得住事

世界潜能激励大师安东尼·罗宾斯说过："成功的秘诀就在于懂得怎样控制痛苦与快乐这两股力量，而不为这两股力量所反制。如果你能做到这点，就能掌握住自己的人生，反之，你的人生就无法掌握。"这就需要我们"卒然临之而不惊，无故加之而不怒"，面对困境要从容，面对顺境要超然，不论得失成败，不论荣辱盛衰，不论喜怒哀乐，都要沉着冷静，以不变应万变，把事情做得更好。

·自制力推你走向成功·

苏轼在《留侯论》中写道："天下有大勇者，卒然临之而不惊，无故加之而不怒。此其所挟持者甚大，而其志甚远也。"意思是：天下有一种真正勇敢的人，遇到突发的情形毫不惊慌，无缘无故地对他施加侮辱也不动怒。为什么能够这样呢？因为他胸怀大志，目标高远的缘故。人的一生中会遇到很多问题，也会遇到很多挫折，一个随意让情绪迸发出来而不能自控的人，一定是与成大事无缘的。只有学会自制和忍耐，控制自己的情绪，保持平稳的心态，才能客观地把问题解决，才能取得成功。

一家大百货公司受理顾客投诉的柜台前，许多女士排成长龙争着向柜台后的那位年轻女士诉说她们所遭遇的困难，以及这家公司的不是。在这些投诉的妇女中，有的十分愤怒且不讲理，有的甚至讲出很难听的话，柜台后的这位年轻女士一一接待了她们，没有表现出任何嫌恶。她脸上始终带着微笑，指导她们前往合适的部门，她的态度优雅而镇静。

这位女士背后还有一位年轻女士，她在一些纸条上写下了一些字，然后把纸条交给站在前面的那位女士。这些纸条很简要地记下了妇女们抱怨的内容，但省略了她们的尖酸而愤怒的语气。

原来，站在柜台后面、面带微笑聆听顾客抱怨的年轻女士耳朵失聪，她的助手通过纸条把所有必要的事实告诉她。

这家公司的经理对他的人事安排是这样解释的，他之所以挑选一名耳朵失聪的女士担任公司中最艰难而又最重要的一项工作，主要是因为他一直找不到其他具有足够自制力的人来担任这项工作。旁观者发现，柜台后面那位年轻女士脸上亲切的微笑，对这些愤怒的妇女们产生了良好的影响。她们来到她面前时，个个愤怒暴躁，但当她们离开时，个个温顺柔和，有些人离开时，脸上甚至露出羞怯的神情，因为这位年轻女士的“自制”使她们对自己的行为感到惭愧。

面对投诉的顾客，只有失聪的人才能始终保持和善的态度与微笑，而正常人却没有足够强的自制力来胜任这一工作。由此证明，人世间，最顽强的“敌人”正是你自己，最难战胜的也是你自己，而做人最大的难题则是管好自己。

在生活中，也许你什么道理都懂，可是你却总是管不好自己。你不想面对那些麻烦，总是放到不得不做时才做，或者说哪天你比较能管得住自己的时候做，你甚至为自己是一个知足的人而骄傲，为自己是一个无欲无求的人而自豪，可是你真的那么知足吗?

是啊，你不满意自己成为这样的人，你想做得更多，想证明你活着的价值，而实际上你缺少的就是行动，你始终无法管好自己，控制自己。

歌德说:“毫无节制的活动，无论属于什么性质，最后必将一败涂地。”歌德是最伟大的诗人之一，他在这里告诫人们：不论做任何事情，自制都至关重要。自我节制，自我约束，是一种控制能力，尤其是人们的性格和欲望，一旦失控，就可能随心所欲，结局必将一败涂地，不可收拾。所以说，歌德的这句话对每个人都适用。

拿破仑·希尔曾经对美国各监狱的16万名成年犯人做过一项调查，结果他发现了一个令人惊讶的事实：这些人之所以身陷牢狱，有99%的人是因为缺乏必要的自制，没有理智，从不约束自己的行为，以致走向犯罪的深渊。

人类是有自我意识的高级动物，只要我们有意识地进行自我控制，一定可以成功。下面是一些进行自我控制的有效方法：

1. 尽量不要发怒

“匹夫之怒，以头抢地尔”，发怒不但解决不了问题，反而容易把问题复杂化，容易伤害别人和自己。

2. 受到不公平待遇时，不要怨天尤人

怨天尤人是一种消极的心理，不但得不到别人的同情，反而容易引起别人的反感。

3. 要改变急躁的脾气

有些事情着急也是没有用的，该来的终究会来，该发生的终究会发生，要保持镇定自若，要知道，欲速则不达，急于求成反而易受其害。

4. 受到别人不公平对待时，要抑制住自己的委屈

一个人可以受一时委屈，但不会一世受委屈。天总有晴空万里的时候，人总有扬眉吐气的时候，关键是自己要看得开、放得下。

5. 要抑制住自己悲愤的情绪

社会上的人各种各样，谁都免不了受到伤害。所以，在努力保护自己的同时，要冷静理智地寻求解决问题的办法，而不要悲愤难当。

6. 不要像井底之蛙一样狂妄自大

狂妄会引起别人的讨厌，会引起别人的排挤。其实，任何能力都有局限性，强中自有强中手，能人背后有能人。

7. 要适当娱乐

要经常进行自我娱乐来调节身心，使自己轻松快乐，但不可过度，因为“业精于勤荒于嬉，行成于思毁于随”。

8. 不要放纵自己

“酒是穿肠的毒药，色是刮骨的钢刀”，切记不可放纵自己，否则就会迷失方向，意志涣散，最终走向堕落。

自制是在行动中形成的，也只能在行动中体现，除此之外，再没有别的途径。自制的养成是一个长期的过程，不是一朝一夕的事。因此，要自制首先就得勇敢面对来自各方面的一次次对自我的挑战，不要轻易地放纵自己，哪怕它只是一件微不足道的事情。自制，同时也需要主动，它不是受迫于环境或他人而采取的行为，而是在被迫之前就采取的行为，前提条件是自觉自愿地去做。

·从容是一种心灵优势·

明代的吕坤在其所著的《呻吟语》中说："事从容则有余味，人从容则有余年。"面对挫折，只有从容，才能临危不乱；只有从容，才能举止若定；只有从容，才能化险为夷；只有从容，才能风云在握。

刘伯承青年时在战斗中被打伤右眼，到重庆由德国医生沃克进行治疗。他们有这样一段对话：

"你是干什么的？"

"邮局职员。"

"你是军人！"沃克一针见血地说，"我当过德国军医，这样重的伤势，只有军人才能这样从容镇定！"

病人微微一笑，锐利地回答："沃克医生，军人处事靠自己的判断，而不是靠老太婆似的喋喋不休！"

当时，袁世凯正悬赏十万大洋买刘伯承的人头，在这样险恶的环境中，遇到对方的怀疑，刘伯承不是辩解或乞求，而是镇定自若地回答。正是刘伯承男子汉的语言和行为，深深感动了沃克医生，他嚷道："你是一个真正的男子汉，一块会说话的钢板！按德意志的说法，你是军神。"

突如其来的变故是很好的试金石，能明晰地鉴定一个人素质的优劣、强弱。那些养鸟的行家，在选鸟的时候，都要故意去惊吓那些鸟，所以那种稍受一点儿惊吓就扑扑拍翅、乱成一团的鸟是首先被淘汰的。

可是在现实生活里，很多人却少了一份从容，对人生抱有一种力求完美的心态，凡事都要全力以赴，事事都不能落后于人，他们可能会因为衣服不好看而拒绝集体出行，也可能因为学识不佳而不敢跟人谈恋爱。

人生根本没有什么所谓"十全十美"的事情，何必把自己折腾得这么累？凡事尽力而为即可，无法改变的事情就不要过度在意，要懂得从内心善待自己，才能成为一个真正幸福快乐的人。

著名发明家爱迪生费尽大半生的财力，建立了一个庞大的实验室。但不幸的是，因为一场大火，他一生的研究心血几乎付之一炬。

当儿子在火场附近焦急地寻找他时，看到已经67岁的爱迪生居然静静地坐在一个小斜坡上，看着熊熊大火烧尽一切。

爱迪生见儿子来找他，扯开喉咙叫儿子快去找妈妈来：“快把她找来，让她看看这场难得一见的大火。”大家都以为大火可能对爱迪生造成了重大打击，但是他说：“大火烧去了所有的错误。感谢上帝，我们又可以重新开始了。”

没多久，新的实验室建起来了。时至今日，爱迪生实验室已成为科学家的摇篮。

生活中，经常有人像爱迪生那样遭受意想不到的挫折，然而大多数人都会绝望、消沉。心态消沉的人的命运可能会被大火吞没，其实，只要走出消沉，成功就在不远处等你了。

重大成功的背后往往是巨大的失败风险，面临危机和困难时，我们最需要、首先也必须做到的便是镇定和从容。一个临危不惧、镇定从容的人才能在危难面前不乱阵脚，充分运用他的理性在最短的时间内集中力量想出解决问题的最佳方案。而另一方面，沉着和从容还能起到稳定人心的作用，让所有的人都能安心地共渡难关。

培养镇定从容的性情，是很多人一生的追求。但是很少有人能够像陶渊明那样，身处山谷陋巷，还能够“采菊东篱下，悠然见南山”。要培养镇定从容的气质，首先就要学会有意识地控制自己的情绪。任何时候都不要图一时之快发泄心中的喜怒，也无须将自己的情绪写在脸上，这样的人才能够慢慢把自己培养成为一个遇事沉着、从容的人。

·先有超然气度，方有翩翩风度·

气度是一种高尚的人格修养，一种“宰相胸襟”，一种成大事的大将风范。有气度的人，很少计较一城一地的得失，得之淡然，失之泰然。有气度不仅意味着一种超然，更是一种智慧、一种胸襟。

有气度的人，在遭遇突发事件时，总是能沉得住气，这就会使一些猜忌和误会消失于无形，由此能避免许多无谓的冲突和不良的后果。他能使自己心性平静、神采安逸。他不会因为自己的个人得失而心潮起伏，也不会因为蝇头小利而斤斤计较，更不会为了鸡毛蒜皮之事而争得你死我活、脸红脖子粗。他心胸开阔，善明事理，目光远大，勇于开拓，他追求的是永恒的春天、快乐的人生。

在男子体操史上，一直流传着这样一个故事：

男子体操单杠决赛上，28 岁的俄罗斯老将涅莫夫第三个出场，他在杠上一共完成了直体特卡切夫、分体特卡切夫、京格尔空翻、团身后空翻 2 周等连续 6 个精彩绝伦的空翻和腾越，非常完美，只是在落地时出现了一个小小的失误——向

前移动了一步，观众把最热烈的掌声送给了他。但是裁判只给了他 9.725 分！

紧接着，令人意想不到的情况出现了：全场观众不停地喊着："涅莫夫！""涅莫夫！"并且全部站了起来，不停地挥舞手臂，用持久而响亮的嘘声，表达对裁判的愤怒。比赛被迫中断，第四个出场的美国选手保罗·哈姆虽已准备就绪，却只能尴尬地站在原地。

此时，已退场的涅莫夫从座位上站起来，露出了成熟的微笑，向朝他欢呼的观众挥手致意，并深深地鞠躬，感谢观众对自己的喜爱和支持。涅莫夫的大度反而进一步激起了观众的不满，嘘声更响了，很多观众甚至伸出双手，拇指朝下，作出不文雅的鄙视动作。不同国度的观众这个时候结成了同盟，俄罗斯的、意大利的、巴西的……不同国家的旗帜飞舞着。

在如此巨大的压力下，裁判终于被迫重新打分，这一次涅莫夫得到了 9.762 分。但裁判的退让根本不能平息观众的不满，观众的嘘声反而显得更为理直气壮。重新准备开始比赛的保罗·哈姆只能僵立在原地。

这时，涅莫夫显示出了非凡的人格魅力和宽广胸襟，他重新回到心爱的单杠边。只见涅莫夫先是举起强壮的右臂表示感谢观众的支持；接着伸出右手食指作出噤声的手势，请求观众给保罗·哈姆一个安静的比赛环境；然后具有大将风范地双手下压，要求观众们保持冷静。

观众理解了涅莫夫的苦心，他们渐渐安静了，中断了十几分钟的比赛才得以继续进行。

最终，涅莫夫没有拿到金牌，但他仍然是观众心目中的"冠军"；他没有打败对手，但他以自己的气度征服了观众。他是那晚当之无愧的无冕之王，他劝慰观众的感人一幕如大片中的经典场景，让人久久无法忘记。他的行为，捍卫了尊严；他的风度，赢得了尊敬。这就是气量的魅力，拿得起，放得下，不计较，善爱人，能宽容。放大自己的气量，一个人也就摆脱了名利、得失之心的困扰。

是否拥有气度，关键看三点：一是平等的待人态度，不自认为高人一等，保持一颗平常心，平视他人，尊重他人；二是宽阔的胸襟，胸怀坦荡，虚怀若谷，闻过则喜，有错就改；三是宽容的美德，能够仁厚待人，容人之过。由此，气度实际上反映了一个人的素养和品性。

要有气度，宽容他人，就必须做到互谅、互让、互敬、互爱。互谅就是彼此谅解，不计较个人得失。人都是有感情和尊严的，那些争名于朝，争利于市，一事当前先替自己打算，对个人得失斤斤计较的人，是难以与他人和睦相处的。

在不如意的人生中好好活着

拥有一个幸福的人生其实也很简单："第一是不要拿自己的错误惩罚自己，第二是不要拿自己的错误惩罚别人，第三是不要拿别人的错误惩罚自己。"遵守这"人生幸福三诀"，就不会活得太累。

生活的画卷已经摊开在你面前，是屈服地被动而行，还是坦然地积极描绘，生活会告诉你不同的答案。

有人说，人的一生之中只有三件事，一件是"自己的事"，一件是"别人的事"，一件是"老天爷的事"。今天做什么，今天吃什么，开不开心，要不要助人，皆由自己决定；别人有了难题，他人故意刁难，对你的好心施以恶言，别人主导的事与自己无关；天气如何，狂风暴雨，山石崩塌，人力所不能及的事，只能是"谋事在人，成事在天"，过于烦恼，也是于事无补。

人活得"屈服"，离道越来越远，只是因为，人总是忘了自己的事，爱管别人的事，担心老天爷的事。所以要轻松自在很简单：打理好"自己的事"，不去管"别人的事"，不操心"老天爷的事"。

炎热的夏天，禅院里的花被晒萎了。"天哪，快浇点水吧！"小和尚喊着，接着去提了桶水来。"别急！"老和尚说，"现在太阳晒得很，一冷一热，它们非死不可，等晚一点再浇。"

傍晚，那盆花已经成了霉干菜的样子。"不早浇……"小和尚见状，咕咕哝哝地说，"一定已经干死了，怎么浇也活不了了。"

"浇吧！"老和尚指示。水浇下去，没多久，已经垂下去的花，居然全立了起来，而且生机盎然。

"天哪！"小和尚喊，"它们可真厉害，憋在那儿，撑着不死。"

老和尚纠正："不是撑着不死，是好好活着。"

"这有什么不同呢？"小和尚低着头，十分不解。

"当然不同。"老和尚拍拍小和尚，"我问你，我今年八十多岁了，我是撑着不死，还是好好活着？"

小和尚低下头沉思起来。

晚课完了，老和尚把小和尚叫到面前问："怎么样？想通了吗？"

"没有。"小和尚仍然低着头。老和尚严肃地说："一天到晚怕死的人，是撑着不死；每天都向前看的人，是好好活着。得一天寿命，就要好好过一天。那些活

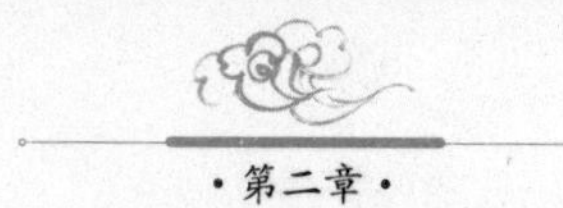

着的时候天天为了怕死而拜佛烧香，希望死后能成佛的人，绝对成不了佛。”

说到此，老和尚笑笑：“他今生能好好过，却没好好过，老天何必给他死后更好的生活？”

对于禅院里的花来说，“和尚没浇水”虽然很不如意，但那是和尚的事，“好好生长”才是它自己的事，这盆向前看的花，得一天寿命，便好好过一天，真正理解了生命的意义。

哀莫大于心死，撑着活其实就是已经心死。生活在世界上时都没有领悟何为真生命，还能指望他死后能有全新的生命吗？

生活在我们周围的人，包括我们自己，在遇到不如意的事情时，都会为自己的过错而痛悔。的确，“不要拿自己的错误惩罚别人”，并不是一种很容易达到的境界，它需要“胸藏万汇凭吞吐”的气度，而很多人却做不到这一点。

人非圣贤，孰能无过？如果一有过错，就终日沉浸在无尽的自责、哀怨、痛悔之中，那么其人生的境况就会像泰戈尔所说的那样：不仅失去了正午的太阳，而且将失去夜晚的群星，所以“不要拿自己的错误惩罚自己”。

其实生活就是一件艺术品，每个人都有自己认为最美的一笔，每个人也都有自己认为不尽如人意的一笔，关键在于你怎样看待，有烦恼的人生才是最真实的，同样，能认真对待你眼前的各种纷扰的人生才是最坦然的。

·处世忍一步为高·

有人说中国人最擅长“忍”术，这是几千年文化积淀下来的民族心理习惯。但是“忍”并不是懦弱，也不是毫无原则的退让，而是指对很多事不较真。古人说：“水至清则无鱼，人至察则无徒。”在一些小事上没有必要斤斤计较，这是一种对生命的领悟，对人生的豁达。

现实生活中，很多人都会碰到不尽如人意的事情。有时候需要你对人顺从，这时候，你一定要谨慎面对。要知道，敢于碰硬，不失为一种壮举。可是，当敌人足够强大时你的强硬无异于以卵击石。一定要拿着鸡蛋去与石头斗狠，只能算作是无谓的牺牲。这时候，就需要用另一种方法来迎接生活。

古人说：“小不忍则乱大谋。”坚韧的忍耐精神是一个人意志坚定的表现，更是一个人善于处世谋略的体现。尤其在生活中难得事事如意，丢面子是常有的事，学会忍耐，婉转退让，才可以获得无穷的益处。在人际交往中，如果我们能

舍弃某些蝇头微利，也将有助于塑造良好的自我形象，获得他人的好感，为自己赢得更多的利益和影响力。凡事有所失必有所得，若欲取之，必先予之。有识之士不妨谨记：百忍成金，遇事忍字当先必有意想不到的收获。

许多时候，就是因为我们没有忍耐心，才造成了“小不忍，则乱大谋”的遗憾。

王强大学毕业后就在一家大型公司上班，大概有5年了。一直以来王强都是保持少说多做的作风，和谁都不多说话，好像别人说什么都和他无关。即使是说了对他不利的事情也无所谓，因为他觉得做好自己的工作，上司会看到，自然不会亏待他。

但是，王强没有想到的事情却发生了！

那天他正在研究一个新的项目，却看见上司气冲冲地向他走来，将一个文件“啪”地拍在桌子上，怒吼着：“王强，你在这里也不是一天两天了，怎么连这点事都做不好呢？简直是一塌糊涂，不可理喻！”王强正专心工作着，一时没反应过来是怎么回事，被这突如其来的事情弄晕了！

王强拿过文件一看，上面虽然写的是他的名字，却不是他做的文件。于是王强平心静气地说：“这个文件不是我做的，虽然写的是我的名字……”没有想到他的话还没有说完，上司更加怒气冲天：“不是你做的是谁做的？写的就是你的名字，你以为我不认识字呀？也不知道现在的年轻人都怎么了，喜欢推卸责任了！”

上司的话让王强非常生气，他已经辛辛苦苦在这里工作5年了，别说这份报告不是他写的，就算是他写的，出了什么毛病，也不至于如此吧！办公室里那么多同事，怎么就不能给他留点面子呢？看来上司连最起码的尊重也没有给他！王强压住火气说：“我想，从今天开始，你就不再是我的上司了！”

上司愣了一下，问：“你这是什么意思？”王强平静地说：“我要辞职！”上司指着文件问：“这报告怎么解释？你要赔偿我损失！”王强拿起文件：“我不干了，你要损失，上法院告我去吧！”说完王强就离开了。对5年来的辛苦和成就一点都没在乎，也没有给自己留下后路。

直到一年后，王强再次遇到了以前的上司，他才知道，当时上司的举动完全是为了验证王强的应变能力，因为上司当时想把王强调到外联部门做主任，而外联工作需要很强的应变能力。5年来上司对王强的印象很好，工作踏实、性格沉稳，但是不知道他处理突发事件的能力如何。因此，上司就想出了那个主意。王强听了之后心里十分后悔。他知道一切都迟了，他彻底败在那个上司安排的测试

中了……

当受到不公平待遇，受了委屈时，意气用事是我们大多数人都会犯的错误，认为只有这样才能证明自己，才能显示自己的气节。殊不知，一个人无论做什么事都要三思而后行，如果单凭自己一时的意气用事，势必会造成不堪设想的后果。当你觉得自己的判断并不十分准确或没有得到事实证明时，一定要耐着性子等待一段时间，多多考虑斟酌一番，以免草率行事。

人活一世，不可能事事都天遂人愿，总要经历世事变迁，在这个过程中，必定有你不能忍让的事，但能忍则忍，很多时候，忍一忍就过去了，一时的忍让并非妥协，也不是抹杀做人的尊严，而是为了顾全大局，让你提早迈入幸福人生的大门。

人活在世上难免会受到各种不公正的待遇。对于很多事不要太过计较，要保持一种洒脱的心态。耐着性子让一步，无穷的益处也会接踵而来。

·先要自胜才能胜人·

人生最不能缺少的技能之一就是要学会制怒，要能够战胜自己的情绪，才能走稳、走好人生之路。

孔子曾经说过："好直不好学，其蔽也绞。"意思是说爱好直率却不好学习，其弊病是说话尖刻刺人。一个人太直了，直到没有涵养，一点儿都不能保留，就是没有修养。

做人做事，不能太直，也不能太急躁，否则就会有损个人形象。除此之外，如果这些负面情绪在一个团队、群体中散发，它还会有传染性，从这一传染源出发，一路传播下去，将会给周围的人带来极为不利的影响。

张强是一位经理，一天早晨他起床有些晚了，便急急忙忙地开了车往公司奔。为了赶时间，他连闯了几个红灯，最后在一个路口被警察拦了下来，警察给他开了罚单。到了办公室之后，他看到桌上还放着几封昨天下班前便已交代秘书寄出的信件，便把秘书叫了进来，劈头就是一阵痛骂。秘书则拿着未寄出的信件，走到总机小姐面前发泄怒气。总机小姐被骂得很委屈，便借题对公司内职位最低的清洁工进行了一番指责。清洁工不敢吱声，只得憋着一肚子闷气。下班回到家后，清洁工见到读小学的儿子趴在地上看电视，衣服、书包、零食丢得满地都是，气就不打一处来，把儿子狠狠地教训了一顿。儿子愤愤地回到自己的卧房，见到家里那只大懒猫正盘踞在房门口，就狠狠地一脚把猫踢得远远的。这时正巧张强从猫身边走过，谨慎的猫为防止再被人踢，迅速抓了一下张强就溜了，可怜的张强被猫抓破了腿。

这就是“踢猫效应”，是人们在受到挫折后的典型消极心理反应之一。“踢猫效应”告诉我们：发脾气就等于在人类进步的阶梯上倒退了一步。

有人遭受挫折后容易产生攻击行为，包括直接攻击对方；也有人攻击自己，这实际上是一种自虐行为；还有人攻击不相关的人。这种攻击性行为常常会影响工作气氛和合作质量。低落的情绪是一个连锁反应，生气犹如毒药一样可以传染到四面八方。处于情绪低潮当中的人，容易迁怒周围所有的人、事、物，这是自然而然的，正因为难以克服，所以孔子才会称赞颜回：“不迁怒，不贰过！”

古人说：“自行本忍者为上。”沉不住气，轻易动怒，既伤身又损财。性情暴躁之人，遇事不要轻易发火，要学会自制，否则，将不利于自己日后的发展。贝多芬曾说过：几只苍蝇咬几口，绝不能羁留一匹英勇的奔马。每一位优秀人物的身旁总会萦绕着各种纷扰，沉住气，对它们保持沉默要比寻根究底明智得多。对人对事，多一分平常心，少一分戾气和怨气，将使我们的人生更加轻松、如意、和谐与美丽。

富弼是北宋仁宗时一位品行良好的宰相，然而富弼年轻的时候，因能言善辩，常常在无意间得罪不少人，给自己的事业、生活带来了不利影响。

经过长时期的自省，他的性格逐渐变得宽厚谦和。当有人告诉他有人在说他的坏话时，他总是笑着回答：“怎么会呢，他怎么会随便说我呢？”

一次，一个穷秀才想当众羞辱富弼，便在街心拦住他道：“听说你博学多识，我想请教你一个问题。”

富弼知道来者不善，但也不能不理会，只好答应了。

秀才问富弼：“请问，欲正其心必先诚其意，所谓诚意即毋自欺也，是即为是，非即为非。如果有人骂你，你会怎样？”富弼想了想，答道：“我会装作没有听见。”秀才哈哈笑道：“竟然有人说你熟读四书、通晓五经，原来纯属虚妄之言，富彦国才智驽钝，充其量不过是个庸人而已！”说完，大笑而去。

富弼的仆人埋怨主人道：“您真是难以理解，这么简单的问题我都可以回答，怎么您却装作不知呢？”

富弼说道：“此人乃轻狂之士，若与他以理辩论，必会剑拔弩张、面红耳赤，无论谁把谁驳得哑口无言，都是口服心不服。书生心胸狭窄，必会记仇，这是徒

劳无益的事，又何必争呢？”

几天后，那秀才在街上又遇见了富弼。富弼主动上前打招呼。

秀才不理，扭头而去，走了不远，又回头看着富弼大声讥讽道：“富弼乃一乌龟耳！”

有人告诉富弼那个秀才在骂他。

“是骂别人吧！”

“他指名道姓骂你，怎么会是骂别人呢？”

“天下难道就没有同名同姓之人吗？”

他边说边走，丝毫不理会秀才的辱骂。秀才自讨无趣，便走开了。

生活中，谁都难免会遇上难堪的误解，遭到他人不公正的批评甚至辱骂。不论是卑鄙的、恶毒的、残酷的，你都千万不要被对方一句不公正的批评或难听的辱骂而变得像对方一样失去理智。获胜的唯一战术，就是保持沉默，不和别人发生正面冲突，就连多余的解释也没必要。因为在这种情况下，相互争吵、辱骂既不会给任何一方带来快乐，也不会给任何一方带来胜利，只会带来更大的烦恼、更大的怨恨、更大的伤害。退一步讲，在对骂中没有占上风的一方，当众出丑，带来的只是对自己鲁莽行为的悔恨。而占了上风的一方，虽然把对方骂得体无完肤，又能怎么样？只能加深对立情绪，加深对方的怨恨。

清朝光绪年间流行一首歌曲：“他人气我我不气，我本无心他来气。倘若生气中他计，气出病来无人替。请来大夫将病医，他说气病治非易。气之为害太可惧，不气不气真不气。”这首歌通俗易懂，寓意深刻。其中虽然有消极的一面，但仍不失为有益的养身之道。尤其对那些脾气暴躁的人，沉得住气，制怒，可算是一剂良方。

·品味生活酸涩，笑看云开日出·

人生变幻多端，遇宠不骄，逢灾不惊，这就是豁达。

豁达是一种超脱，是自我精神的解放。豁达是一种宽容，恢弘大度，胸无芥蒂，肚大能容，海纳百川。飞短流长怎样，黑云压城又怎样，心中自有一束不灭的阳光。以风清月明的态度，从从容容地对待一切，待到云散雾收，必定是柳暗花明。

一般说来，豁达开朗之人比较宽容，能够对别人的不同看法、思想、言论、行为以及宗教信仰、种族观念等都表示理解和尊重，不轻易把自己认为“正确”或者“错误”的东西强加于别人。他们也有不同意别人的观点或做法的时候，但他们会尊重别人的选择，尊重别人自由思考和生存的权利。豁达产生宽容，宽容带来自由。因此，如果大家希望享有自由，每个人均应采取两种态度：在道德方面，大家都应有谦虚的美德，每人都必须持有自己的看法；在心理方面，每人都应有开阔的胸襟，用兼容并蓄的雅量来宽容与自己不同甚至相反的意见。

因为领导黑人反对白人种族隔离政策，曼德拉曾被白人统治者在荒凉的大西洋小岛罗本岛上关了27年。当时曼德拉年事已高，但白人统治者依然像对待年轻犯人一样对他进行残酷的虐待。

小岛上布满岩石，到处是海豹、蛇和其他动物。曼德拉被关在总集中营一个“锌皮房”，每天打石头，将采石场的大石块碎成石料。有时要下到冰冷的海水里捞海带，有时还要在一个很大的石灰石场里，用尖镐和铁锹挖石灰石。因为曼德拉是要犯，看管他的看守就有3个人。他们对他并不友好，总是寻找各种理由虐待他。

然而，1991年曼德拉出狱当选总统以后，他在就职典礼上的一个举动震惊了中外。

在依次介绍了来自世界各国的政要后，曼德拉说，能接待这么多尊贵的客人，他深感荣幸，但他最高兴的是，当初在罗本岛监狱看守他的3名看守也能到场。随即他邀请他们起身，并把他们介绍给大家。

曼德拉的豁达、宽容，令那些虐待了他27年的白人汗颜，也让所有到场的人肃然起敬。看着年迈的曼德拉缓缓站起，恭敬地向3个曾关押他的看守致敬，在场的所有来宾都静下来了。

后来，曼德拉告诉朋友，自己年轻时性子很急，脾气暴躁，正是狱中生活使他学会了控制情绪，因此才活了下来。牢狱岁月给了他时间与激励，也使他学会了如何处理自己遭遇的痛苦。他说，感恩与宽容常常源自痛苦与磨难，必须通过极强的毅力来训练。

他说获释当天，自己的心情极其平静：“当我迈出监狱大门，走上通往自由的路时，我已经清楚，自己若不能把悲痛与怨恨留在身后，那么我仍在狱中。”

生活中，豁达如曼德拉者，遇事就会泰然，面对困厄会无惧色，昂首品味生活酸涩，而后笑看“云开日出”。豁达者可以享受到更多生命的快乐。

在日常生活中，我们总是牵挂太多，太在意得失，所以才会心绪起伏，患得

患失，感受不到快乐的存在。如果我们在做某件事情时能够站在这样的角度去思考：我不是为了怨恨和烦恼而做这件事的。这样一来，我们就会为烦恼的心情开辟出一番平静的天地。

豁达，让阳光永远灿烂。只有阳光、豁达的人，才真正懂得善待自己、善待他人，生活才能充满快乐。

·忍住让人失控的急躁情绪·

生活中，我们经常会见到有人发脾气，也经常看到有人因为发了脾气，而把事情搞得一团糟，其中的原因不是这个人的能力不够，更不是这个人缺乏沟通的能力，而是因为这个人1%的坏心情，最终导致了最后100%的失败。

或许你不相信这个结论，也或许你认为这么说有点夸张。其实不然，一个人的心情和一个人手头所做的事情有着很紧密的联系，心情好，手头的事情也相对能完成得好，或许说是完成的质量较高，相反心绪不稳，总是左顾右盼，心慌意乱胡思乱想，根本就不把心思放在工作上，这样的心态又怎么能把事情做好呢？

美国石油大王洛克菲勒就是一个能正确对待自己坏心情的阳光人士，而他的对手恰恰是因为不能控制这1%的坏心情，导致了最后的失败。

在法庭询问上，对方律师的态度明显地怀有恶意，甚至有羞辱之意，可以想象，当时洛克菲勒的心情有多么的糟糕，如果这个时候他也发怒，必将掉入对方设计的陷阱之中，不过洛克菲勒很聪明，他明白这个时候控制自己的情绪有多么重要，自己一定不能和对方的律师一样鲁莽，更不能让自己这种气愤的心情有所流露。

“洛克菲勒先生，我要你把某日我写给你的那封信拿出来。”对方律师很粗暴地对他说。洛克菲勒知道，这封信里面有很多关于美孚石油公司的许多内幕，而这个律师根本就没有资格来问这件事情，不过洛克菲勒先生并没有进行任何的反驳，只是静静地坐在自己的座位上，没有任何表示。

“洛克菲勒先生，这封信是你接收的吗？”法官开始发问。

“我想是的，法官先生。”

“那么你对那封信回复了吗？”

“我想没有。”

这时法官又拿出许多其他的信件来，当场宣读：

“洛克菲勒先生，你能确定这些信都是你接收的吗？”

“我想是的，法官。”

“那你说你有没有回复那些信件呢？”

“我想我没有，法官。”

“你为何不回复那些信呢，你认识我，不是吗？”对方律师开始插嘴。

“是的，当然，我想我从前是认识你的。”

至此，看到洛克菲勒丝毫不动怒，像没事人一样。对方律师心情已经坏到极点，甚至有点开始暴跳如雷了，而洛克菲勒还是坐在那里丝毫不动，似乎眼前的事情根本就没有发生过，全庭寂静无声，除了对方律师的咆哮声。

最后对方律师因为激动的情绪失控，在法庭上把真相说漏了嘴，最终结果可想而知，而洛克菲勒不仅赢得了官司，还在美国人眼中留下了优雅的形象。

洛克菲勒在这个案件的受审过程中，就一直保持着冷静的状态，在面对对方律师粗暴地询问时一直都保持着一种很平和甚至不动声色的态度。也正是这样不动声色的态度让他赢得了这个艰难的官司，并一举挫败了对手的阴谋。故事里对方律师能力未必不强，证据也未必不充分，他仅仅是输在情绪上，一个律师最重要的是要拥有处变不惊，沉着应对各种问题的能力，即便出现了自己不可控制的局面，也不能一时情急而把重要的事实泄露了，这样不仅给委托人带来重大的损失，也给自己的声誉抹黑。试想，如果对方的律师也能像洛克菲勒一样冷静而客观地应对这些场面，那么没准他手上所掌握的资料也能够使他获得胜诉。

当然一个人也不能像一根木头一样，没有情绪，没有思想，但能够做到不管在自己的眼前发生了什么事情，都能保持自己的心情不出现大的波动。一个人不可能永远都不发怒，一个人不可能永远都能心情很好地走进每天的生活。可是当你真正发怒的时候，你试想，这样会发生什么样的后果？这样到底会不会损害你的利益，会不会动摇你在别人心目中的地位？如果你能真正地意识这一点，真正明白发怒只能把事情搞砸，而绝对不能把事情完美解决的话，你肯定就会好好地约束自己的情感，好好地控制自己的情绪，这样也就能和石油大王洛克菲勒一样，以逸待劳，轻而易举地打败对手。

有人曾经说过：“如果对手情绪不稳，甚至怒不可遏，我总觉得对于我自己来说不但没有坏处，反而会对我的地位产生帮助。”可见，坏情绪是魔鬼，容易扰乱人的正常心智，影响人的正常判断，使得人情绪失控，思维混乱，必然也就影响正常的工作和生活。因此，我们要学会掌控坏情绪，把坏情绪变成正常的情

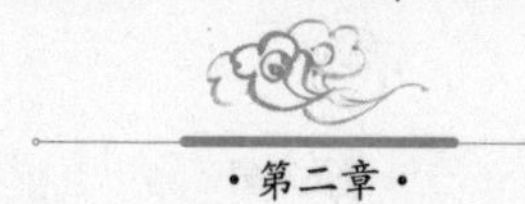

绪，甚至是好情绪。当出现可以驱散心头阴云的心灵之光时，请打开心灵的大门，让快乐、希望的阳光照射进来。

·生气不如争气，斗气不如斗志·

日本著名科学家系川英夫在他所著的《一位开拓者的思考》一书中，讲了一段极富哲理的话："人生的重挫酷似游客翻船，为使身体不致被水流动所产生的吸力紧紧地吸附于船底，造成窒息性死亡，就要在落水后借助坠落的劲儿蜷缩身体一沉到底，然后再顺着水流浮出水面，以求摆脱葬身鱼腹的命运。"

这里的"蜷缩身体""一沉到底"，看上去好像一副无所作为、听天由命的样子，其实是最好的求生之道。如果不顾客观实际，落水之后就拼命地胡乱扑腾，那只能是事与愿违，最终落得个葬身鱼腹的下场。

同样的道理，人生路上当遭遇不公不顺之事时，如果沉不住气，硬要违背客观规律，非要蛮干硬顶，这样不仅无助于事情的解决，反而会加剧事态的进一步恶化。

只有沉住气，长久潜伏修智，才能成就大事，才能一鸣惊人。

王林从单位辞职后来到深圳打工，他在一家企业做了几天文员后，被解雇了。过了一段时间仍然没有找到工作，但他已经到了山穷水尽的地步。

一天，他身无分文，坐在街心公园歇息，忽然间想到这里还有一个老乡在某个报社做编辑。

于是他强打精神去找那个老乡借钱。他好不容易找到了这位老乡。那人一见他的狼狈样就知道是来借钱的，于是就故意装作没有看见他。在王林小心地打了招呼后，那人才问他有什么事。王林更加小心地讲明了自己的困境。那人不耐烦地掏出10元钱扔在桌子上，说自己今天身上没有多带钱并且马上要出差。王林知道这是在下逐客令，心里气急了，真想把那10元钱抓起来砸在对方的脸上。但现实的残酷让他强压怒火，他拿起那10元钱，默默地转身走了。

王林先用两元钱买了两斤馒头，然后用一元钱买了一支圆珠笔，用两元钱买了一沓稿纸。他待在自己租的房子里，用了一天一夜的时间写了4篇反映自己打工经历的稿子，次日早上亲自将这些稿件送到一家专门发表打工者故事的杂志社。负责该栏目的编辑看了稿件后决定4篇都采用，并先付给王林一半的稿费。拿着这些稿费，王林维持了一段时间，并在这期间找到了一份工作。从那以后，

经过几年的打拼，现在的王林已是一家公司的销售主管，一年能为公司创造上百万元的销售业绩，同时他自己也获得了丰厚的回报，在市区买了房子，也开上了自己的车。而他那位老乡，却因能力平平，人缘不好，几年来，在事业上并无多大起色。

在人生的低谷，面对老乡的漠然，王林并没有生气，而是将生气之心转化为出气之志，做到了“忍一时风平浪静，退一步海阔天空”。

人生路上，经常会有许多不平不顺的事情扰乱我们原本平静的心绪，如若能妥善处理当然再好不过，如果不行，那么“忍得一时之气免受百日之忧”，否则意气用事非要争个你短我长，事情可能会越闹越严重。这时候，“生气不如长志气”，沉住气，将“出头”的欲望转化为前进的动力，用自己的辉煌成绩给予对方以有力的一击，这样的“出头”方式，才是既有尊严，又有价值的。

第三章

沉不住气，势必意气用事动真气

《大学》中有句话："知止而后有定，定而后能静，静而后能安，安而后能虑，虑而后能得。"能够有一种淡泊宁静的心态，我们的意志才会有定力，意志有了定力，我们的心才能静下来，不会妄动；能做到心不妄动，我们才能安于处境，身心安泰；能够身心安泰，我们才能处世精当，思虑周详；能够思虑周详，我们便能达到至善的境界。

·心非静不能明，性非静不能养·

古语云："心非静不能明，性非静不能养，静字功夫大矣哉！"意思是：要认识自己，必须先静下心来，以静思反省来使自己尽善尽美。只有这样，才能明白自己的心性和本质，才能顺着自己的心性，谋求发展。

人生每天都是现场直播，不能重新彩排。一个人很难把握住人生中的许多抉择，因而总是在今日和明朝之间犹豫徘徊。以静观动就是一个积累经验的好办法，只有这样，一个人才能以理性的态度追求更好的生存状态，把命运的主动权紧紧地握在自己手中。

40岁那年，欧文由人事经理被提升为总经理。3年后，他自动"开除"自己，舍弃堂堂总经理的头衔，改任没有实权的顾问一职。

正值人生的巅峰阶段，欧文却奋勇地从急流中勇退，他的说法是："我不是退休，而是转进。"

"总经理"3个字对多数人而言，代表着财富、地位，是身份的象征。然而，短短3年的总经理生涯，令欧文感触颇深的却是诸多的"无可奈何"与"不得而

为”。这令欧文很郁闷，也迫使他静下心来，全面地打量自己。

欧文意识到：他的工作确实让自己生活得很光鲜，周围想讨好他的人更是不在少数。然而，这些除了让他每天疲于奔命、穷于应付之外，没有给他带来丝毫快乐。这个想法，促使他决定辞职，“要做自己喜欢做的事情，只有这样，我才能更轻松。”他从容地说。

辞职以后，他把应酬减到最低。不当总经理的欧文感觉时间突然多了起来，他把大半的精力用来写作，抒发自己在工作领域多年的体会与心得。

“人只有静下来，从容起来，才会发现自己可以走更好的路。”他笃定地说。

事实上，欧文在写作上很有天分，而且多年的职场生涯使他积累了大量的素材。后来欧文成为某知名杂志的专栏作家，期间还完成了两本管理学著作，欧文迎来了他人生的第二次辉煌。

欧文并没有因眼前的成功而迷失自我，相反，他直面自己内心的渴望，准确地认清了自己，静下心来，发掘自己的潜力，找到了一条更适合自己发展的道路。

可见，内心的平静是人生的珍宝，它和智慧一样珍贵。能够静心，才能够有健康、有成就。拥有一颗宁静之心的人，比那些茫然无措的人更能够找到前进的方向，体验生命的真谛。

小林大学毕业后，走上了艰辛的求职之路。他卖过旧书，打过零工，做过销售，曾经一度迷失了方向，不知道什么工作更适合自己。一转眼，小林毕业已经3年了，还是不知道自己该干些什么，无奈之下，他打算考研，却又不知道该考什么专业。

一次偶然的机会，他参加了区就业局举办的创业培训班。此后，他静下心来，打算利用自己的专长，办一家科技公司，专门从事软件开发。就这样他终于找到了自己的方向，并坚定这个方向不动摇。经过努力，现在小林的公司已经有20多名员工，已接了几十个订单。公司规模逐步扩大，事业蒸蒸日上。

生命的玄机是找到自己的位置，绽放属于自己的光彩。要达成人生的愿望，就要像小林一样沉得住气，静下心来，根据自己的特点，发挥自己的专长、优势，客观地设计未来，这样才能有所成就。

在忙碌的工作、生活之余，我们应该给自己一些独处的时间，静静地反思一下自己的人生。对自身多一些关照和内省，这样有助于我们获得内心的宁静。常

常静思可以让我们更深入地了解自己的意识和思想。当然，这并不意味着你要因此离群索居。静思并没有时间和地点的要求，散步、购物时，你要做的也只是经常想一想自己在做什么，为了什么，价值何在。这种静思可以让你跳出成堆的文件和应酬，摆脱繁忙的工作和名利的困扰，达到身心如一的境界。

·行事自如，静界决定境界·

静是什么？是泰山崩于前而色不变，是大胸襟、大觉悟，非丝非竹而自恬愉，非烟非茗而自清芬。

现代人的生活大都处于紧张与焦灼的状态，已很难品味到静的清芬与恬愉，都渐渐浮躁起来，可是浮躁往往不利于事情的发展。因此，与其让浮躁影响我们正常的思维，不如放开胸怀，静下心来，默享生活的原味。

《史记·殷本纪》中有一个武丁三年不言的故事。

据记载，“帝武丁即位，思复兴殷，而未得其佐。三年不言，政事决定于冢宰，以观国风。”武丁是盘庚之弟小乙之子，即盘庚之侄。武丁即位之后，思考复兴殷国大计，但并没有得到什么好的方法，于是就决定三年不说话，让冢宰（又称太宰，官名）决定政事，自己走访民间，以观国情。武丁虽三年不语，但凭他的威望和在诸侯国的影响力，凭大家对武丁有勇有谋的了解，谁都不敢有越轨的行为。

武丁的三年不言，全部用来默以思道，观察人事，思考怎样平息王室之争；思考怎样任用贤能，把国家治理好；思考怎样使诸侯各国尽早归顺。三年后，武丁得以实施了他的治国方略。

静能生慧，武丁之所以能够完成自己的兴国大业，就是因为他能够守静。因此，才得以静观人事，运筹帷幄。“静”不仅是智慧之根，也是养身之本。只要我们能够在工作中和生活中经常保持心清静、意清静，智慧即会随时涌现，同时也能够获得身心的平衡。

“静”，是一个人取得成功的要诀。一个人只有宁静，才能够把握机遇，获得成功。许海峰是我国第一枚射击金牌的获得者，他的成功就得益于“静”能力的发挥。

1984 年 7 月 27 日，许海峰参加了第 23 届奥运会男子自选手枪慢射项目的预

赛。他发挥得很好，以563环的好成绩名列榜首，成为自选手枪慢射项目金牌最有力的竞争者。但是他没有被暂时的领先冲昏头脑，而是认真总结了自己在比赛中的不足：刚开始打得太紧张，所以打到后面的时候，手上的力量不够了。和教练交流了对策以后，他才心满意足地回房睡觉。

7月29日是奥运会的第一天，许海峰参加的手枪慢射比赛将决出本届奥运会的第一枚金牌。刚开始，许海峰打得很轻松，打完第五组以后，他已经领先了。当他镇定自若地打最后一组的时候，赛场的气氛发生了巨大的变化。本来围在前奥运会自选手枪慢射项目冠军旁边的记者们觉得许海峰能够获得金牌，纷纷走到他的身后为他拍照。说话声、脚步声和按快门的声音严重影响了许海峰的正常发挥，工作人员多次制止他们，可是收效甚微。在嘈杂声中，许海峰竟然连打了两个8环。这下许海峰着急了，心想："不管能不能拿到金牌，我一定要好好发挥，决不让这最后的3枪变成终生的遗憾。"于是，他放下枪，找了一个离记者较远的座位坐下来。他一边闭目养神，一边回想李培林教练给他定下来的"八字方针"：冷静、自主、调整、协调。他觉得自己刚才没发挥好，就是因为嘈杂的环境扰乱了他平静的心情，才直接导致了动作的协调性下降。

怎样才能让赛场恢复安静呢？许海峰想到了一个好办法。只见他走到靶位上，举起了枪，可是人们还没有听到枪响，他就把拿枪的手放下来了。第二次他举起枪又很快放下来，第三次、第四次还是这样。果然如他所料，大家都紧张得说不出话来，整个赛场终于安静了。许海峰很快进入了最佳状态，连打3枪以后，现场记录显示：一个9环，两个10环。历经周折，许海峰终于以566环的成绩，成为手枪慢射项目的冠军。中国人有了自己的奥运冠军、奥运金牌，这一"零"的突破被光荣地载入了史册。

从许海峰的故事中，我们可以看出，比赛中参赛选手不仅要具备高超的技术，敢于拼搏的精神，还需要内心的沉着冷静。冷静使人清醒，冷静使人聪慧，冷静使人理智。遇事冷静的人，时时刻刻都能控制自己的情绪，绝不会因为任务繁重而急于求成，更不会因为压力而浮躁不安。

冷静是一个人成熟的标志，当我们在面对生活中的种种挑战时，一定要保持冷静沉稳的心理状态，学会勇敢地面对，并且要在关键时刻显示出自己的胆略和勇气。浮躁之人无法发挥思考的力量，当然也无法有效地克服困难、解决问题。一个人只有排除杂念，专心致志，将智慧、灵感全部集中调动起来，才能有所创造、有所成就。

静能养生，静能通神，静能生慧，静能安心，要想大智大慧，大彻大悟，必须由静做起。宁静是一种气质，一种修养，一种境界。诸葛亮在《诫子书》中写道：“夫学须静也，才须学也。非学无以广才，非静无以成学。”《菜根谭》上也有“此身常放在闲处，此心常安在静中”的句子。面对滚滚红尘，竞争激烈，杂务缠身，人们常会觉得压力沉重，心境失衡。在繁忙紧张的生活中，如果我们能够让自己静下来，让自己的身心处于一个宁静的环境中，我们的工作和生活就会达到一个新的境界。

·忍受痛苦和孤独是人生的必修课·

真正的忍耐不仅在脸上、口上，更在心上，它是自然就如此，根本不需要刻意忍耐，是不需要力气、分毫不勉强的忍耐。人要活着，必须以忍处世，不但要忍穷、忍苦、忍难、忍饥、忍冷、忍热、忍气，也要忍富、忍乐、忍利、忍誉。以忍为慧力，以忍为气力，以忍为动力，还要发挥忍的生命力。

有一支刚刚被制作完成的铅笔即将被放进盒子里送往文具店，铅笔的制造商把它拿到了一旁。制造商说，在我将你送到世界各地之前，有五件事情需要告知：

第一件，你一定能书写出世间最精彩的语句，描画出世间最美丽的图画，但你必须允许别人始终将你握在手中。

第二件，有时候，你必须承受被削尖的痛苦，因为只有这样，你才能保持旺盛的生命力。

第三件，你身体最重要的部分永远都不是你漂亮的外表，而是黑色的内芯。

第四件，你必须随时修正自己可能犯下的任何错误。

第五件，你必须在经过的每一段旅程中留下痕迹，不论发生什么，都必须继续写下去，直到你生命的最后一毫米。

铅笔的一生是充满传奇的一生，它用自己的生命勾勒着世人心中最精致的图画，书写着最温暖的文字，即使在生命渐渐消失的时候，还在创造着生命的美丽。但是，它所迈出的每一步，却都踩在锋利的刀刃上，它一生都在忍受着无穷的痛苦。

充实的生命，幸福的人生，需要能够忍受寂寞，忍受他人的恶意羞辱，忍受生活的磨炼，在忍耐中坚强，在坚强中成长。

山里有座寺庙，庙里有尊铜铸的大佛和一口大钟。每天大钟都要承受几百次撞击，发出哀鸣，而大佛每天都会坐在那里，接受千千万万人的顶礼膜拜。

一天深夜里，大钟向大佛提出抗议说："你我都是铜铸的，你却高高在上，每天都有人向你献花供果、烧香奉茶，甚至对你顶礼膜拜。但每当有人拜你之时，我就要挨打，这太不公平了吧！"

大佛听后思索了一会儿，微微一笑，然后安慰大钟说："大钟啊，你也不必艳羡我，你知道吗？当初我被工匠制造时，日夜忍受他们一棒一棒的捶打，一刀一刀的雕琢，历经刀山火海的痛楚……千锤百炼才铸成我的眼耳鼻身。我的苦难，你不曾忍受，我经历过难忍能忍的苦行，才坐在这里，接受鲜花供养和人类的礼拜！

大钟听后，若有所思。

忍受艰苦的雕琢和捶打之后，大佛才成其为大佛，相比之下，钟受到的那点捶打之苦又算什么呢？忍耐与痛苦总是相随相伴，而这样的经历，却总是能够将人导向幸福的彼岸。

在西方学者的眼里："忍耐和坚持是痛苦的，但它会逐渐给你带来好处。"而在中国古人的心中也有同样的含义，例如"不经一番寒彻骨，怎得梅花扑鼻香"。如此一说，忍耐似乎成了人们必修的业绩和取得成就的必需品。

忍是修行必需的一种精神，同时也是一个人获得成就的不可回避的路程。"忍"是佛家的智慧，也是儒家学说的结晶之一，孔子所讲的"克己复礼"就是"忍"的一种。其实，人生的种种都需要忍耐，事业失败、感情受挫、学习艰苦、人际维持、家庭管理，如果你不能忍受这些，你将很难成功。人们为什么一定要忍耐和坚持，因为这是一种不可或缺的精神。

也许你不比别人聪明，也许你有某种缺陷，但你却不一定不如别人成功，只要你多一分坚持，多一分忍耐，就能够渡过难关，成就他人所不能。山洞的开凿、桥梁的建筑、铁道的铺设，没有一个不是靠着人性的坚忍而建成的。

通往成功的路通常都是艰难的，成功绝不是唾手可得的。生活中的苦涩，使人失望流泪；漫漫岁月的辛苦挣扎，催人衰老。人一生经历的机遇、打击、磨炼，都将化为百折不挠的意志，为事业的永恒做足心理准备。修行悟禅也好，成就人生也好，始终都要从困境里苦苦挣扎，最后臻至化境，而此刻最需要的就是一颗能够忍受痛苦和孤独的心。忍，是人生的必修课。

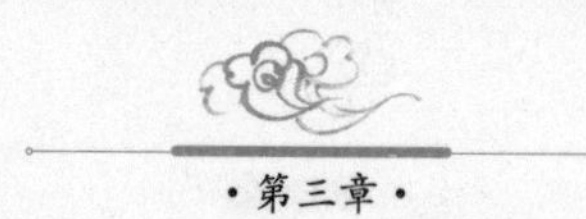

·从容是如何炼成的·

南怀瑾先生曾提到过庄子有一个“心兵不动”的说法，他引用庄子的话，形容这种“心、意、识”自讼的状态，叫作“心兵”，就是说平常的人们，意识中，随时都在“内战”。理性和情绪上随时都在斗争，自己和自己随时都在争讼、打官司。这个时候，如果能够按住“心兵”，自心的天下就太平了。一个人若能按住“心兵”而不动，不仅可以取得内心的平静，而且还能无往而不胜。

铃木大拙是日本著名的禅学思想家，他曾讲到这样一则故事：

故事的主人公是日本江户时期的一个著名茶师，这个茶师跟随一个显赫的主人。有一天，主人要去京城办事，想让茶师随行。

当时社会动乱，处处都有浪人、武士恃强凌弱。这个茶师因为不懂武艺，所以很害怕，对自己的主人说：“您看我又没有武艺，万一路上遇到武士怎么办？”

主人对茶师说：“那你就挎上一把剑，扮成武士的样子吧。”

茶师只好挎上剑，扮成武士的样子，跟着主人去了京城。

主人出去办事，茶师就一个人在外面闲逛。

不巧，迎面走来一个浪人，见到茶师，这个武士就向他挑衅：“你也是武士，那咱俩比比剑吧！”

茶师惶恐地回答道：“对不起，我不能和你比试。我不懂武功，只是个茶师。”

浪人见他不会武功，更加盛气凌人：“你不是一个武士而穿着武士的衣服，就是有辱武士的尊严，你就更应该死在我的剑下！”

茶师自觉无法躲过去，只好说：“你给我几小时，等我完成主人的任务，今天下午我们在池塘边见，到时再一决胜负。”

浪人答应了。

于是，这个茶师直奔京城里面最著名的大武馆，直接来到大武师的面前，对他说：“求您教给我一种作为武士的最体面的死法吧！”

大武师十分吃惊地看着这名茶师说道：“来我这儿的所有人都是为了求生，你是第一个求死的。这是为什么？”

茶师就把和浪人比武的事情向大武师说了一遍，向大武师求教道：“我只会泡茶，但是今天不能不跟人家决斗了。求您教我一个办法，我只想死得有尊严一点。”

大武师对茶师说：“那好吧，你就再为我泡一次茶，然后我再告诉你方法。”

茶师觉得很伤心，他抱着必死的决心，给大武师泡茶。这是他在世界上最后

一次泡茶了，因此，他做得很用心。他慢慢地看着山泉水在小炉上烧开，然后把茶叶放进去，洗茶，滤茶，再一点一点地把茶倒出来，捧给大武师。

大武师紧紧地盯着他泡茶的整个过程，他品了一口茶说：“这是我有生以来喝到的最好的茶了，我可以告诉你，你已经不必死了。”

茶师惊奇地问：“为什么，您要教给我什么吗？”

大武师说：“我不用教你，你只要记住怎样泡茶，就怎样对付那个浪人就行了。”

茶师听后，就去赴约了。浪人早已经在那儿等他，一见到茶师，就立刻拔出剑来说：“你既然来了，我们就开始吧！”

茶师一言不发。他想着大武师的话，如何以泡茶的心面对这个浪人。

只见他微笑地看着对方，然后从容地把帽子取下来，端端正正地放在旁边；再解开宽松的外衣，一点一点叠好，压在帽子下面；又拿出绑带，把里面的衣服袖口扎紧；然后把裤腿扎紧……他从头到脚不慌不忙地装束自己，一直气定神闲。

对面的浪人越看越紧张，越看越恍惚，因为他猜不出对手的武功究竟有多深。对方的眼神和笑容让他越来越心虚。等到茶师全都装束停当，最后一个动作就是拔出剑来，把剑挥向了半空，然后停在了那里，因为他也不知道再往下该怎么办了。

这时浪人忽然“扑通”给他跪下了，说：“求您饶命，您是我这辈子见过的武功最高的人。”

茶师并不懂武功，也未出一招一式，就让浪人弃械投降。究竟茶师是胜在何处呢？其实，茶师胜在心灵的勇敢，胜在那种从容、笃定的气势。内心平和的人是不可战胜的。如果遇到棘手的事情，我们能够像茶师一样，保持内心的平静，自然就可以无所畏惧，无往不胜。相反，如果一味地浮躁慌乱，就只能像那个浪人一样不战而败。

从容是如何炼成的？冯仑在《伟大是熬出来的》一书中说过，从容，是建立在对未来有预期，对所有的结果和逻辑很清楚的基础上的。你只要对内心、对事物的规律有把握，就能变得很从容。要做到对未来、未知的掌握，除了有必要的知识面跟眼光外，还必须有坚韧不拔的志向。我们要沉住气，用喜悦、和平、宁静之心来代替贪婪、恐惧、傲慢之心，这样才能让自己时刻保持一颗宁静从容的心。否则，就等于是败给了自己。

·常怀平常心，生活就对了·

“心平常，自非凡”，生活和工作当中，很多人并不是被自己的能力打败，而是败给自己无法掌控的情绪。人生不如意之事十有八九，在现实工作中，在激烈的竞争形势与强烈的成功欲望的双重压力下，许多人往往会出现焦虑、急躁、慌乱、失落、颓废、茫然、百无聊赖等困扰工作的情绪，如果这些情绪一齐发作，常常会让人丧失对自身定位的能力，使人变得无所适从，从而严重地影响个人能力的发挥，使自己的工作效能大打折扣，生活也因此变得混乱不堪。古人云：“宁静以致远，淡泊以明志。”生活中，只要能够远离浮躁，沉住气，常怀一颗平常心，就能够超越自己，成为一名工作高效、生活幸福的人。

有人问慧海禅师：“禅师，你可有什么与众不同的地方吗？”

慧海禅师答道：“有！”

“那是什么？”这个人问道。

慧海禅师回答：“饿了我就吃饭，累了我就睡觉。”

“每个人都是这样的，有什么区别呢？”这个人不能理解。

慧海禅师说：“他们吃饭、睡觉的时候总是想着别的事情，不专心吃饭、睡觉。而我吃饭就是吃饭，睡觉就是睡觉，什么也不想，所以饭吃得香，觉睡得安稳。这就是我与众不同的地方。”

慧海禅师继续说道：“世人很难做到一心一用，他们总是在权衡各种利害得失，产生了‘种种思量’和‘千般妄想’。他们在生命的表层停留不前，这成为他们最大的障碍，他们因此而迷失了自己，丧失了‘平常心’。要知道，生命的意义并不是这样，只有将心融入世界，用平常心去感受生命，才能找到生命的真谛。”

一个人能明心见性，抛开杂念将功名利禄看穿，将胜负成败看透，将毁誉得失看破，就能达到时时无碍、处处自在的境界，从而进入平常的世界。

所谓平常之心，就是不能只想成功而拒绝失败、害怕失败，要能正确对待成功与失败。成功了，不骄傲自满，不狂妄自大；失败了，也应该平静地接受。失败也是生活中不可缺少的内容，没有失败的生活是不存在的。生活中没有常胜将军，任何一个渴望成功的人，都应该平静地接受生活给予的各种困难、挫折和失败。

随着生活节奏的加快，来自社会各方面的压力、竞争等也越来越多，摆正心态是时下最重要的心理课题，应该说，这时候拥有一颗平常心是必要的，也是难能可贵的。心态就是战斗力，越是艰难越要沉得住气，保持从容不迫的心态。在

奥运会上夺得金牌的冠军，接受媒体采访时，说得最多的一句话就是：保持平常心。在工作中更是这样，只有保持平常心，我们才能保证自己高效率地投入到工作和生活之中。

张薇大学毕业后求职受挫，最后终于在一家小公司里谋得一份业务员的工作。尽管这份工作与她名牌大学的学历不符，但她并不计较，因为她懂得：一个人只有让自己的心灵回归到零，保持一颗平常心，学会忍耐，才能在这个社会上立足，才会取得事业的发展。面对刁钻的同事和无理取闹的客户，她时刻提醒自己：我是在学习，我要坚持。她咬紧牙关，忍受着各方面的压力，在一次次的挫折中总结经验、积攒力量。两年后，她凭借出色的业务能力、坚忍的态度和坚韧的品格，成为该公司的业务经理。

生活中，这种不计较得失、不苛求回报的平常心是非常重要的。

面对成功或失败，必须保持一种健康平常的心态。保持一颗平常之心，并不是放弃进取之心、成功之心，而是通过平常之心，使进取之心、成功之心得到升华。保持平常心，实质是让外在的世界和内心保持一种平衡，有了这种平衡，悲、欢、离、合皆能内敛，人会少一些焦虑、少一些浮躁，多一分安适、多一分恬静。心似一泓碧水，清澈明亮，继而胸襟为之开阔。而这才是真实而快乐的人生。

想要保持一颗平常心，就要培养自己顺其自然的心态。要让自己的心情彻底放松下来，要沉得住气，不要让欲望牵着你到处奔跑。让脚步随着心态走，让浮躁的心安顿下来，你就会体会到海阔天空。事实上，面对生活，你拥有何种心态，直接关系到你的工作效率和生活质量。多一分平常心，生活中就会多一分从容和洒脱。

·品味生活中的“禅境”·

生活与工作中，人们总是牵挂得太多，太在意得失，所以心情起伏很大。被负面情绪牵着鼻子走的人，不可能活出洒脱的境界。只有沉得住气，静下心来，以出世的心做入世的事，不让世俗功利蒙蔽你的心灵，淡然面对得失，坦然接受成败，才能超脱物我，得到生命的真谛。

刘星宇大学毕业后，在父亲开的清洁公司干活。父亲用一桶清洗液和一把钢丝刷，头顶烈日，为儿子上了重要的一课：每一件工作都好比是你的签名，你的

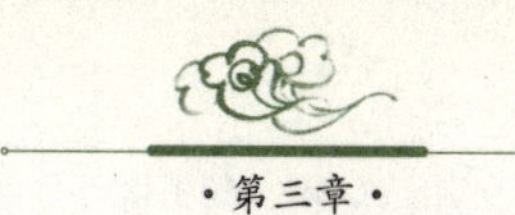

工作质量实际上等于你的名字，只要脚踏实地，以一颗虔诚的心对待你的工作，迟早会出人头地。他按照父亲的教导，用钢刷蘸着清洗液把砖头洗得干干净净。

后来，刘星宇在西南食品超市由包装工升为存货管理员，整天干着装卸、摆放这些细小麻烦的工作，但他始终一丝不苟、乐此不疲。有朋友屡次劝他："别把青春耗费在这种没出息的事情上！"他却不以为然，仍然坚守着自己的工作信条：工作无大小，干好当下每件事。朋友认为他是个大傻瓜，一辈子也干不出什么名堂来，他却为自己能干好这件谁都不愿干的工作而自豪不已。他相信父亲的话："只要不断努力，只要以一颗虔诚的心认真地做好每件事，上帝一定会眷顾你的。"

果不其然，数年后刘星宇脱颖而出，成为拥有8家商店、一年总营业收入达几千万的大老板。而当初劝他的朋友们大都默默无闻。

如果所有人都能像上面案例中的刘星宇那样，沉得住气，在每一天点点滴滴的生活中努力，将每时每刻都当成是修炼自己、提升自己的机会，那么所有的烦恼、痛苦、困难和压力等都将成为提升自己、超越自己的最好动力。

有一天，奕尚禅师起来时，刚好传来阵阵悠扬的钟声，禅师特别专注地聆听。等钟声一停，他忍不住召唤侍者，并询问："刚才打钟的是谁？"

侍者回答："是一个新来参学的和尚。"

于是奕尚禅师就让侍者把那个和尚叫来，并问："你今天早上是以什么样的心情在打钟呢？"

和尚不知道禅师为什么问他，于是说："没有什么特别的心情啊，只为打钟而打钟而已。"

奕尚禅师说："不见得吧？你在打钟的时候，心里一定在想着什么，因为我今天听到的钟声，是非常高贵响亮的声音，那是真心诚意的人才会打出的声音啊。"

和尚想了又想，然后说："禅师，其实我也没有刻意想着什么。我尚未出家参学之前，一位师父就告诉我，打钟的时候应该想到钟就是佛，必须要虔诚、斋戒，敬钟如敬佛，用一颗禅心去打钟。"

奕尚禅师听了非常满意，再三说："往后处理事务时，不要忘记持有今天早上打钟时的禅心。"

我们可以想象，那个小和尚在将来一定可以修成正果，因为他有一颗虔诚的佛心。无论外界如何喧嚣，我们都要固守一颗虔诚的心。虔诚的心是对正念的把握，是对信念的秉持。纤尘不染，杂念俱无，集念于一处，力量就是最大的。

每个人都希望能在事业、生活上有所成就，但如果不脚踏实地、一步一个脚印地向前进，理想和目标是不可能实现的。只有秉持一种平和冲淡的虔诚之心，沉得住气，不刻意追求功名利禄，而是努力探索生命的意义，才能够生活得安心、幸福，品味到生活的“禅境”。

·慢慢来，别总是马不停蹄地赶路·

当今社会，速度已经深入人心了。“快”成了大家默认的办事境界，看机器上一件件飞一般传递着的产品，听办公室一族打电话时那种无人能及的语速……休闲的概念已日渐模糊。大家似乎都变成了在“快咒”控制下的小人儿，似乎连腾出点时间来松口气的时间都没有了。看得见的、看不见的规则约束着我们；有形的、无形的鞭子驱赶着我们，我们马不停蹄地追求事业、爱情、地位、财富，似乎自己慢一拍，就会被这个世界抛弃。

“当我们正在为生活疲于奔命的时候，生活已离我们而去。”英国歌手约翰·列侬的话无疑成了现代人快节奏生活的写照。与此同时，一个困扰我们的问题是：在快节奏的生活里，我们好像一直在马不停蹄地赶路，却也在马不停蹄地错过。

这是为什么呢?

答案其实很简单：因为太急于追求结果了。人生最重要的是过程，只盯着目标和目的，自然会忽略过程当中的美景。

从前有座山，山上有座庙，庙里有个小和尚。这一天，小和尚被派下山去买菜油。出发之前，主管厨房事务的大师兄交给他一个大碗，严肃地叮嘱他说：“你一定要小心，绝对不可以把油洒出来。”

小和尚买完油，在上山回庙的路上，他想到大师兄严肃的表情及郑重的告诫，越想越紧张，于是小心翼翼地捧着装满油的碗，丝毫不敢松懈。然而天不遂人愿，快到庙门口的时候，他在上台阶的时候一不留神，洒掉了三分之一的油。

小和尚懊恼至极，自然也挨了大师兄一顿数落。正当他暗自失落的时候，了解真相的师父过来对他说：“我再派你去买一次油。这次我要你在回来的路上，多看看沿途的风景，回来要把美景描述给我听。”

小和尚很听话，又下山去买油。回来的路上，小和尚听从师父的建议，观察起沿途的风景，他越看越高兴，因为他此前都不知道，山路上的风景是如此美

丽：层峦叠嶂的山峰，山下是绿绿葱葱的稻田，忙碌的农夫，玩耍的小孩子，还有鸟语花香，轻风拂面……在美景的陪伴中，小和尚不知不觉就回到庙里了。当小和尚把油交给大师兄时，发现碗里的油装得满满的，一点都没有损失。

师父的建议充满了智慧，他让小和尚的心态放松，静下心来，找到了工作中失落的美丽。忙碌并快乐着，结果办事的效率反而更高。这就像登山，爬得快的虽然很快就可以登上顶峰，却也错过了沿途美丽的风景。

小和尚的故事也启示我们：工作仅仅是生活的一部分，千万不要忽略了其他乐趣。人生本是一幅美丽的风景画，不必对所有的事情都抱有强烈的目的性，人的一生总有做不完的事情，只要我们有一个平和之心，就不会错过沿途风景，就不会错过藏在角落里的机会。而因为忙碌而忽略了本应该属于自己的生活方式，而太执着于某一点的得失，又如何能够掌控自己的人生，又怎能把控周围给予你的机会呢？

古语云：万物静观皆自得，人生宁静方致远。快节奏的生活下，需要我们沉住气，慢慢赶路，才能享受生活、享受美丽。

“慢”，是生活和工作之间的一个美丽的平衡点；“慢”，是一种有条不紊、有张有弛的生活节奏。在现代社会的快节奏生活中，慢下来，以平和的心态面对生活中的各种压力和诱惑，也许你会损失金钱，但丰富了生命。生活好像一盏灯，把脚步放慢一些，灯就被点着了，点亮的灯会照亮生活中原本十分平凡的瞬间。而那些太过实际的人，永远只会被生活所累，却看不见生活中最精彩动人的细节。慢下来，细心欣赏一朵花的盛开，沉醉于一阵微风掠过，细品人生百味，咀嚼生活点滴，何其简约和透彻！

也许你会问，在竞争如此激烈的年代，哪儿有资本慢下来啊？其实不然，“慢生活”并非让你放弃自我、无所事事，它与物质的富有程度也没有多大关系，慢生活中的“慢”更多的是一种健康的心态，一种积极的生活态度。对我们普通人来说，每一天都是当“慢人”的好时候，只要你运用得当，做个有品位、有资本的“慢人”绝不是什么难事。

放下欲望和杂念，生命必然充实稳健

做到了宠辱不惊，方能心态平和、心如止水；做到了恬然自得，方能达观进取、笑看风云。我们在当下的生活中对事对物，对功名利禄，若失之不忧，得之

不喜，则正是“淡泊以明志，宁静以致远”。

很多时候，客观事物的改变只是由于自身心境的变迁，“心中有快乐，所见皆快乐”，若以宁静而无杂念的心去看世界，虽然它并没有变样，你却能享受到那份平淡中的永恒。这时你再回头站在局外看短短几十年的人生，会发现它不过只是宇宙的一次呼吸而已，那些凡尘琐事真如过眼云烟般不值一提，有如此豁达的心境为伴，看问题便高人一筹，生活中也会因此而少很多口舌之争、劳神之苦。

一个青年苦于现实生活的郁闷、惆怅，情绪非常低落，于是便到庙里走一走。到了寺院，他见寺庙里香客不断，檀香馥郁。再看香客们的脸，一张张都写满坦然、从容和镇定，他有些迷惑：莫非佛门真乃净地，果真能净化众生的心灵？流连寺院中，他见一位在枯树下潜心打坐的佛门老者，那入迷之态使他停下脚步。走近细看，老者那面露慈祥却心纳天下的表情强烈地震撼了他——原来一个人能超然物外地活着是多么美好！

他悄然坐在了老者身边，请求老者开示。他向老者谈了他心中的苦痛，然后问：“为什么现代人之间钩心斗角、纷争不已？”老者拈须而笑，铿锵而悠长地说：“我送你一句佛语吧。”老者一字一顿说道：“爱出者爱返，福往者福来！”青年幡然醒悟！听佛门一偈语，胜读十年书啊。

爱出者，才能爱返；福往者，方能福来。如果芸芸众生都能明白这个道理，这个世界就成了人间净土，又何来那么多的失意、忧烦和痛苦。

诚然，我们无力改变这个世界，但可以改变我们的心境。心境不同，看物与景的感觉就会不同，焦躁疑虑的人看到的是毫无生命光泽的枯草，志定心安的人方可见云卷云舒。“爱出者爱返，福往者福来”便是这样的道理。

一个人在社会中生活，若淡泊名利等身外之物，便可以真正明确自己的志向，若心无旁骛地投入某项你所钟爱的事业中，便可以实现远大的目标。为世俗名利所困扰，就算成功了，得到的也只是物质丰裕的快感，缺少“闲居无事可评论，一炷清香自得闻”的那派悠然。按照诸葛亮所说的，我们若喜欢一件事物，沉下心来好好地投入，研究它、发展它，把功名等泛泛之事都抛之脑后，终有一天，你收获的除了兴趣，还有成功。

拉尔夫是一位国际著名的登山家，他曾经在没有携带氧气设备的情况下，成功地征服了多座高峰，这其中还包括了世界第二高峰——乔戈里峰。其实，许多

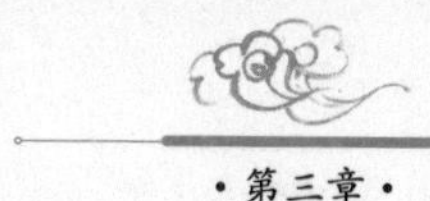

登山高手都以不带氧气瓶而能登上乔戈里峰为第一目标。但是，几乎所有的登山好手来到海拔6500米处，就无法继续前进了，因为这里的空气变得非常稀薄，几乎令人感到窒息。因此，对登山者来说，想靠自己的体力和意志，独立征服8611米的乔戈里峰峰顶，确实是一项极为严峻的考验。

拉尔夫却突破障碍做到了，他在事后举行的记者招待会上，说出了这一段历险的过程。拉尔夫说，在突破海拔6500米的登山过程中，最大的障碍是心里各种翻腾的欲念。在攀爬的过程中，任何一个小小的杂念，都会让人松懈意志，转而渴望呼吸氧气，慢慢地让人失去冲劲与动力，而“缺氧”的念头也会开始产生，最终让人放弃征服的意志，不得不接受失败。

拉尔夫说：“想要登上峰顶，首先，你必须学会清除杂念，脑子里杂念愈少，你的需氧量就愈少；你的欲念愈多，你对氧气的需求便会愈多。所以，在空气极度稀薄的情况下，想要登上顶峰，你就必须排除一切欲望和杂念！”

排除一切欲望和杂念，保持身心安定、清净、祥和。身心清净，没有欲望和杂念的干扰，能量的消耗就会降到最低限度。这就是拉尔夫成功的秘密。

可见淡泊、宁静并非陶渊明式的消极避世，反之，这是一种积极的进取，只是前进的途径不一样而已，就像中国的太极功夫，它最大的特点是以静制动、积柔成刚，就是把柔韧的力量积攒到一定的强度，再用此击败对方。而这里说的是，你在行路的过程中，不急功近利，心态平和，以超然的心境生活，生活才能有条不紊，安然前进。

淡泊是一种心态、一种胸怀，宁静是一种境界、一种品格。大凡真正淡泊宁静之人，皆能摒弃个人得失，能做到此点实属不易，但若是有远大的理想又乐于奉献的人，有宁静与淡泊一路相伴，他的生命必然充实稳健。

·沉潜是为了更好地腾飞·

《庄子》开篇的《逍遥游》中有一段话这样写道：“北冥有鱼，其名为鲲。鲲之大，不知其几千里也；化而为鸟，其名为鹏。鹏之背，不知其几千里也；怒而飞，其翼若垂天之云。”

庄子说深海里有条鱼，突然一变，变成天上会飞的大鹏鸟。鲲化鹏这个故事含意丰富，包含了两个方面——“沉潜”与“飞动”。潜伏在深海里的鱼，突然一变，变成了远走高飞的大鹏鸟。

《逍遥游》一开始便告诉我们一个道理，人生的某个时刻，或是一个人年轻之时，或是修道还没有成功的时候，或是倒霉得没有办法的时候，必须“沉潜”在深水里，动都不要动。只有修行到相当的程度，摇身一变，便能升华高飞了。相反，一个人若不懂得沉潜蓄势，那么他的人生很难有真正的成就。

一位年轻的画家，在他刚出道时，3年没有卖出去一幅画，这让他很苦恼。于是，他去请教一位世界闻名的老画家，他想知道为什么自己整整3年居然连一幅画都卖不出去。那位老画家微微一笑，问他每画一幅画大概用多长时间。他说一般是一两天吧，最多不过3天。那老画家于是对他说，年轻人，那你换种方式试试吧，你用3年的时间去画一幅画，我保证你的画一两天就可以卖出去，最多不会超过3天。

故事中青年的经历不免让人惋惜，可是现实中，很多时候我们都是在重复着和这位青年同样的错误。其实，做人处世，沉潜的日子相当于长长的助跑线，能够让我们飞得更高更远。《三国演义》中曹操与刘备青梅煮酒，曾云：龙能大能小，能升能隐；大则兴云吐雾，小则隐介藏形；升则飞腾于宇宙之间，隐则潜伏于波涛之内。方今春深，龙乘时变化，犹人得志而纵横四海。龙之为物，可比世之英雄。其实，这其中便蕴含着鲲鹏沉潜高飞之道。

放眼古今中外，有很多沉潜蓄势、厚积薄发的故事。很多人在经历了一次又一次的挫折之后，披荆斩棘，终于闯出了自己的一片天地。用道家的智慧来解释，就是人要先学会沉潜，才能最终腾飞，明朝开国皇帝朱元璋便是深谙此道的人。

元末农民战争风起云涌，在几路起义军和较大的诸侯割据势力中，除四川明玉珍、浙东方国珍外，其余的领袖皆已称王、称帝。最早的徐寿辉，在彭莹玉等人的拥立下，于元至正十一年（公元1351年）称帝，国号天完。张士诚于元至正十三年（公元1353年）自称诚王，国号大周。刘福通因韩山童被害，韩林儿下落不明之故，起兵数年未立“天子”，至元至正二十年（1360年）徐寿辉被部下陈友谅所杀，陈友谅自立为帝，国号大汉。四川明玉珍闻讯，也自立为陇蜀王，一时间，九州大地，“王”、“帝”俯拾皆是。

此时只有朱元璋依然十分冷静，他明白要想最终夺得天下，目前掩藏锋芒，暂时沉潜，是最好的选择。所以，他坚定地采纳了“缓称王”的建议。朱元璋成为一路起义军的领袖，始终不为“王”、“帝”所动，直到元至正二十四年（公元1364年）朱元璋才称为吴王。至于称帝，那已是元至正二十八年（1368年）的事情了。此时，天下局势已明朗，也就是说，朱元璋即便不称帝，也已经是事实

上的“帝”了。

与其他各路起义军迫不及待地称王的做法相比较，朱元璋的“缓称王”之战略不可谓不高明。“缓称王”的根本目的，乃在于最大限度地减少己方独立反元的政治色彩，从而最大限度地降低元朝对自己的关注程度，避免或大大减少了过早与元军主力和强劲诸侯军队决战的可能。这样一来，朱元璋就更有利于保存实力、积蓄力量，从而求得稳步发展了。以暂时的沉潜换取最终的成功，这正是朱元璋的过人之处。

所以，做人要使自己立于不败之地，就要根据外界形势的变化，灵活地保存实力，关键时刻再出手以赢得胜利。当我们面前困难重重，出头之日遥不可及时，何不学学朱元璋，暂时沉潜绝非沉沦，而是自强。

如果我们在困境中也能沉下气来，不被困难吓倒；在喧嚣中也能沉下心来，不被浮华迷惑，专心致志积聚力量，并抓住恰当的时机反弹向上，毫无疑问，我们就能成功。反之，总是随波浮沉，或者怨天尤人，注定就会被命运的风浪玩弄于股掌之间，直至精疲力竭。甘于沉下去，才可浮出来，企鹅的沉潜原则，也适用于人的生存。

人生需要慢慢积淀，当时机成熟，风力充足，有了一定的能力才智作为本钱，定能一飞冲天。一个人想要最终获得一个圆满、成功、幸福的人生，就需要一个成功势能积累的过程。成功绝不是一蹴而就的，只有静下心来日积月累地积蓄力量，才能够“绳锯木断，水滴石穿”，从最低处获得成功。

·目标明确才能少走弯路·

生活中，我们经常可以听见身边的人在抱怨，抱怨前途的迷茫与无助，每一天都在浑浑噩噩中度过，生活中找不到一点欢乐。他们之所以感到烦恼和痛苦，就是因为他们没有为自己制定一个目标，在人生的汪洋中四处飘荡。空虚、无聊、恐惧等种种悲观情绪占据着他们的心灵，因而他们总是难以寻找到欢乐的港湾停靠。

弟子们和禅师一起在田里插秧，可是弟子们插的秧总是歪歪扭扭，而禅师却插得整整齐齐，犹如用尺子量过一样。

弟子们疑惑地问禅师：“师父，你是怎么把禾苗插得那么直的？”

禅师笑着说：“这其实很简单！你们插秧的时候，眼睛要盯着一个东西，这样

就能插直了！”

弟子们于是卷起裤管，喜滋滋地插完一排秧苗，可是这次插的秧苗，竟成了一道弯曲的弧形。

禅师问弟子：“你们是否盯住了一样东西？”“是呀，我们盯住了那边吃草的水牛，那可是一个大目标啊！”弟子们答道。

禅师笑道：“水牛边吃草边走，而你们插秧时也跟着水牛移动，怎么能插直呢？”

弟子们恍然大悟，这次，他们选定了远处的一棵大树，果然秧都插得很直。

不要只看着脚下，不要只看眼前的拥有，而是要给自己制定一个固定的目标，如此才能朝着确定的目标前进，少走弯路。

而当一个人为自己制定了目标，确定了自己下一步的方向，他就会全心全意地为目标而奋斗，没有太多的时间去胡思乱想在实践目标中遇到的困难，也没有空闲去领会别人的闲言冷语，他尽情享受着奋斗的喜悦与欢乐，最终也会收获成功和自信。

其实，取得成就的人和其他庸庸碌碌的人比起来，机会是一样多的。但是，在100个人当中，往往只有一两个人清楚自己一生要的是什么，他们知道自己下一步该怎么走，可以随时掌握住自己前行的方向，所以他们能够获得成功。

所以，我们每个人都要懂得目标的力量，给自己一个期望，建立一个可以实现的目标，只有如此，才能在目标助推下，消除迷惘，泅渡心的冰河。

第四章

沉不住气，难免嫉贤妒能生闷气

中国人常说：“别动气，动气就损了精气；别生气，生气就坏了元气；别斗气，斗气就伤了和气；宜忍气，忍气便能神气。”其实，一切情绪都来源于我们自身，要知道，我们自己是一切情绪的创造者，没有你的同意谁也别想让你生气。因此，与其让别人的错误来惩罚自己，还不如给别人台阶下，一笑了事罢了。

·人生有关隘·

人生中不同的阶段有不同的关隘，最难通过的是君子三戒：少年戒之在色，男女之间如果有过分的贪欲，很容易毁伤身体；壮年戒之在斗，这个斗不只是指打架，而指一切意气之争，事业上的竞争，处处想打击别人，以求自己成事立业；这种心理是中年人的毛病；老年人戒之在得，年龄不到可能无法体会。曾经有许多人，年轻时仗义疏财，到了老年反而斤斤计较，钱放不下，事业更放不下，在对待很多事情时都是如此。

三戒如同人生三个关隘，闯过去，便是踏平坎坷成大道；闯不过去，便是拿到了一张不合格的人生答卷，轻则半生虚度，重则一生荒废，甚至坠入万劫不复的深渊。

有一座泥像立在路边，历经风吹雨打。它多么想找个地方避避风雨，然而它无法动弹，也无法呼喊。它太羡慕人类了，它觉得做一个人，可以无忧无虑、自由自在地到处奔跑。它决定抓住一切机会，向人类呼救。

有一天，智者圣约翰路过此地，泥像用它的神情向圣约翰发出呼救：“智者，

请让我变成人吧！”圣约翰看了看泥像，微微笑了笑，然后衣袖一挥，泥像立刻变成一个活生生的青年。“你要想变成人可以，但是你必须先跟我试走一下人生之路，假如你受不了人生的痛苦，我马上把你还原。”智者圣约翰说。

于是，青年跟智者圣约翰来到一个悬崖边。“现在，请你从此崖走向彼崖吧！”圣约翰长袖一拂，已经将青年推上了铁索桥。青年战战兢兢，踩着一个个大小不同的链环边缘前行，然而一不小心跌进了一个链环之中，顿时，两腿悬空，胸部被链环卡得紧紧的，几乎透不过气来。

“啊！好痛苦呀！快救命呀！”青年挥动双臂大声呼救。“请君自救吧。在这条路上，能够救你的，只有你自己。”圣约翰在前方微笑着说。青年扭动身躯，奋力挣扎，好不容易才从这痛苦之环中挣扎出来。“你是什么链环，为何卡得我如此痛苦？”青年愤然道。“我是名利之环。”脚下铁链答道。

青年继续朝前走。忽然，隐约间，一个绝色美女朝青年嫣然一笑，然后飘然而去，不见踪影。青年稍一走神，脚下一滑，又跌入一个环中，被链环死死卡住。青年挥动双臂大声呼救，可是四周一片寂静，没有一个人响应，没有一个人来救他。这时，圣约翰再次在前方出现，他微笑着缓缓道："在这条路上，没有人可以救你，你只能自救。”青年拼尽力气，总算从这个环中挣扎了出来，然而他已累得精疲力竭，便坐在两个链环间小憩。“刚才这是个什么痛苦之环呢？”青年想。“我是美色链环。”脚下的链环答道。

经过一阵轻松的休息后，青年顿觉神清气爽，心中充满幸福愉快的感觉，他为自己终于从链环中挣扎出来而庆幸。青年继续向前走，然而他又接连掉进欲望的链环、嫉妒的链环……待他从这一个个痛苦之环中挣扎出来时已经疲惫不堪了。他抬头望望，前面还有漫长的一段路，他再也没有勇气走下去了。

“智者！我不想再走了，你还是带我回原来的地方吧！”青年呼唤着。智者圣约翰出现了，他长袖一挥，青年便回到了路边。“人生虽然有许多痛苦，但也有战胜痛苦后的欢乐和轻松，你真的愿意放弃人生么？”“人生之路痛苦太多，欢乐和愉快太短暂、太少了，我决定放弃做人，还原为泥像。”青年毫不犹豫地说。智者圣约翰长袖一挥，青年又还原为一尊泥像。“我从此再也不用受人世的痛苦了。”泥像想。然而不久，泥像被一场大雨冲成了一堆烂泥。

人的一生需要迈过的坎很多，稍不留神，我们就会栽在其中一道坎上。不过，对于绝大多数人，或许最重要的是迈过金钱、权力与美色三道坎，就像孔子所说的“人生三戒”一样。

其实，无论你处于什么阶段，这“三戒”的内容，都应当牢记于心，“时时勤拂拭，莫使惹尘埃”。以“礼”约束，用理性的缰绳约束情感和欲望的野马，达到中和调适，便能顺利走过人生的几个关隘。

·心热如火，眼冷似灰·

宋代词人辛弃疾有一句名言：物无美恶，过则为灾。想拥有，是因为占有欲在作怪，如果舍得放弃，就不会如此痛苦了。生活就是如此，有的时候，痛苦和烦恼不是由于得到太少，反而是因为拥有太多。拥有太多，就会感到沉重、拥挤、膨胀、烦恼、害怕失去。

拥有是一种简单原始的快乐，拥有太多，就会失去最初的欢喜，变得越来越不如意。

日本禅师释宗演说：“我心热如火，眼冷似灰。”他立下了如下的守则，终身信守不渝：

（1）晨起着衣之前，燃香静坐。

（2）定时休息，定时饮食；饮食适量，决不过饱。

（3）以独处之心待客，以待客之心独处。

（4）谨慎言词，言出必行。

（5）把握机会，不轻易放过，但凡事须三思而行。

（6）已过不悔，展望将来。

（7）要有英雄的无畏，赤子的爱心。

（8）睡时好好去睡，要如长眠不起；醒时立即离床，如弃敝屣。

·欲过度则为贪·

贪婪，在佛教教义中，被列为第八大恶行。由此可见人类对于贪婪的无比厌恶。

贪的邪恶力量是无穷的，它会让人迷失本心，从而在追逐欲望的深渊中不能自拔。

贪婪往往要付出代价。有时候，有些人为了得到他喜欢的东西，殚精竭虑，费尽心机，更甚者可能会不择手段，以致走向极端。他付出的代价是其得到的东

西所无法弥补的，也许那代价是沉重的，只是直到最后才会被他发现罢了。

贪婪的人，被欲望牵引，欲望无边，贪婪无边；贪婪的人，是欲望的奴隶，他们在欲望的驱使下忙忙碌碌，但不知所终；贪婪的人，常怀有私心，一心算计，斤斤计较，却最终一无所获。

古时候，有一个国王非常富有，但他还是不满足，希望自己更富有。他甚至希望有一天，只要他摸过的东西都能变成金子。

结果，这个愿望实现了，天神给了国王一份厚礼。国王非常高兴，因为只要他伸手摸任何物品，那个物品就会变成黄金。他开心地用手触摸家中的每样家具，顿时每样东西都变成了黄澄澄的金子。

此时，国王心爱的小女儿高兴地跑过来。国王一伸手拥抱她，立刻，活泼可爱的小公主就变成一尊冰冷的金人。他傻眼了。

的确，有很多事情，做到何种程度是由我们自己来控制的。成功的人往往适可而止，而失败的人不是做得太少就是做得太多。但是，多并不一定会带来快乐，太多有时也是一种麻烦。

·活着绝不是为了赚钱·

清朝时，山西太原有一个商人，生意做得很红火，长年财源滚滚。虽然请了好几位账房先生，但总账还是靠他自己算。钱的进项又多又大，他天天从早晨打算盘熬到深更半夜，累得腰酸背痛、头昏眼花。夜晚上床后又想到第二天的生意，一想到成堆白花花的银子就兴奋激动得睡不着。

这样，白天忙得不能睡觉，夜晚又兴奋得睡不着觉，他患上了严重的失眠症。他隔壁靠做豆腐为生的小两口，每天清早起来磨豆浆、做豆腐，说说笑笑，快快活活，甜甜蜜蜜。

墙这边的富商在床上翻来覆去，摇头叹息，对这对穷夫妻又羡慕又嫉妒。他的太太也说："老爷，我们要这么多银子有什么用，整天又累又担心，还不如隔壁那对穷夫妻活得开心。"

金钱并不是唯一能够满足心灵的东西。虽然它能为心灵的满足提供多种手段和工具，但在现实生活中，你却不能只顾享受金钱而不去享受生活。

享受金钱只能让自己早日堕落，而享受生活却能够使自己不断品尝人生的幸

福。享受金钱会使自己被金钱的恶魔无情地缠绕，于是自己的生活主题只有“金钱”两字。整天为金钱所困惑，为金钱而难受，为金钱而痛苦，生活便会沦为围绕一张钞票而上演的闹剧。

享受生活的人则不在乎自己有多少金钱，多可以过，少一样可以过，问题是自己处处能够感悟到生活。享受金钱的人最后会被金钱妖魔化，绝对没有好的下场。享受生活的人会感到人生是无限美好的，于是越活越开心。

对待金钱必须拿得起放得下，赚钱是为了活着，但活着绝不是为了赚钱。假如人活着只把追逐金钱作为人生唯一的目标和宗旨，那人将是一种可怜的动物，他将会被自己所制造出来的这种工具捆绑起来，并被生活遗弃。

·心中不染铜臭·

金钱对于我们的生活来说，很重要，但我们必须明白的是金钱并不是万能的。挣钱是为了让自己生活得更好，所以钱不是神，而是仆人。如果一个人成为金钱的奴隶，那么，对他而言，钱多并非是一件好事。

唐代德宗时的王锷是个赳赳武夫，凭着血气之勇打了几次胜仗，最后一步一步升迁。此公生性吝啬贪鄙，凡是他经手的工程建设，哪怕琐屑小事也要躬亲。不过，这完全不是出于对工作的谨慎负责，而是怕肥水落入外人田。每次公家设宴请客的剩菜剩饭，他要么自己全部带回家，要么全部当下卖掉，反正不会白白便宜了手下人。

他多年的一个旧友，看到他这样富贵了还见钱忘命，便善意又委婉地对他说：“相爷要把身外之物看淡一点，对于金钱要有聚有散，好让社会上知道相爷重义不重财。”几天后那位旧友又去见王锷，王锷十分诚恳地对他说：“前天你的劝告太及时了，我已按你的意思把钱财散了。我的每个儿子各人分得万贯，每个女婿各人分得千贯。”

听着王锷的话，那位老友两眼睁得又大又圆，心里暗暗地说：“原来如此！”王锷这种散财方法的结局会很可悲。因为，留给儿孙的家业太多了，反而养成了他们不想自食其力的懒惰。

的确，如果我们不能很好地去把握和控制金钱，那么，钱越多，对于我们而言则害处越大。因此，我们必须明白：我们要做金钱的主人，而不是金钱的奴隶。要知道：金钱并不是生活的全部，生活中有比金钱更贵重的东西。

·莫生气·

一位西方学者曾经说过："忍耐和坚持是痛苦的，但它会逐渐给你带来幸福。"人要获得某方面的成就，必须学会忍耐，从某种程度上说，忍耐是成就一项事业的必要条件，忍耐能让你在清净沉寂中体会生命的幸福。

为人要学会忍耐，如果一点小事都不能容忍而发脾气，就只会坏事。只有下定决心耐住性子，才能做成事。只需忍耐，明天就一定会有阳光。一心忍耐，百炼钢也会化为绕指柔。

性格急躁、粗心大意的人，难以办成大事；性情温和、内心安详的人，必然万事顺利。不善于掌握自己情绪的人，必定要被命运所捉弄。

古时，有位妇人经常为一些琐碎的小事生气，她也知道这样不好，便去求一位高僧为自己谈禅说道，开阔心胸。

高僧听了她的讲述，一言不发，把她领到一座禅房中，上锁而去。妇人气得跳脚大骂。骂了许久，高僧也不理会。妇人转而开始哀求，高僧仍不听。妇人终于沉默了。高僧来到门外，问她："你还生气吗？"

妇人说："我只为我自己生气，我怎么会到这个地方来受罪呢？"

"连自己都不能原谅的人，怎么能心如止水？"高僧拂袖而去。

过了一会儿，高僧又问她："还生气吗？"

"不生气了。"妇人说。

"为什么？"

"生气也没有办法呀！"

"你的气并没有消，还压在心里，爆发后，将会更加剧烈。"高僧又离开了。

高僧第三次来到门前，妇人告诉他："我不生气了，因为不值得生气。"

"还知道不值得，可见心里还有衡量的标准，还是有'气根'。"高僧笑道。

当高僧的身影迎着夕阳立在门口时，妇人问他："大师，什么是气？"

高僧将手中的茶水倾洒到地上。

妇人看了一会儿，突然有所感悟，于是，她叩谢而去。

"气"，便是一种需要上的失落。生气就是用别人的过错来惩罚自己的一种蠢行。既然如此，又何必生气呢？

莫生气，因为生气伤身又伤神。每个人都有自己的情绪，要学会控制，否则，有些过分的语言和行为会误事，更会伤人。稳定情绪，解脱自己，乃当务之急！

贝多芬曾说过：几只苍蝇咬几口，绝不能羁留一匹英勇的奔马。每一位优秀人物的身旁总会萦绕着各种纷扰，对它们保持沉默要比寻根究底明智得多。我们应当保持一种温和平静的心态，从容地面对那些纷扰。

·怒气会恶性传染·

动辄发怒是放纵和缺乏教养的表现，而且一旦“愤怒”与“愚蠢”携手并进，“后悔”就会接踵而来。所以，血气沸腾之际，大脑不太清醒，言行容易过分，于人于己都不利。

有一位经理，一大早起床，发现上班快要迟到了，便急急忙忙地开着车往公司赶。

一路上，为了赶时间，这位经理连闯了几个红灯，最终在一个路口被警察拦了下来，给他开了罚单。

这样一来，上班迟到已是必然。到了办公室之后，这位经理犹如吃了火药一般，看到桌上放着几封前一天下班前便已交代秘书寄出的信件，更是气不打一处来，把秘书叫了进来，劈头盖脸就是一阵痛骂。

秘书被骂得莫名其妙，拿着未寄出的信件，走到总机小姐的座位，同样是一阵狠批。秘书责怪总机小姐，前一天没有提醒她寄信。

总机小姐被骂得心情恶劣之至，便找来公司内职位最低的清洁工，借题发挥，对清洁工的工作，没头没脑地也是一连串声色俱厉的指责。

清洁工底下，没有人可以再骂下去，她只得憋着一肚子闷气。

下班回到家，清洁工见到读小学的儿子趴在地上看电视，衣服、书包、零食，丢得满地都是，刚好逮住机会，把儿子好好地教训了一顿。

儿子电视也看不成了，愤愤地回到自己的卧房，见到家里那只大懒猫正盘踞在房门口，一时怒由心中起，狠狠地踢了一脚，把猫儿给踢得远远的。

无故遭殃的猫儿，心中百思不解：“我这又是招谁惹谁了？”

情绪是可以传染的，尤其是坏情绪。按照上面这则事例中怒气蔓延的逻辑，再传递下去，最终会将全世界闹个鸡犬不宁。此话虽略显夸张，但不无道理。其实，他们中的任何一个人只要心平气和地面对别人的怒气，然后合理地处理好自己的情绪，怒气就不会传播得这么广，就不会有那么多的人受怒气影响而情绪变坏。

·不嫉妒，得救赎·

自己得不到就放不下心，心里好像有一股酸酸的味道，这便是嫉妒心。嫉妒别人其实是一种委实难受的滋味，虽然明白自己可能永远得不到对方的成果和美誉，但是嘴上不肯承认，还试图从对对方的藐视或者打击中获得平衡，这种酸酸的心理百害而无一利。

嫉妒，是平庸的情调对卓越才能的反感；是一种啃噬人的内心，让人欲罢不能的疾病；是一种与人有害、于己无益的消极情绪。

不论你是高官显贵，还是平头百姓，都有可能被嫉妒这种病菌侵袭，且一旦沾染，就成为损害身体的毒。

在远古时代，摩伽陀国有一位国王饲养了一群象。象群中，有一头象长得很特殊，全身白皙，毛柔细光滑。后来，国王将这头象交给一位驯象师照顾。这位驯象师不仅照顾它的生活起居，还很用心地教它。这头白象十分聪明、善解人意，过了一段时间之后，他们已建立了良好的默契。

有一年，这个国家举行大庆典。国王打算骑白象去观礼，于是驯象师将白象清洗、装扮了一番，在它的背上披上一条白毯子后，交给国王。

国王在一些官员的陪同下，骑着白象进城看庆典。由于这头白象实在太漂亮了，民众都围拢过来，一边赞叹、一边高喊着："象王！象王！"这时，骑在象背上的国王，觉得所有的光彩都被这头白象抢走了，心里十分生气、嫉妒。他很快地绕了一圈，然后就不悦地返回王宫。

一回王宫，他问驯象师："这头白象，有没有什么特殊的技艺？"驯象师问国王："不知道国王您指的是哪方面？"国王说："它能不能在悬崖边展现它的技艺呢？"驯象师说："应该可以。"国王就说："好。那明天就让它在波罗奈国和摩伽陀国相邻的悬崖上表演。"

隔天，驯象师依约把白象带到那处悬崖。国王就说："这头白象能以三只脚站立在悬崖边吗？"驯象师说："这简单。"他骑上象背，对白象说："来，用三只脚站立。"果然，白象立刻就缩起一只脚。国王又说："它能两脚悬空，只用两脚站立吗？""可以。"驯象师就叫它缩起两脚，白象很听话地照做了。国王接着又说："它能不能三脚悬空，只用一脚站立？"

驯象师一听，明白国王存心要置白象于死地，就对白象说："你这次要小心一点，缩起三只脚，用一只脚站立。"白象也很谨慎地照做。围观的民众看了，热

烈地为白象鼓掌、喝彩。国王愈想心里愈不平衡，就对驯象师说："它能把后脚也缩起，全身飞过悬崖吗？"

这时，驯象师悄悄地对白象说："国王存心要你的命，我们在这里会很危险。你就腾空飞到对面的悬崖吧。"不可思议的是，这头白象竟然真的把后脚悬空飞起来，载着驯象师飞越悬崖，进入波罗奈国。

波罗奈国的人民看到白象飞来，全城都欢呼起来。国王很高兴地问驯象师："你从哪儿来？为何会骑着白象来到我的国家？"驯象师便将经过一一告诉国王。国王听完之后，叹道："人的心胸为什么连一头象都容纳不下呢？"

真正的王者绝不会容不得他人光芒的存在，就像自己是一颗钻石一样，周围的珍珠只会衬托它的雍容、高度，而不会削减它的魅力。

嫉妒是一种危险的情绪，它源于人对卓越的渴望与心胸的狭窄。嫉妒可以使天才被流言、恶意和唾液编织而成的网绞杀，也可能令智者陷入个人与他人利益的冲撞中而寻不到出路。它不但损害着他人，也毁灭着自己。

产生了嫉妒心理并不可怕，关键要看你能不能正视嫉妒，并将其转化为自己的动力。与其让嫉妒啃噬着自己的内心，不如升华这种嫉妒之情，把嫉妒转化为成功的动力，化消极为积极，做一个"心随朗月高，志与秋霜洁"，虚怀若谷、包容万千的人。

·心灵从容方富足·

嫉妒心是美好生活中的毒瘤，是修行者悲心与慧命的绊脚石。

一棵树看着一棵树，
恨不得自己变成刀斧。
一根草看着一根草，
甚至盼望着野火延烧。

这是著名诗人邵燕祥的一首短诗《嫉妒》。寥寥四句就把嫉妒之情刻画得入木三分，揭露得淋漓尽致。

在果园的核桃树旁边，长着一棵桃树。桃树的嫉妒心很重，一看到核桃树上挂满的果实，心里就觉得很不是滋味。

"为什么核桃树结的果子要比我多呢？"桃树愤愤不平地抱怨着，"我有哪一

点不如它呢？老天爷真是太不公平了！不行，明年我一定要和它比个高低，结出比它还要多的桃子！让它看看我的本事！”

“你不要无端嫉妒别人啦，”长在桃树附近的老李子树劝诫道，“难道你没有发现，核桃树有着多么粗壮的树干、多么坚韧的枝条吗？你也不动动脑子想一想，如果你也结出那么多的果实，你那瘦弱的枝干能承受得了吗？我劝你还是安分守己、老老实实地过日子吧！”

自傲的桃树可听不进李子树的忠告，嫉妒心蒙住了它的耳朵和眼睛，不管多么有理的规劝，对它都起不到任何作用了。桃树命令它的树根尽力钻得深些、再深些，要紧紧地咬住大地，把土壤中能够汲取的营养和水分统统都吸收上来。它还命令树枝要使出全部的力气，拼命地开花，开得越多越好，而且要保证让所有的花朵都结出果实。

它的命令生效了，第二年花期一过，这棵桃树浑身上下密密麻麻地挂满了桃子。桃树高兴极了，它认为今年可以和核桃树好好比个高低了。

充盈的果汁使得桃子一天天加重了分量，渐渐地，桃树的树枝、树杈都被压弯了腰，连气都喘不过来了。它们纷纷向桃树发出请求，赶快抖掉一部分桃子，否则就要承受不住了。可是桃树不肯放弃即将到来的荣耀，它下令树枝与树杈要坚持住，不能半途而废。

这一天，不堪重负的桃树发出一阵哀鸣，紧接着就听到“咔嚓”一声，树干齐腰折断了。尚未完全成熟的桃子滚满了一地，在核桃树脚下渐渐地腐烂了。

人生就像一场比赛，不管多么努力，技术运用得多么高超，总会有相对于第一名的落后者。享受欢呼的，仅仅是那成千上万名中第一个冲到终点的幸运儿。生活又何尝不是这样？相对于那些在某一领域中因出类拔萃而获得万众瞩目的人来说，绝大多数的人都是那些在平凡的工作、平凡的家庭中默默尽力的人。况且，人生风云变幻，又有多少人没有品尝过世事沧桑的滋味呢？

从社会的需要说，只要每个人能做好自己的分内工作，维持物质的丰厚，铸造社会的繁荣，他就应该自豪。若从生活的价值来说，能够体味人生的酸甜苦辣，做了自己所喜欢的事，没有虐待这百岁年华的生命，心灵从容富足就算这一生“功德圆满”了。

第五章

沉不住气，必然急功近利少志气

成功常成于坚忍，毁于浮躁。只有一步一步脚踏实地，慢慢积累，才能达成自己的目的。做事的时候不要一味贪多求快，急功近利反而欲速则不达。凡真正成大事者，都须戒骄戒躁，善于权衡大小，重长远，趋大利；善于控制、调节自己；目光远大，自信心强。

·名不可简成，誉不可巧立·

墨子在《修身》篇中说：“名不可简成也，誉不可巧而立也。”意思是成就事业要能忍受孤独、潜心静气，才能深入“人迹罕至”的境地，汲取智慧的甘饴。如果过于浮躁，急功近利，就可能适得其反，劳而无功。

急于求成是许多人身上常见的败因，它就是造成人们做事目的与结果不一致的一个重要原因。《论语·子路》中有一句话：“欲速则不达。”意思是说一味主观地求急图快，违背了客观规律，造成的后果只能是欲速则不达。一个人只有摆脱了速成心理，一步步地积极努力，步步为营，才能达成自己的目的。

邓亚萍小时候因为个子很矮，被省乒乓球队以“个子太矮，没有发展前途”为由退回，这让邓亚萍深受打击，但她没有认输，而是谨记爸爸的话：“先天不足后天补，只要有特长和扎实的基本功，何愁不会脱颖而出！”从此，她开始了更加刻苦的训练。

当时，郑州市乒乓球队的条件十分艰苦，连一个固定的训练场地都没有。邓亚萍和她的队友们一开始在一间暂时不用的澡堂里练球，后来又转移到一个小学的礼堂，最后才搬到市体育场靶场二楼的训练房。夏天，训练房里的温度非常

高，可队员们在里面一待就是一整天，挥汗如雨，连衣服都湿透了。冬天，室内十分寒冷，队员们的双手常常肿得像个面包，甚至开裂。

无论训练多么严格、条件多么艰苦，全队年纪最小、个头最矮的邓亚萍都咬牙坚持下来，甚至比别人做得更出色。训练房离邓亚萍的家不远，但她从不擅自回家，她那不服输的拼劲，让很多比她大的队员都自叹不如。正是在这里，邓亚萍练出了“快、怪、狠”的战术，那就是正手球快、反手球怪、攻球狠，这成了她以后最突出的打球风格。

功夫不负有心人，邓亚萍的努力得到了丰厚的回报。1988 年，15 岁的邓亚萍在国际、国内各项大赛上所向披靡，并夺得了第六届亚洲杯乒乓球比赛的女子单打冠军。进入国家队后，邓亚萍依然保持着勤奋、刻苦的精神。

平时，队里规定上午练到 11 点，她给自己延长到 11 点 45 分；下午训练到 6 点，她练到 6 点 45 分或 7 点 45 分；封闭训练时晚上规定练到 9 点，她练到 11 点。一筐 200 多个训练用球，邓亚萍一天要打 10 多筐，练一组球的脚步移动，相当于跑一次 400 米，邓亚萍的一堂训练课，相当于跑一次 1 万米，这还没算上数千次的挥拍动作。有人做过统计，邓亚萍平均每天加练 40 分钟，一年就比别人多练 40 天。

教练曾经做过统计，她一天要打 1 万多个球。邓亚萍每天练球，都要带两套衣服、鞋袜，湿了一套再换一套。她经常因为训练错过吃饭的时间，有时食堂会为她专设“晚灶”，但更多时候她只能用方便面对付一下。

一次次的南征北战，邓亚萍捧回了一枚枚金牌，并又一次次地把目光投向更高的目标。在 1992 年巴塞罗那奥运会和 1996 年的亚特兰大奥运会上，邓亚萍蝉联了乒乓球女子单打、双打的冠军。

1997 年，邓亚萍从她所深爱着的国家乒乓球队退役了。这时，她已经将自己的名字刻遍了世界大赛的金杯，为祖国争得了荣誉。虽然她的身高只有 1.5 米，但她却是乒坛的巨人。

一点一滴的积累，超人的付出，不服输的精神，使邓亚萍的球艺和战术不断升华，在身高上先天不足的她理所当然地站在了乒乓球运动的巅峰。

朱熹有一句十六字真言：“宁详毋略，宁近毋远，宁下毋高，宁拙毋巧。”这告诉我们，凡事都要脚踏实地，顺应客观规律去完成，即使短暂的突击得到了瞬间的效果，但终究是不牢固的，是经不起岁月的洗礼和时间的考验的。

名不可简成，誉不可巧立。古今中外，概莫能外。门捷列夫的化学元素周期

表的诞生，居里夫人发现镭元素，陈景润在哥德巴赫猜想中摘取的桂冠等，都是他们在寂寞、单调中，沉得住气，扎扎实实做学问，在反反复复的冷静思索和数次实践中获得的成就。

大道至简，知易行难。艰难困苦玉汝于成，急于求成是永远不会获得想要的结果的，只有脚踏实地才能获得最终的成功。

·循序渐进才是做事的根本·

急于求成、急功近利是人的本性，做事情老是求快，就会追求了速度，却忘记了质量。浮躁的人就有这样的缺点，他们希望成功，也渴望成功，但在如何获得成功的心态上，却显得比常人更为急躁。

很多人虽然充满梦想，但他们不懂得如何为自己规划人生，不懂得梦想只有在脚踏实地的工作中才能得以实现。因此，面对纷繁复杂的社会，他们往往会产生浮躁的情绪。在浮躁情绪的影响下，他们常常抱怨自己的"文韬武略"无从施展，抱怨没有善于识才的伯乐。

一个忙碌了半生的人，这样诉说自己的苦闷："我这一两年一直心神不定，老想出去闯荡一番，总觉得在我们那个破单位待着憋闷得慌。看着别人房子、车子、票子都有了，心里慌啊！以前也做过几笔买卖，都是赔多赚少；我去买彩票，一心想摸成个暴发户，可结果花几千元连个声响都没听着，就没有影了。后来又跳了几家单位，不是这个单位离家太远，就是那个单位专业不对口，再就是待遇不好，反正找个合适的工作太难啊！天天无头苍蝇一般，反正，我心里就是不踏实，闷得慌。"

生活中，就是常有这样的一些人，他们做事缺少恒心，见异思迁，急功近利，成天无所事事。面对急剧变化的社会，他们对前途毫无信心，心神不宁。浮躁是一种情绪，一种并不可取的生活态度。人浮躁了，会终日处在又忙又烦的应急状态中，脾气会暴躁，神经会紧绷，长久下来，会被生活的急流所挟裹。

有一个人得了很重的病，给他看病的医生对他说："你必须多吃人参，你的病才会好！"这个人听了医生的话，果然就去买了一只人参来吃，吃了一只就不吃了。

后来医生见到这个病人就问他："你的病好了吗？"病人说："你叫我吃人参，我吃了一只人参，就没有再吃了，可我的病怎么还没有好？"医生说："你吃了第

一只人参，怎么不接着吃呢？难道吃一只人参就指望把病治好吗？”

故事中的病人不明白治病需要循序渐进、坚持治疗，而是寄希望于吃一只人参就能恢复健康。现实生活中，很多人也是因为不懂得坚持忍耐，只想着一蹴而就。这样的人，自然是无法触摸到成功的臂膀的。

许多浮躁的人都曾经有过梦想，却始终壮志未酬，最后只剩下遗憾和牢骚，他们把这归因于缺少机会。实际上，生活和工作中到处充满着机会：学校中的每一堂课都是一个机会；每次考试都是生命中的一个机会；报纸中的每一篇文章都是一个机会；每个客户都是一个机会；每次训诫都是一个机会；每笔生意都是一个机会。这些机会带来教养、带来勇敢，培养品德，制造朋友。

脚踏实地的耕耘者在平凡的工作中创造了机会，抓住了机会，实现了自己的梦想；而不愿俯视手中工作，嫌其琐碎平凡的人，在焦虑的等待机会中，度过了并不愉快的一生。

·不要舍近求远，机遇就在你身边·

现实生活中，很多心浮气躁的人总喜欢放眼向远处望去，总认为远处的东西好，其实俯身向下看，最好的东西就在你的脚下。舍近求远就是忘记眼前，只看遥远不可及的地方，反而会把眼前的机遇错过，白费工夫。

不要以为机会随时都在等着你，我们多数人的毛病是，当机会朝我们冲奔而来时，我们兀自闭着眼睛，很少有人能够去主动追寻自己的机会，甚至在绊倒时，还不能见着它。

在森林中，一只饥肠辘辘的狮子正在觅食，它看到一只熟睡中的野兔，正想把兔子吃掉时，却又看到了一只鹿从旁边经过，狮子想，鹿肉要比兔肉实惠多了，便丢下兔子去追捕鹿。但无奈，狮子因为太过饥饿，体力不支，没有追上鹿。

等它放弃，回到原地找兔子的时候，兔子也不见了，狮子难过地说：“我真是活该，放着眼前的食物不吃，偏要去追鹿，结果这两样都没有得到。”

机会就摆在狮子的面前，它只要一张嘴就可以吃到美味的食物，可是它偏偏放弃，而去追捕难以得到的猎物。这个世界上，不正是有很多像狮子这样的人吗？他们放弃眼前的事物，去追寻虚无缥缈的东西，最终等他们醒悟，回过头来的时候，曾经摆放在眼前的东西，也早已经不见了。

小张是一名外企职员，他兢兢业业，工作十分努力，业绩提升的很快，部门经理十分欣赏他，打算提拔他为部门副经理。可是小张自己却有自己的打算，他觉得在这家公司已经发展到了尽头，再待下去也没有多大意思了，便想着跳槽。

在有了跳槽这个念头后，小张对工作便没有以前上心了，隔三差五的请假去面试，工作还老出错。后来，经理看到他这样，便打消了提拔他的念头。

在得到了一家非常小的公司的应聘回复后，小张把辞职信放在了经理的面前。

经理看着小张，平静的从抽屉里拿出了一个文件，小张打开一看，大吃一惊，原来是经理推荐小张当副经理的文件。此时的小张后悔不迭。

因为浮躁，小张总想去外面寻找发展机会，却忽视了眼前的机会，导致机会白白溜走。现实生活中，太多的人终其一生千辛万苦地去寻找这个合适的机会，以便他们可以拥有光荣的时刻。然而眼前的机会却看不见。

因此，我们要沉住气，强化机遇意识，善待机遇、把握机遇，并学会创造机遇。

·人生之路分阶段，到啥阶段唱啥歌·

知名企业家李开复在自己的创业论坛中曾表示：成功很大程度是要顺应现实，要在正确的时候做正确的事情。李开复的这番感言可谓是对时下很多年轻人最实在的忠告。

近年来，网络上充斥着“80后”的“普遍焦虑”：最年长的一批“80后”早已迈入而立之年，他们感叹自己前途渺茫，悲哀自己竟成了“房奴”、“卡奴”等新一代被剥削阶层，自嘲是“最不幸的一代”。他们从消费者转变为生产者，由聚光灯下的绝对主角转变为荧幕前的观众——身处这个人生阶段，压力自然倍感沉重。因而，“80后”的不满是可以理解的，其言论也恰好印证了“80后”的社会转型。

然而他们不应忘记，每一代人的人生轨迹上，都是存在不同阶段的。如今的“80后”，与他们的前辈乃至后辈一样，无论生于哪个时代，到了而立之年，都必须勇敢地扛起家庭与社会的重担，都必须走过这从懵懂到稳重、从依赖他人到自力更生的一段路。虽然世事变迁，眼下的具体矛盾与老一辈的时代已有很大不同，但面对人生的方法是不会改变的：“阳光总在风雨后”，“不经历风雨，怎么见彩虹”——歌词如此浅白，却也恰恰是最为实在的真理。

有这样一则发人深省的小故事：

有一天，上帝心血来潮，漫步在自己创造的大地上。看着田野中的麦子长势喜人，他深感欣慰。这时，一位农夫来到他的脚边，恳求道："全能的主啊！我活了大半辈子，从未间断过向您祈祷，年复一年，我从未停止过祈愿：我只希望风调雨顺，没有雨雪风雹，也没有干旱与蝗灾。可是无论我如何做祷告，却始终不能顺遂心意。您为何不理睬我的祈祷呢？"上帝温和地对答："不错，的确是我创造了世界，但也是创造了风雨、旱涝，创造了蝗虫、鸟雀。我创造了包括你在内的万事万物，这并不是一个能事事如你所愿的世界。"

农夫听罢一言不发。突然，他匍匐到上帝的脚边，带着哭腔祈求道："仁慈的主啊，我只祈求一年的时间，可以吗？只要一年：没有狂风暴雨，没有烈日干旱，没有虫灾威胁……"上帝低头看着这个可怜人，摇了摇头，说："好吧，明年，不管别人如何，一定如你所愿。"

第二年，这位农夫看着自家麦穗越长越多，欣慰地感念上帝宅心仁厚，深察民情。然而到了收获的季节，他却发现，这些麦穗竟全是干瘪的空壳。农夫噙着眼泪望着天空："主啊，仁慈的主，全能的主，这是怎么一回事，您是不是搞错了什么？您明明答应过我……"上帝的声音在他耳边响起："我的确答应过你，我也没有搞错什么。真正的原因是，不经历自然考验的麦子只会是孱弱无能的。风雨、烈日，都是必要的，甚至虫灾也是必要的；你只看到了风雨带给麦子的生长威胁，却没有看到它们唤醒了麦子内在灵魂的事实。"

上帝的话是意味深长的，因为人的灵魂亦如麦穗的内在灵魂，是需要感召的。诚然，不少人希望自己永远被保护在温室里，天天衣食无忧、有人打点一切，时时风调雨顺、称心如意，恰似农夫田地里的那些麦穗。可是现实不可能是这样，也不应该是这样：在人生每一个重要阶段，唯有品尝生活的考验，人的精神才能得到磨砺，人才能逐步成熟，否则人将只能是空空如也的躯壳。

人们常常把人生划分为少年、成年与老年：少年时代是艺术，天马行空，无拘无束，创作自己的梦想；成人之年是工程，步步为营，稳扎稳打，建筑自己的事业；垂暮之年是历史，心怀万物，气定神闲，翻阅自己的过往。可见，无论从哪个角度审视，人生都是有其发展轨道的，没有哪一个阶段可以回避，也没有哪一个阶段能够飞越。

所以，社会规律无法改变——正是在这一转型期当中，人们得以从少年发展成青年，从稚拙走向成熟：在此期间，人们的经验与人脉得到了有效积累，社会

现实被更好地认识与把握，人们自身，也得到了更为充分的调整。

因此，无论是哪个年代的人，无论处于人生的哪个阶段，人所经历的一切都是生命中不可或缺的组成部分。对于它们，我们应当勇敢正视，我们应当积极体验，不能急功近利，而是应该到什么山唱什么歌，到什么阶段就要有什么追求：年轻的时候，要用自己那股单纯与执着的力量，努力学习、奋发进取、不断拼搏；到了成年，要以老练成熟的眼光看待一切，要着力开发自己潜在的发展空间、拓展自己的事业；到了老年，要懂得返璞归真，要注重个人修养，以一颗平和、安逸、祥和的心看待世间万物。

朋友们，不管你是转型期的“80后”中的一员，还是才华横溢的少年、历练丰富的中年，请不要抱怨人生的低谷，也不要做一蹴而就的美梦，应换一种角度，静下心来，思考人生阶段的必要性，坦然接受当下的挑战，稳扎稳打，在正确的时间做正确的事。唯有这样，我们才能从容面对当下的得失与成败。

·太过急功近利只会劳而无功·

成就事业要能忍受孤独、潜心静气。稳重是成大器不可或缺的必要条件，而浮躁则是走向失败的陷阱。

在现实生活中，不少人学习投机钻营的“成功哲学”，不扎扎实实努力，而是急功近利，投机取巧，这种态度势必会使工作大打折扣，久而久之，也必定会影响事业的进一步发展，所谓“机关算尽太聪明”，到头来，终是“聪明反被聪明误”。

小威和孙博同时被一家汽车销售店聘为销售员，同为新人，两人的表现却大相径庭：小威每天都跟在销售前辈身后，留心记下别人的销售技巧，学习如何才能销售出更多的汽车，积极向顾客介绍各种车型，没有顾客的时候就坐在一边研究、默记不同车款的配置；而孙博则把心思放在了如何讨好领导上，掐算好时间，每当领导进门时，他都会装模作样地拿起刷子为车做清洁。

一年过去了，小威潜心业务、能力不断提升，终于得到了回报，不仅在新人中销售业绩遥遥领先，在整个公司的业务中也名列前茅，得到了老板的特别关注，并在年底顺利地被提升为销售顾问。而孙博却因为没有把公关特长用在工作上，出不了业绩，甚至好几个月业绩不达标面临淘汰，部门领导也因此冷淡了他。孙博在公司的地位岌岌可危，不久便被迫离开了。

与其像孙博这样辛苦表演最后却换来竹篮打水一场空的结果，倒不如像小威那样，一开始就端正态度，沉住气，扎扎实实做事，这样在创造业绩的同时，自己的能力与价值也得到了提升，今后要想谋求大的发展也就相对容易多了。

庄子说："虚静恬淡，寂寞无为者，天地之平，而道德之至也。"持重守静乃是抑制轻率躁动的根本。浮躁太甚，会扰乱我们的心境，蒙蔽我们的理智，所谓"言轻则招扰，行轻则招辜，貌轻则招辱，好轻则招淫"，轻忽浮躁是为人之忌。要想成就一番功业，还是该戒骄戒躁，脚踏实地，扎扎实实地积累与突破，这样才能在人生路上走得稳，并且走得远。

低姿态的进取方式常常能够取得出奇制胜的效果！老子认为：轻率就会丧失根基，浮躁妄动就会丧失主宰。

做人切忌浮躁、虚荣、好高骛远；而应沉下心来，守住内心的宁静，淡泊名利，踏实求进。我们无论在工作还是生活当中，都应该静下心来深入钻研，"见人所不能见，思人所不能思"，其结果也必然能成人所不能成之功。

· 成长有规律，不可拔苗助长 ·

拔苗助长的故事，大家耳熟能详。庄稼的生长，是有其客观规律的，人无力强行改变这些规律，但是那个宋国人却不懂得这个道理，急功近利，急于求成，一心只想让庄稼按自己的意愿快长高，结果得不偿失，所有的辛苦都付之东流。其实，万事万物都有其自身发展规律，我们做的所有事情也有客观的规矩或限制，做事必须循序渐进，而不能急于求成。

正如一位哲人所说的那样，违背客观规律的速成就是在绕远道，只有尊重事物发展规律并付出踏实的努力才能获得最终的成功。

古时候，有一个年轻人想学剑法，于是，他就找到一位当时武术界最有名气的老者拜师学艺。老者把一套剑法传授给他，并叮嘱他要刻苦练习。一天，年轻人问老者："我照这样练习，需要多久才能够成功呢？"老者答："三个月。"年轻人又问："我晚上不睡觉来练习，需要多久才能够成功？"老者答："三年。"年轻人吃了一惊，继续问道："如果我白天黑夜都来练剑，吃饭走路也想着练剑，又需要多久才能成功？"老者微微笑道："三十年。"

年轻人不禁愕然……

年轻人练剑如此，我们生活中要做的许多事情同样如此。成长有规律，欲速

则不达，遇事除了要用心用力去做，还应顺其自然，才能够成功。

生活中，许多人比别人要勤奋得多，努力得多，却总是希望“一口吃个胖子”，急于求成，结果由于急于求成而丧失了成功的机会。你越是急躁，在错误的思路中陷得就越深，也越难摆脱痛苦。当你过于急躁而寻求突破的时候，往往会迷失方向，跌跌撞撞，最后一事无成。不仅在生活中是这样，物理学上这样的现象也是普遍存在的。量变不积累到一定程度就不会有质的变化：

在水平桌面上放一个物体，水平拉力从小开始慢慢地增大，物体就会从静止变成滑动，从静摩擦力变成滑动摩擦力，经过最大静摩擦力的临界状态变成了滑动摩擦力。被斜面上绳拴着的小球，当斜面体发生加速度运动时，在一个方向上的加速度逐渐增大的过程中，物体对斜面的压力就会逐步减少，经过压力为零的临界状态，就会离开斜面。由此可以得出，要发生质的飞跃，就要经过一定量的积累。

我们要想成功地完成一件事情，就要做好充分的准备，进行量的积累。我们想取得好的成绩，就要靠平时认真的学习与积累，这就是一分耕耘一分收获的道理。我们的人生经历也是从知之不多到知之较多，从知之较多到知之甚多的一个积累过程。既然事物的发展都是从量变开始的，为了推动事物的发展，我们做事情必须具有脚踏实地的精神。千里之行，始于足下；合抱之木，生于毫末；九层之台，起于垒土。要促成事物的质变，必须首先做好量变的积累工作。如果不愿做脚踏实地、埋头苦干的努力，而是急于求成、拔苗助长，或者急功近利、企求“侥幸”，是不可能取得成功的。

生活中有许多性格急躁的领导，做一件事情就恨不能马上做好。在公司里你时时可以听见他们怒气冲冲地咆哮：“效率！效率！”你时时可以看到他们跟在下属的后面，恨不能用鞭子赶着下属干活。现代社会崇尚效率至上，每一个人都应该追求效率，但是过分追求效率，就变成了急躁，就变成了冒进。他们忽视了一件事情，要想成功，仅有热情与吃苦耐劳是不够的，还需要缜密的思索，全面的分析，制定切实可行的规划，然后才能一步一步实施下去，直至成功。否则的话，跟那个拔苗助长的农夫又有什么区别呢？

·急于求成只会一事无成·

孔子的弟子子夏在莒父做地方首长，他来向孔子问政，孔子告诉他为政的原则：“无欲速，无见小利；欲速则不达，见小利则大事不成。”就是讲要有远大的

眼光，百年大计，不要急功近利，不要想很快就能拿成果来表现，也不要为一些小利益花费太多心力，要顾全大局。“欲速则不达”便是其中的核心与关键，这是人所共知的道理，柏杨先生也曾说：“躁进之士跟野心家不同，野心家有时候还可以克制自己，躁进之士则身不由己地到处寻觅可以撞门的别人的人头，更为劳苦、危险。”

一味地求急图快，结果只能是越急事情越办不好，这和人们常说的“心急吃不了热豆腐”是同一个道理。万事万物都有一定的发展规律，越是着急，就越是会把事情弄得一团糟。

有一个小朋友，很喜欢研究生物，很想知道蛹是如何破茧成蝶的。有一次，他在草丛中玩耍时看见一只蛹，便取了回家，日日观察。几天以后，蛹出现了一条裂痕，里面的蝴蝶开始挣扎，想抓破蛹壳飞出。艰辛的过程达数小时之久，蝴蝶在蛹里辛苦地拼命挣扎，却无济于事。小朋友看着有些不忍，想要帮帮它，便随手拿起剪刀将蛹剪开，蝴蝶破蛹而出。但没想到，蝴蝶挣脱以后，因为翅膀不够有力，变得很臃肿，根本飞不起来，最终痛苦地死去。

破茧成蝶的过程原本就非常痛苦与艰辛，但只有付出这种辛劳才能换来日后的翩翩起舞。外力的帮助，反而让爱变成了害，违背了自然的过程，最终让蝴蝶悲惨地死去。自然界中这一微小的现象放大至人生，意义深远。

对于“一万年太久，只争朝夕”的人来说，最容易犯的毛病就是“欲速”。然而“欲速则不达”，我们放眼看看这个社会，其实大多数人都知道这个道理，但最终大多数人却是背道而驰。造成这种速成心理主要有两方面的原因：一是人们过于追求眼前利益，二是享受生活成为了人们追求的目标。

有谁能想到显微镜的发明者竟是荷兰西部一个小镇上的门卫，他叫万·列文虎克。

列文虎克当上门卫后，为了让时光不会因在这个无所事事的岗位上浪费掉，选择了学习用水晶石磨放大镜片，磨一副镜片往往需要几个月的时间，为了提高镜片的放大倍数，他一面不间断地磨着，一面总结经验。尽管人们不愿干这种单调重复的劳动，但他并不厌倦，几十年如一日。直到第六十年时，他终于磨出了能放大三百倍的显微镜片，使人类第一次发现了细菌。于是他成了举世闻名的发明家，受到了英国皇家的奖励。

难以想象，六十年的岁月，一种单调的重复劳动，这需要多么大的韧性。与

列文虎克相比，现代人患上了浮躁的心理疾病，它使人失去了对自我的准确定位，使人随波逐流，使人漫无目的地努力，最终的结果必定是事与愿违。宋朝著名的朱熹也曾犯过同样的错，直到中年时，才感觉到，速成不是创作的良方，之后经过一番苦功方有所成。他用“宁详毋略，宁近毋远，宁下毋高，宁拙毋巧”这十六字箴言对“欲速则不达”做了最精彩的诠释。

罗马非一日建成；冰冻三尺，非一日之寒。追求效率原本没错，然而，一旦陷入躁进的旋涡之中，失败便已注定了。时时擦拭心灵深处的浮躁，时时提醒自己“一口吃不成个胖子”，及时地给自己的心灵洗个澡，去除那些躁进的因子，人生才会拥有更大的幸福。

·速度有时未必是最重要的·

在现代社会，我们的步调被调整得很快。走路要快，吃饭要快，说话要快……我们从不满足于现有的速度与效率，不断地寻找加速的新方法，并且从这种高度紧张中获得极大的快感。

随着人们对快的追求，工作中是否忙碌、充实便成了考量个人工作效率的主要依据，自然也就形成了快节奏等于高效率的理念。然而事实确实如此吗？我们先来看一下阿尔伯特的一段亲身经历。

阿尔伯特是美国著名的演说家及作家，每天都要乘飞机或者火车到世界各地去采访、演讲。有一次，他应邀到日本演讲，搭乘大阪往东京的新干线，在快到横滨时，由于铁路出现故障，被迫停驶。车长在车内广播：“各位旅客，对不起，由于铁路临时出现了故障，要暂停20分钟左右，请各位旅客稍候，谢谢！”阿尔伯特是个急性子，刚开始有一些烦躁不安，火车停驶20分钟，对于一个注重效率，时间又十分宝贵的人来说无疑是一个重大损失。

但是20分钟过去，并且快30分钟了，火车一点儿也没有要发动的迹象。正当他越来越焦躁不安时，车内又再度广播：“很抱歉，请再稍候一会儿。”此时，他心想，焦躁也无济于事，不如找些别的事做。

阿尔伯特在看完手边的报纸杂志和书后，就去拿备置的《时事周刊》开始阅读。车内的乘客，大概有很多是忙人，他们焦躁地到处走动，向车长询问一些事情。阿尔伯特回忆这次特别的经历时说：“火车由原先预定的延迟时间20分钟，变成一个小时、两个小时，最后停了三个小时，因此抵达东京时，我几乎看完了那本报道前总统卡特的《时事周刊》。假如火车依照时间准时到达东京，或许我就无法获得有关前总统卡特的详细知识。我是一个没有‘游戏’和‘从容’心态的人，这三个小时，除了焦躁不安，不断抽烟外，就没有什么事好做了。”

阿尔伯特是现代社会效率的佼佼者，这一点从他蒸蒸日上的事业和忙碌的身影就可以看得出来，然而自从他有了这次电车上的经历之后，他懂得了一个道理：一个人要及时地从社会以及身边的人营造的追求效率的氛围中走出来，以一种从容的心态来面对自己的工作，不要时刻都让效率之弦绷得太紧，否则就容易为自己带来过多的压力和挫败感。这样，工作就成了摆脱不掉的包袱，同时也毫无效率可言。

现代人一味强调高效，却忘记了该如何等待，从周一到周日时刻忙碌着。而这些追求所谓的快感的忙碌实际上是在为自己制造慌乱，因为这种要求自己越快越好的压力使现代人变得越来越浮躁。大多数人认为问题出在时间的紧迫上，但事实上，是速度控制了我们的工作和生活。

一旦染上了这种“速度病”，我们就会迷失在毫无间隙的忙碌之中，失去清醒的头脑和必要的理智。为了准时完成任务总是疲于奔命，最终发现自己越来越力不从心，错误百出，这时就会后悔：“要是我当时多花点时间就好了。”

一位西方评论家说：“效率被视为这个时代对人类文明的最伟大贡献。效率被视为一种永远追求不完的力量，人们不可能达到的极致。”但是整天忙碌并不一定有效率，效果和花费的时间并不一定成正比。强迫自己工作、工作、再工作，只会损耗自己的体力和创造力。如果你对所有日常运作的事务都过度投入，很可能会迷失方向，为了真正提高工作效率，我们应该尝试放慢脚步。

·要有耐力才能有发展·

当人们感慨幸运与成功为什么常常光顾他人，而从自己身边绕路走开的时候，却很少思考：那些成功的人和自己有什么不同。

也许，我们每个人的心里都有一个执着的愿望，只是一不小心把它丢失在了时间的蹉跎里，让天下间最容易的事变成了最难的事。然而，天下事最难的不过十分之一，能做成的有十分之九。想成就大事业的人，只有用恒心来成就它，以坚韧不拔的毅力、百折不挠的精神、排除一切干扰的耐性，作为涵养恒心的要素，去实现人生的目标。

这个世界上，有一种人，寂寂无声，却恒心不变，只是默默地努力着，坚持到底，从不轻言放弃。耐性与恒心是实现梦想的过程中不可缺少的条件。耐性、恒心与追求结合之后，便形成了百折不挠的巨大力量。事业如此，德业亦如是。每个人的成长都是一个漫长而坚毅的过程。

古代有个叫养由基的人精于射箭，能百步穿杨。有一个人很羡慕养由基的射术，决心要拜养由基为师。经几次三番的请求，养由基终于同意了。

收他为徒后，养由基交给他一根绣花针，要他放在离眼睛几尺远的地方，集中注意力看针眼。看了两三天，这个学生有点疑惑，问养由基："我是来学射箭的，什么时候教我学射术呀？"养由基说："这就是在学射术，你继续看吧。"没几天的工夫，这个人便有些烦了。他心想，我是来学射术的，看针眼能看出什么来呢？他不会是敷衍我吧？

养由基教他练臂力的办法，让他一天到晚在掌上平端一块石头，伸直手臂。这样做很苦，那个徒弟又想不通了。他想，我只学他的射术，他让我端这石头做什么？于是他很不服气，不愿再练。养由基见此，就由他去了。

后来，这个人又跟别的老师学艺，最终也没有学到一门技术。

如果这个人多一点耐心和毅力，愿意从基础一点一点学起，他一定会有所收获的。俗话说："欲速则不达。"做人做事需忍耐，步步为营。凡是成大事者，都力戒"浮躁"二字。只有踏踏实实的行动才可开创成功的人生局面。

一位青年问著名的小提琴家格拉迪尼："你用了多长时间学琴？"格拉迪尼回答："20年，每天12小时。"也有人问基督教长老会著名牧师利曼·比彻为那篇关于"神的政府"的著名布道词，准备了多长时间，牧师回答："大约40年。"

莎士比亚说过："不应当急于求成，应当去熟悉自己的研究对象，锲而不舍，时间会成全一切。凡事开始最难，然而更难的是何以善终。"我们与大千世界相比，或许微不足道，不为人知。但是我们能够耐心地增长自己的学识和能力，当我们成熟的那一刻，将会有惊人的成就。

·恒心可以成就伟业·

要想实现梦想必须要行动，而行动必须要有恒心。只有既有行动又有恒心的人，才能成就伟业，才能完成目标。

可以这么说，世界上如果有100个人的事业获得巨大的成功，那么，至少

有100条走向成功的不同道路。然而，请想象这样一个人，死神在他事业的路上如影随形，他却矢志不移地走向了成功。他就是家喻户晓的诺贝尔奖金的奠基人——弗莱德·诺贝尔。

1864年9月3日这天，寂静的斯德哥尔摩市郊，突然爆发出一声震耳欲聋的巨响，滚滚的浓烟霎时冲上天空，一股股火焰直往上蹿。当惊恐的人们赶到现场时，只见原来屹立在这里的一座工厂只剩下残垣断壁，火场旁边，站着一位30多岁的年轻人，突如其来的惨祸和过分的刺激，已使他面无人色，浑身不住地颤抖着。

这个大难不死的青年，就是后来闻名于世的弗莱德·诺贝尔。诺贝尔眼睁睁地看着自己所创建的硝化甘油炸药实验工厂化为了灰烬。人们从瓦砾中找出了五具尸体，四人是他的亲密助手，而另一个是他在大学读书的小弟弟。诺贝尔的母亲得知小儿子惨死的噩耗，悲痛欲绝；年迈的父亲因大受刺激而引起脑溢血，从此半身瘫痪。事情发生后，警察局立即封锁了爆炸现场，并严禁诺贝尔重建自己的工厂。人们像躲避瘟神一样地避开他，再也没有人愿意出租土地让他进行如此危险的实验。但是，困境并没有使诺贝尔退缩，几天以后，人们发现在远离市区的马拉仑湖上，出现了一只巨大的平底驳船，驳船上并没有装什么货物，而是装满了各种设备，一个年轻人正全神贯注地进行实验。毋庸置疑，他就是在爆炸中死里逃生、被当地居民赶走了的诺贝尔！

无畏的勇气往往令死神也望而却步。在令人心惊胆战的实验里，诺贝尔依然持之以恒地行动，他从没放弃过自己的梦想。

他终于发明了雷管。雷管的发明是爆炸史上的一项重大突破，随着当时许多欧洲国家工业化进程的加快，开矿山、修铁路、凿隧道、挖运河等都需要炸药。于是，人们又开始亲近诺贝尔了。他把实验室从船上搬迁到斯德哥尔摩附近的温尔维特，正式建立了第一座硝化甘油工厂。接着，他又在德国的汉堡等地建立了炸药公司。一时间，诺贝尔的炸药成了抢手货，诺贝尔的财富与日俱增。

然而，诺贝尔的成功，好像总是与灾难相伴。不幸的消息接连不断地传来，在旧金山，运载炸药的火车因震荡发生爆炸，火车被炸得七零八落；德国一家著名工厂因搬运硝化甘油时发生碰撞而爆炸，整个工厂和附近的民房变成了一片废墟；在巴拿马，一艘满载着硝化甘油的轮船，在大西洋的航行途中，因颠簸引起爆炸，整个轮船葬身大海……

一连串骇人听闻的消息，再次使人们对诺贝尔望而生畏，甚至把他当成瘟神

和灾星。随着消息的广泛传播，他被全世界的人所诅咒。

诺贝尔又一次被人们抛弃了，不，应该说是全世界的人都把自己应该承担的那份灾难给了他一个人。面对接踵而至的灾难和困境，诺贝尔没有一蹶不振。他身上所具有的毅力和恒心，使他对已选定的目标义无反顾，永不退缩。在奋斗的路上，他已经习惯了与死神朝夕相伴。

大无畏的勇气和矢志不渝的恒心最终激发了他心中的斗志，他最终征服了炸药，吓退了死神。诺贝尔赢得了巨大的成功，他一生共获专利发明权355项。他用自己的巨额财富创立的诺贝尔奖，被国际学术界视为一项崇高的荣誉。

诺贝尔成功的经历告诉我们：恒心是实现目标过程中不可缺少的条件，恒心与追求结合之后，便形成了无坚不摧的巨大力量。从诺贝尔的成功可以看出，干事业要经得起挫折，要有恒心和毅力，绝不能半途而废。做一件事坚持到底最重要，否则，就会在竞争中一事无成。社会竞争是持久力的竞争，有恒心和毅力的成功者往往成为笑到最后、笑得最好的人。

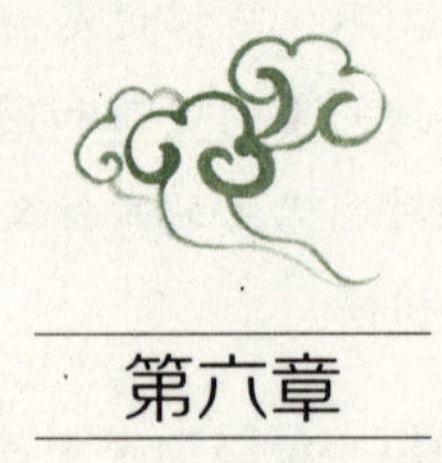

第六章

沉不住气，定会惶恐忐忑没勇气

舍局部而求全局，舍眼前而求长远，是尊重客观规律、对人生负责任的一种体现。在适当的时候舍弃眼前的利益和诱惑，着眼于长远，把时间和精力花在更有价值的事情上，沉住气，踏踏实实地努力去做，为下一次的出击积蓄力量，全力以赴，才会有成功的可能。

·拥有怎样的格局，就拥有怎样的成功·

大千世界，芸芸众生，不同的人有着不同的命运。能够左右命运的因素很多，而一个人的格局，是其中最为重要的因素之一。

人生需要格局，拥有怎样的格局，就会拥有怎样的命运。很多大人物之所以能成功，是因为他们从自己还是小人物的时候就开始构筑人生的大格局。所谓大格局，就是拥有开放的心胸，可以容纳博大的理想，可以设立长远的目标，以发展的、战略的、全局的眼光看待问题。对一个人来说，格局有多大，人生就有多大。那些想成大业的人需要高瞻远瞩的视野和不计小嫌的胸怀，需要“活到老、学到老”的人生大格局。

古今中外，大凡成就伟业者，一开始都是从大处着眼，从内心出发，一步步构筑自己辉煌的人生大厦的。霍英东先生就是其中一位。

香港著名爱国实业家、杰出的社会活动家、全国政协原副主席……这是笼罩在霍英东先生头上的耀眼光环。透过这些光环，我们能清晰地看到一个有着人生大格局、生命大境界的大写的“人”字。

霍英东幼年时家境贫寒，7岁前“他连鞋子都没穿过”。他的第一份工作，是

在渡轮上当加煤工……贫寒成了霍英东人生起步的第一课。后来，他靠着母亲的一点积蓄开了一家杂货店。朝鲜战争爆发后，他看准时机经营航运业，在商界崭露头角。1954年，他创办了立信建筑置业公司，靠“先出售后建筑”的竞争要诀，成为国际知名的香港房地产业巨头、亿万富翁。他的经营领域从百货店到建筑、航运、房地产、旅馆、酒楼、石油。

霍英东叱咤商界半个世纪，他懂得如何经商，但更懂得如何做人：“做人，关键是问心无愧，要有本心，不要做伤天害理的事……”成为巨富后，霍英东从未忘记回报社会：“……今天虽然事业薄有所成，也懂得财富是来自社会，也应该回报于社会。”他在内地投资、慷慨捐赠，却自谦为“一滴水”：“我的捐款，就好比大海里的一滴水，作用是很小的，说不上是贡献，这只是我的一份心意！”只有拥有人生大格局的人，才能拥有这样博大的“一份心意”。

君子坦荡荡。霍英东上街，从不带保镖，他就像韩愈所说的“仰不愧天，俯不愧人，内不愧心”。他的内心，就是这般潇洒、坦荡、伟岸、超然。霍英东在晚年有一句话给人印象深刻：“我敢说，我从来没有负过任何人！”

是的，霍英东“从来没有负过任何人”，这是拥有人生大格局、生命大境界的人方能洒脱说出来的。

格局有多大，人生的天空就有多精彩。每一个想成功的人，都要拥有一个大格局，都要懂得掌控大局。如果把人生比作一盘棋，那么人生的结局就由这盘棋的格局决定。在人与人的对弈中，舍卒保车、飞象跳马……种种棋着就如人生中的每一次拼搏。相同的将士象，相同的车马炮，结局却因为下棋者的布局各异而大不相同，输赢的关键就在于我们能否把握住棋局。

要想赢得人生这盘棋局，就应当站在统筹全局的高度，有先予后取的度量，有运筹帷幄之中而决胜千里之外的沉稳气势。棋局决定着棋势的走向，我们掌握了大格局，也就掌控了大局势。沉住气规划人生的格局，对各种资源进行合理分配，才可能更容易获得人生的成功，理想和现实才会靠得更近。人生每一阶段的格局，就如人生中的每一个台阶，只有一步一步地认真走好，才能够到达人生之塔的顶端。

人，应该沉住气，为自己寻求一种更为开阔、更为大气的人生格局！扩大自己内心的格局，去构思更大、更美的蓝图，我们将会发现，在自己胸中，竟有如此浩瀚无垠的空间，竟可容下宇宙间永恒无尽的智慧。

·利益面前守住自我·

有人做了一个很好的比喻，说人的欲望是个可怕的贼。一旦遇见了机会，它就会利用人的缺点开始进攻。只有控制好自己的欲望，在利益面前守住自我，才能够不被自己的私欲所俘虏。

利益面前，人人内心深处都会有交战和冲突。可怕的不是心里起了坏的念头，而是不能够主动地克制坏的念头，在利益的引诱下守住自己。

在美国南北战争的一场战役中，南方奴隶主率领的军队把萨姆特堡包围了。北方军队的一个陆军上校接到命令，让他保护军用的棉花，他接到命令后对他的长官说："我不会让一袋棉花丢失的。"没过多久，美国北方一家棉纺厂的代表来拜访他，说："如果您手下留情，睁一只眼闭一只眼，您就将得到5000美元的酬劳。"

上校痛骂了那个人，把厂长和他的随从赶出去，说："你们怎么想出这么卑鄙的想法？前方的战士正在为你们拼命，为你们流血，你们却想拿走他们的生活必需品。赶快给我走开，不然我就要开枪了。"那个厂长见势不妙，就灰溜溜地逃走了。

战争为南北两地的交通运输带来了阻碍，许多南方农场主生产的棉花运不到北方，因此，又有一些需要棉花的北方人来拜访他，并且许诺给他10000美元的酬劳。

上校的儿子最近生了重病，已经花掉了家里的大部分积蓄，就在刚才他还收到妻子发来的电报，说家里已经快没钱付医疗费了，请他想想办法。上校知道这10000美元对于他来说就是儿子的生命，有了钱儿子就有救，可他还是像上次一样把贿赂他的人赶走了。因为他已经向上司保证过："不会让一袋棉花丢失。"

又过了不久，第三拨人来了，这次给他的酬劳是20000美元。上校这一次没有骂他们，很平静地说："我的儿子正在发烧，烧得耳朵听不见了，我很想收这笔钱。但是我的良心告诉我，我不能收这笔钱，不能为了我的儿子害得十几万士兵在寒冷的冬天没有棉衣穿，没有被子盖。"

那些来贿赂他的人听了，对上校的品格非常敬佩，他们很惭愧地离开了上校的办公室。后来，上校找到他的上司，对上司说："我知道我应该遵守诺言，可是我儿子的病很需要钱，我现在的职位又受到很多诱惑，我怕我有一天把持不住自己，收了别人的钱。所以我请求辞职，请您派一个不急需钱的人来做这项工作。"

他的上司非常赞赏他诚实正直的品性，最终批准了他的辞职申请，并且帮助他筹措了资金来支付儿子的医药费。

在工作中，每个人都会面临各种各样的诱惑，善恶就在一念之间，如宋学大家程颐所讲："一念之欲不能制，而祸流于滔天。"在诱惑面前一不小心，稍作退让，就会做出抱恨终身的事。因为贪图一时的利益而让集体蒙受巨额损失，这样的例子并不鲜见，除了带给自己良心上的负担，还会毁掉给自己的名誉。

有一位才华出众的双料博士，他先修完了法律博士课程，后又修完了工程管理学博士课程。这样优秀的人才，理应工作顺利，事业飞黄腾达。可是，他的经历却不是如此，他最后还登上了多家企业的黑名单，成为这些企业永不录用的对象。毕业后，他去了一家研究所，凭借自己的才华，研发了一项重要技术。他觉得自己待遇太差，就跳槽到一家私企，并以出让那项技术做了公司的副总。不到3年，又有一家企业以给他公司股份为诱惑，让他带着公司机密跳槽了。就这样，他先后背叛了不下5家公司，以至于许多大公司都知道了他的品行，当他在私企发展受制后再跳槽时，没有一个大公司敢用他。最后他才发现，心怀二心受打击最严重的却是自己，因为被贴上了"见异思迁、不忠诚"的标签，几乎每个了解他情况的老板都明确表示绝对不会聘用他。

像这位博士一样，见利忘义，因个人利益伤害集体利益的人是无法在社会上立足的。现实生活中许多人无法抗拒诸如金钱、权力、地位的诱惑，沉迷其中而不能自拔，这样的人只会因争小利而失去前途，在利益面前失去自我。

现实生活中，我们要心怀大格局、有成大事的胆识和气魄，沉住气，耐心修炼自己，不争一时一地的得失，从而赢得长久的成功。

·舍弃眼前的诱惑，才有最后的辉煌·

时代的进步所带来的是社会经济的飞速发展和物质生活的丰盈，形形色色的选择和诱惑也随之而来，从日常的柴米油盐酱醋茶到谋利发财的诀窍，这些事物愈来愈多地影响着人们的生存状态，就像鱼饵一样等待着人们上钩、考验着人们的内心。面对这些选择和诱惑，一部分人急于抓取眼前的一切，唯恐遗失任何有可能谋取财富的机会，也越来越习惯于贪大求全、不断索取，将眼前的利益当成了永久的成功。

谋求财富的过程就像是一场马拉松，我们不能只在意眼前的路程，而应该重视最后的终点。利益对人们的诱惑非常大，它能够使人感到愉悦和满足，也能够让人挣扎和痛苦，倘若只专注于眼前的既得利益、不做长远打算，得到的欢愉也仅仅是暂时的。用另一种说法来表述的话，就是“福兮祸之所倚”，眼前所得到的不一定就会是真正的成功，相反，这种成功会蒙蔽我们的双眼，使我们专注眼前、忽略长远，为将来的失败埋下了潜在的危险和隐患。忍得了一时才能快乐一世，这是人人都懂的简单道理，但是在面对诱惑的时候，人们往往无法参透它的内涵。无数的事例都表明，要学会抵制眼前的诱惑，才能够收获更多。

1846年10月，在一个大风雪的天气里，一个87口人的家族被困在了前往加州的路上，恶劣的天气使他们的马车进退不得。

然而，他们被困在原地，一直努力坚持了一个多月。在这段风雪围困的时期，不断有人因为疾病和饥饿而死亡，人口减少了一半，如果不寻求一条出路的话，就只能遭受灭顶之灾。在这样无奈的绝境下，其中两个人决定出去寻求救援。他们很快就找到了一个村庄，并带回了一支救援的医疗队，剩下的人全部获救了。

既然能够得到救助的话，为什么他们不及早去寻求救援呢？答案很简单，他们只专注于马车上的东西，不愿意舍弃身边的财产。

在被围困的一个多月里，除了等待援助之外，他们也曾尝试带着马车和财物前进，想要将这些东西一起带走。但是，他们的计划却被恶劣的天气阻止了，大家只能够疲惫地任由风雪围困着，渐渐消耗尽所有的食物和供给，直到身边陆续有人死去。

虽然在某种层面上，这件事情是一起特例，但是，在人生中，经常会有人被困于类似的“关卡”里，他们不愿意放弃身边的财富和利益，或者为了谋求更高的社会地位、更丰厚的收入、更优渥的物质环境以及无数的诱惑，最终却囹圄在一种进退不得的境地，自己仍浑然不觉、无法自救，不断上演着相似的悲剧。

在短时期内，也许那些不愿舍弃眼前利益的人能够表现得非常出色，但是，他们面对诱惑的时候往往目光短浅，只考虑到现在、不做长远打算，因而，他们缺少一种掌控和规划未来的能力。在工作中，也往往会被眼前的高酬劳、高利益所诱惑，没有考虑过自身的长远规划，频繁跳槽。

而那些能够不被眼前的利益所诱惑、着眼于规划自身未来的人，更偏向于选择可以给自己提供发展平台的公司。对于一个有抱负有远见的人来说，能力以及

提升自己能力的方法是实现远大目标最重要的部分。

人生中往往充斥着形形色色的诱惑，这些都有可能使我们迷失自我、目光短浅，从而偏离人生的方向，落得失败的结局。只有舍弃眼前的诱惑、理性地看待它们，才会有最后的辉煌。

·名前“不亢”，名后“不骄”·

有大格局，就会有承受压力与享受荣誉的淡定。在功成名就之前，他们不会因为有压力与挫折的阻碍，就整天抱怨上天不公，而是默默地选择承受并对抗磨难。在功成名就之后，他们也不会因为成功的荣耀，而忘记了曾经的不容易，他们会选择无声享受成功。面对功名，不骄傲，这才是对成功的珍惜与尊重。

文学家王尔德说：“人们把自己想得太伟大时，正足以显示本身的渺小。”一个人如果妄自尊大，一切皆以自我为中心，那么就很容易被烦恼重重包围；如果太自负了，无视所有人的不满，就很容易陷入一种莫名其妙的自我陶醉之中。这样的人不仅会对一切功名利禄捷足先登，也永远得不到人们对他的理解和尊重。

一只蝴蝶与一只苍蝇同时落在桌子上一本打开的书上，这是一本哲学书。蝴蝶指着打开的书说：“看看吧，上面是这么写的：一只蝴蝶在大洋的另一边扇动翅膀，可能会引起美国气候的改变。看到没有，可以引起美国气候的改变，以前我不知道自己有这个能力，没想到我是这么的厉害。现在我还怕什么人类，我只消轻轻地扇动一下我的翅膀，哈哈，他们就会被吹到九霄云外……”

“可是，可是，你以前吹走过人吗？”苍蝇打断它的话。

“那是因为我以前不知道，也没有试过，不自信。现在我很有自信，让我们去找个人试试，我要打败人类，我们蝴蝶要统治世界。哈哈……”蝴蝶狂笑着。

这时，一只蜘蛛出现了，苍蝇看到后飞了起来，叫蝴蝶：“快逃跑啊，有蜘蛛！”蝴蝶很傲慢地看了蜘蛛一眼：“哼！我要打败人类，一只小小的蜘蛛能拿我怎么样？正好拿你做试验，看我不把你扇到世界的尽头去！”蝴蝶不但不飞走，反而扇动着翅膀非常自信地向蜘蛛飞去，结果被粘在蜘蛛网上，看着蜘蛛一步步向它靠近……

苍蝇叹了口气，飞走了。风轻轻地吹进书房，哲学书翻到了下一页……

蝴蝶对哲学书断章取义，终于付出了惨重的代价，这不能不说是蝴蝶咎由自取。试想，若蝴蝶能够听得进苍蝇的劝阻，至少，它不会如此轻易地提前结束生

命的旅程。其实，有时我们的烦恼就来自于自己那颗狂妄自大的心。

明人陆绍珩说："人心都是好胜的，我也以好胜之心应对对方，事情非失败不可。人都是喜欢对方谦和的，我以谦和的态度对待别人，就能把事情处理好。"谦虚永远是成大事者所具备的一种品质，而只有弱者才会为自己的成功自鸣得意。

托尔斯泰的女儿曾写过这样一件趣事：

在火车上，一位贵夫人把托尔斯泰当成搬运夫，差他去盥洗间取回她忘在那里的手提包。他遵命照办，为此得到五戈比的"茶钱"。当同行的旅伴告诉贵夫人，她差遣的是《战争与和平》的作者时，贵夫人险些晕过去："看在上帝的分上，原谅我吧，请把那枚铜钱还给我吧……"托尔斯泰不以为然，说："您不用感到不安，您没有做错什么……这五戈比是我劳动所得，我收下了。"

真正的大人物应该是像托尔斯泰这样能够成就不平凡的事业却仍然虚怀若谷的人，低调地做着自己该做的事情。功成名就前，不卑不亢；功成名就后，不骄不奢。过好平凡的每一天，走好脚下的每一步，就已经是成功。成功没有我们想得那么难，成功也没有我们想得那么简单。但是只要我们保持一颗清醒心、平常心与谦逊心，我们便已经掌握了可以与成功结缘的大格局。

·忠诚工作，不争小利争前途·

忠诚是我们的立身之本。一个禀赋忠诚的员工，能给他人以信赖感，让老板乐于接纳，在赢得老板信任的同时更能为自己的发展带来莫大的益处。相反，一个人如果失去了忠诚，就等于失去了一切——失去朋友，失去客户，失去工作。从某种意义上讲，一个人放弃了忠诚，就等于放弃了成功。

一个人任何时候都应该信守忠诚，这不仅是个人的品质问题，也有道德价值，而且还蕴含着巨大的经济价值和社会价值。尽管现在有一些人无视忠诚，利益成为压倒一切的需求，但是，如果你能仔细地反省一下，就会发现，为了利益放弃忠诚，将会成为你人生中永远都抹不去的污点，你将背负着这样的污点生活一辈子。

李克是一家公司的业务部副经理，刚刚上任不久。他年轻能干，毕业短短2年就能够有这样的业绩也算是表现不俗了。然而半年之后，他却悄悄离开了公司，没有人知道他为什么离开。李克在离开公司之后，找到了他原来关系不错的

同事彼得。在酒吧里，李克喝得烂醉，他对彼得说："知道我为什么离开吗？我非常喜欢这份工作，但是我犯了一个错误，我为了获得一点儿小利，失去了作为公司职员最重要的东西。虽然总经理没有追究我的责任，也没有公开我的事情，算是对我的宽容，但我真的很后悔，你千万别犯我这样的低级错误，不值得啊！"彼得尽管听得不甚明白，但是他知道这一定和钱有关。

后来，彼得了解到李克在担任业务部副经理时，曾经收过一笔款子，业务部经理说可以不入账了："没事儿，大家都这么干，你还年轻，以后多学着点儿。"李克虽然觉得这么做不妥，但是他也没拒绝，半推半就地拿了5000元。当然，业务部经理拿到的更多。后来，总经理发现了这件事，没多久，业务部经理就辞职了。李克也不能在公司待下去了。

彼得看着李克落寞的神情，知道李克一定很后悔，但是有些东西失去了是很难弥补回来的。李克失去的是对公司的忠诚，他还能奢望公司再相信他吗？

事实上，无论什么原因，你失去了忠诚，往往就失去了人们对你最根本的信任。不要为自己所获得的利益沾沾自喜，其实仔细想想，失去的远比获得的多，而且你所获得的东西可能最终并不属于你。相反，如果你在工作中一直坚持忠诚的原则，忠于公司，你必将获得老板的赏识和众人的尊敬。

无论一个人在组织中是以什么样的身份出现，对组织的忠诚都应该是一样的。我们强调个人对组织忠诚的意义，就是因为无论是组织还是个人，忠诚都会使其得到收益。

忠诚不仅仅是一种品德，更是一种能力。没有任何组织愿意用一个缺乏忠诚的人。忠诚没有条件，更不用计较回报。它是一种与生俱来的义务，是发自内心的情感，具备这种品质，将会使工作变得更有意义，并赋予你工作的激情。对工作忠诚的人感觉到的是享受，不忠诚的人感觉工作是苦役。忠诚不是简简单单的付出，忠诚会有回报。虽然你通过忠诚工作创造的价值中大部分不属于你个人，但你通过忠诚工作得到了许多比那部分价值更有意义的东西，比如经验、知识、才能。它使你在市场上更具竞争力，使你的名字更具有含金量。

履行职责是对工作最大的忠诚，也许你总为自己受到的不公平待遇感到烦闷，那么为何不仔细找找原因，多想想自己在哪个方面做得不好。从长远来看，公平是长期存在的，如果你因一时的不公平而自甘颓废，因一时待遇不公而放弃主动积极的机会，那可能将永远得不到补偿了。获取公平的唯一办法就是一如既往地努力工作，主动承担责任，忠诚工作，用事实说话，用成绩证明自己的能

力。无论是做人还是工作都要从全局出发，忠诚工作就是为自己的前途工作，如果仅仅只看到眼前小利，只会毁了自己的职业前途。

·看轻得失，不争局部争全局·

尘世中的人们最难脱的不过“名”、“利”二字。正因名利难脱，古人才将之比喻为缰绳和锁链，它们紧紧地将人缚住，使其活得疲惫不堪。曾经有人以纤夫拉船为题写了一首诗：“船中人被名利牵，岸上人牵名利船。为名为利终不了，问君辛苦到哪年？”可见，世上之人总离不开名利牵绊。名利就如同鸦片一样，一旦沾上了，想要放下就会很难。

我们要看轻得失，才能赢得成功的大格局。

有一则成语故事“楚王遗弓”，讲的便是对待得失的态度。

春秋时，楚王行猎，失落了一张名贵的弓，众人四下披草寻觅，却一无所获。侍卫长忧惧万分，匍行回报，自愿领罚，想不到楚王仰天而笑，挥手说：“楚王遗弓，楚人得之，皆吾胞吾民，不必找了！”这事很快传扬开来，市井酒肆之间，闻者无不动容，都称颂圣上心量宽宏，是恺悌君子。有人去问孔子，孔子点点头，淡然一笑，只说：“天下人人可得，何必曰楚？”孔子在慨叹楚王的心还是不够大，人掉了弓，自然有人捡得，又何必计较是不是楚国人呢？

“人遗弓，人得之”应该是对得失最豁达的看法了。生生死死，死死生生，世间的一切总是继往开来，生息不断的。得与失，到头来根本就是一无所得，也一无所失。过于计较得失的人，工作上会拈轻怕重，遇到挫折会灰心，做出成绩会骄傲浮躁，甚至因为做了一点成绩，有了一些成果，就对公司大开“狮口”，职位上要求升迁，薪金上要求上涨；更有甚者，什么都没做，却一心想要高待遇，并且以满足多少要求干多少活的心态来工作，这本身就是得失心太重，过于浮躁的一种表现。

有一位年轻人是工商管理硕士，毕业后顺利进入一家跨国企业。在结束了一个月的试用期后，公司交给他一个任务：与西部某企业洽谈原料加工。这个任务年轻人完成得非常出色，不仅降低了公司原定的加工费，还让西部那家企业承诺，在保证质量的前提下提前半个月完成合同，否则一切损失由企业赔偿。

由于他的出色表现，公司给他涨了工资。这让年轻人感到非常意外，他原先

想的是，这件事情办得如此漂亮，市场部经理的位子非他莫属。他认为企业根本就没有重视他。他来到老板的办公室，跟老板详细谈了自己的想法。

他认为自己对公司贡献那么大，公司应该给他更多的奖励，这也是对他工作的肯定，而不只是加几百块钱的工资。按这个年轻人的想法，给他加工资纯粹属于象征性的鼓励，与他辛苦的付出、为公司谋得的利益无法画上等号。

老板耐心地听完这个年轻人的话后，对他说，他所做的一切，公司所有的人都看在眼里，大家都对他的工作能力表示赞赏，这也是公司给他奖励的原因。但是由于年轻人来公司没多久，马上就坐到经理的位子是不现实的，工作中还有许多困难需要解决，还有许多考验需要承受，还有许多经验需要积累，这是一个循序渐进的过程。

年轻人没有把老板的话听进去，此后他逢人便说，自己的功劳多么大，而公司却是多么的“吝啬”、“抠门”，市场部经理的位置应该是属于他的。年轻人每天都在算计着自己的那些得与失，他越发感到公司对他不公平。在这种情绪的支配下，他对待工作也没有以往那种冲劲和干劲了，业务上时常出错，考虑到整体利益，公司只得将他开除。

这位年轻人太过于计较得失，以至于浪费了自己渐入佳境的发展机遇。

只有看轻得失的人才能够更好地专注于发展。在个人利益与集体利益出现矛盾时，才能够以集体利益为重。看淡得失的人才能够在物欲横流的工作中保持淡定的态度，面对诱惑不动于心。看淡得失的人才能够豁达对待工作中的人和事，不会在工作中裹足不前，在挫折面前才能够笑脸面对，镇定处之。

·涉世之初，做一只拼命生长的“蘑菇”·

有一个有趣的“蘑菇定律”，是20世纪70年代由国外的一批年轻电脑程序员总结出来的。它的原意是：长在阴暗角落的蘑菇因为得不到阳光又没有肥料，常面临着自生自灭的状况，只有长到足够高、足够壮的时候，才被人们关注，人的成长也肯定会经历这样一个过程。这就是蘑菇定律，或叫萌发定律。

很多人都有一段或几段“蘑菇”经历，但不一定是什么坏事，当“蘑菇”，能够消除很多不切实际的幻想，使我们尽快成熟起来。

被尊称为“发哥”的香港演员周润发，在成名之前也曾从事过不少现在年轻人嗤之以鼻的工作，他没有看轻每一份工作，反而以亲身经历向年轻人说明：职

业无分贵贱，不能轻视自己的工作。

发哥说："工作无分贵贱，我做过信差、门童与杂工，日薪8元我都做过。电视台第一份合约月薪500元、第二年700元，最红时拍电视剧《狂潮》，月薪也只是700元。那又怎么样？有工作寄托起码有奋斗心，不要说'贡献社会'那么伟大，但可以证明自己的存在价值。工作是人生经历，我的工作经历，对演艺生涯十分有帮助，每个行业的人都要靠经验摸索成长。"

是的，工作不分贵贱，但是态度却有尊卑，任何一份工作都包含着成长的机遇，任何一份工作都有需要学习的东西。一个成功者不会错过任何一个学习的机会，即使是在店里扫地的时候，也要观察老板是怎样和客人打交道的，他们总是在观察、学习、总结。也正是这种蛰伏的智慧，使得很多人在经历"蘑菇"岁月后脱颖而出，成为同辈中的佼佼者。

惠普公司前CEO——卡莉·费奥瑞娜从斯坦福大学毕业后，做的第一份工作是在一家股票经纪公司做前台，这份工作她做了一年。每天的工作就是打字、复印、收发文件、整理文件等杂活。虽然父母和亲戚朋友对她的工作感到不满，认为一个斯坦福大学的毕业生不应该做这些，但她没有任何怨言，继续边努力工作边学习。一天，公司的经纪人问她能否帮忙写点文稿，她点了点头。正是这次撰写文稿的机会，改变了她的一生，她后来成为了惠普公司的CEO。

卡莉·费奥瑞娜的经历适合于各行各业的人员，凡想获得成功的人，都应该沉住气。先学会耐得住"蘑菇"时期的寂寞，然后才能做大事，才能取得更大的业绩。

老子说："轻则失本，躁则失君。"职场上永远不会有一步登天的事情发生，不管你的能力有多强，你都必须沉住气，从最基础的工作做起。我们应该认识到，没有任何工作是卑微并且不需要辛勤努力的。年轻人应该磨去棱角，适应社会，不断充电，提升能力，要知道，无论多么优秀的人才，步入社会时都只能从最简单的事情做起。一个人，只有放下架子，沉得住气，打牢根基，才能在日后有所作为。

·先要"埋头"才能"出头"·

生活中，很多人喜欢把人生理想、伟大抱负挂在嘴边上，逢人便说，而自己却不肯为理想付出努力。理想的实现要看取得成绩的多少，而不是高谈阔论、虚

张声势，要知道，如果一个人不切实作出成绩，就算他真有经天纬地、运筹帷幄之才，又有谁会买他的账呢，恐怕只能徒增别人对他的厌烦。

在追求理想的道路上，先要“埋头”，才能“出头”，当客观条件不充分时，沉住气，在低处养精蓄锐，待时机成熟时再放手一搏，才不失为一种出奇制胜的明智之举。

在京城有一家非常有名的中外合资公司，前往求职的人如过江之鲫，但其用人条件极为苛刻，有幸被录用的比例很小。从某名牌高校毕业的小李，非常渴望进入该公司。于是，他给公司总经理寄去一封短笺。很快他就被录用了，原来打动该公司老总的不是他的学历，而是他那特别的求职条件——请求随便给他安排一份工作，无论多苦多累，他只拿做同样工作的其他员工 4/5 的薪水，但保证工作做得比别人出色。

进入公司后，他果然干得很出色，公司主动提出给他全薪，他却始终坚持最初的承诺，比做同样工作的员工少拿 1/5 的薪水。

后来，因受所隶属的集团经营决策失误影响，公司要裁减部分员工，很多员工失业了，他非但没有下岗，反而被提升为部门经理。这时，他仍主动提出少拿五分之一的薪水，但他依然兢兢业业，是公司业绩最突出的部门经理。

后来，公司准备给他升职，并明确表示不让他再少拿一分薪水，还允诺给他相当诱人的奖金。面对如此优厚的待遇，他没有受宠若惊，反而出人意料地提出了辞职，转而加盟了各方面条件均很一般的另一家公司。

很快，他就凭着自己非凡的经营才干，赢得了新加盟公司上下一致的信赖，被推选为公司总经理，当之无愧地拿到远远高于那家合资公司许多的报酬。

当有人追问他当年为何坚持少拿 1/5 的薪水时，他微笑道：“其实我并没有少拿一分的薪水，我只不过是先付了一点儿学费而已，我今天的成功，很大程度上取决于在那家公司里学到的经验……”

高标立世必须以低处修身为基点，这好比弹簧，压得越低则弹得越高，只有安于低调，乐于低调，在低调中蓄养实力，才能获取更大的发展。小李的成功经历给了我们很多启示，成功是靠做出来的不是吹出来的，只有沉住气，不断提升能力，才能为自己赢得更广阔的发展空间。同等条件下，肯“埋头”的人比浮躁的人在人生和事业上走得更远。某公司的董事长黄先生，在员工大会上讲过这样一件事：

在黄先生的公司里，有两位很出色的员工：袁先生和高小姐，均被另外一家公司看上，想以高价挖走他们。袁先生看到对方提出的薪酬标准比黄先生的高，于是很快就递交了辞职信。黄先生对他说："你再考虑一下，那家公司很可能只是要利用你。"但袁先生没有听从黄先生的劝告，坚决地投奔了那家公司。

而高小姐却拒绝了那家公司的高薪聘请，而是选择继续留在黄先生的公司，一直勤勤恳恳地工作。事情发展到后来，跳槽的袁先生果真如黄先生所料，并没有被得到重用。没过多久，当那家公司利用完袁先生以后，就把他"踢"出门外。

而选择留下的高小姐，当时已经是黄先生公司中国区的总裁了。

黄先生最后总结道："你来工作，并不是为了薪水这个目标，而是谋求将来的发展。那位袁先生看到的只是眼前的小利，而高小姐看得却很长远，她选择的是发展，像这种员工就值得去栽培。尽管发展之路开始时可能很艰难，但走到后面却是一条黄金之路。如果连路都是黄金铺成的，那还怕没钱吗？"

故事中的高小姐，面对竞争对手的高薪聘请，不为所动，仍能够安于岗位，脚踏实地，因此她取得了比袁先生更好的发展机会。

无论谁的人生，都难免遇到坎坷曲折。纵观古今中外，凡成大事业者，无一不是具备沉稳的性格，经得起诱惑，耐得住寂寞，无论在什么环境中都保得住操守，不忘记自己的方向。我们要有所成就，就要避免浮躁，肯于放下身段，埋头苦干，只有这样才能"出头"。

·往远处看，向平处行·

有些人把工作当成鸡肋，食之无味，弃之可惜。一方面，他们不满意现在的工作，另一方面，出于种种原因又不得不做这份工作。殊不知，心不甘情不愿地工作，不管对于企业来说，还是对个人来说，都是毫无裨益的。

其实，每份工作都是成就卓越的机会，在平凡的工作中脚踏实地工作的人，总能在工作中收获诸如才能、社会经验、人际关系等，而那些心浮气躁，不懂得经营手中工作的人，在等待"转机"的过程中白白错失一个个提升自我的机会，即使"转机"真正降临，他们也会因为缺乏足够的能力而与其失之交臂。

1908年，美国有一个叫希尔的年轻人去采访美国最富有的人——钢铁大王卡内基。卡内基在与希尔交谈后，很是欣赏希尔的才华，于是对他说："我要向你挑战，在此后20年里，你要把全部的时间都用在研究美国人的成功哲学上，然后

得出一个答案。但条件是：除了写介绍信和为你引见这些人外，我不会为你提供任何的经济支持，你肯接受吗？”

虽然没有任何的酬劳，但是，希尔相信自己的直觉，认为这是一个有助于自己成功的机会，于是他爽快地接受了挑战。答应不要一丁点儿的报酬，为这位富翁工作20年。在一般人看来，希尔简直是个傻子，因为这20年对于希尔来说无比的珍贵，正是他年富力强、最能创造利润的时期。

最终的结果是，希尔获得了远比他应该得到的报酬还要多得多的回报。在接受挑战后的20年里，希尔在卡内基的引见下访遍了全美国最富有的500名成功人士，写出了震惊世界的《成功定律》一书，并成为了罗斯福总统的顾问。

后来，希尔在回忆这件事情时说：“全国最富有的人要我为他工作20年而不给我一丁点儿报酬。一般人在面对这样一个荒谬的建议时，肯定会觉得太吃亏而推辞，可我没这么干，我认为我要能吃得这个亏，才有不可限量的前途。”

一切努力和付出都是为了更好的前途，这也是希尔能够取得成功的秘密所在，他很珍惜卡耐基提供的平台，甘于在这个平台上付出长达20年的努力，最终收获了自己不可限量的前途。

公司虽是老板的，但平台却是属于自己的，艰难的任务能锻炼我们的意志，新的工作能拓展我们的才能，与同事的合作能培养我们的人格，与客户的交流能训练我们的品性。公司是我们成长过程中的另一所学校，工作能够丰富我们的经验，增长我们的智慧，培养令我们终生受益的能力。

张扬是一个企业终端科的科长，负责对销售终端布置的规范性进行指导和提供咨询。可张扬除了完成自己的本职工作外，还总喜欢接手一些相关的工作——企业培训导购员时，他是当仁不让的组织、策划和对口管理者；凭借很强的谈判能力和对消费者需求的熟知程度，他积极参与促销活动所需的礼品采购；他还承接了信息收集工作，为此安排专人每天为企业高层与相关职能部门整理、报送各项最新资讯……同事都觉得张扬是“傻瓜”，甚至有人对他冷嘲热讽。张扬对此处之泰然，他说：“我不光是为老板打工，更不是为了赚钱，我是在为自己的梦想打工，为自己的前途打工。我要在业绩中提升自己，我要使自己工作所产生的价值远远超过所领的薪水。只有这样，我才能得到我想要的东西——工作的快乐，成功的快乐。”一年后，张扬的下属已经从最初的几个人增加到了几十个人，随着部门的扩容和职能的增多，他所在的部门由科级升为处级，当时说张扬是“傻瓜”的人，有的成了他的下属，有的辞职另谋出路。

现实生活中，像说张扬是“傻瓜”那样的人并不少，他们没真正明白“公司是老板的，舞台是自己的”这个浅显的道理，一心梦想着高薪舒适的工作，心浮气躁，消极怠工，这些人也许短时间内能滥竽充数、浑水摸鱼。但长此以往，对于自己和公司都将是很不利的，他们的成功之路恐怕会越来越崎岖。

多干一点活，你的能力就多增一分，影响力也多增一分。一些人宁肯花费很多精力来逃避工作，却不愿花相同的精力来努力完成工作，他们以为自己骗得了老板，其实，他们愚弄的只是自己。不要为了老板而工作，也不要仅仅为了金钱而工作，要像张扬那样——为梦想而工作，为自己的前途而工作。周围环境不是你懒散的借口，要时刻牢记：心有多大，舞台就有多大。

把工作当成施展自我抱负与风采的舞台，沉住气，扎扎实实演好自己的每一个角色，做好在职的每一天，利润虽然属于老板，但价值却是自己的。

·积淀实力，打造自己的“金牌简历”·

现代人最大的缺点就是没有耐心，不懂为自己打造招牌，于是不是抱怨这个岗位辛苦，就是抱怨那个岗位待遇不高，结果只让别人从你的简历上看到四个字：缺乏实力。所以不管你现在是一个普通的职员，还是升职到重要位置的领导，都要树立一个正确的做事信念，时时学习，时时充电，多为自己的人生简历上增添一点实质性的内容，给自己打造一只金饭碗。

有一个学习计算机的年轻人，大学毕业后四处求职，暑假过去了，他依然没有找到理想的工作，眼看身上的钱就要用完了。有一天，报纸上登出一则招聘启事，一家新成立的电脑公司需要招聘各种电脑技术人员20名，但需要经过考试。年轻人报了名，之后就潜心复习，终于在200多名报名者中脱颖而出。

在这个刚成立的公司，又是试用期，年轻人的待遇自然不高。但在走上工作岗位后，他才真正认识到自己的知识欠缺太多。公司每晚要留值班人员，家住本市的同事都不愿意值班，他就索性搬到单位住，包揽了所有值班任务。每晚9点关门后，他就在办公室拼命钻研电脑知识，比读大学的时候还勤奋十倍，工作两个月后，他就已经成为公司的技术骨干了。

小有成就的年轻人留在了这家公司，他继续每天学习，两年后，他考取了国际和国内网络工程师资格证书，成为一名网络工程师，已经有一些猎头开始给他打电话，向他推荐不错的工作。

几年过去，随着公司的发展壮大，不到30岁的他就凭借出色的业绩在这家公司拥有了高薪职位，并拥有了一定股份。

“铁饭碗”的时代早已成为历史，死守着铁饭碗的旧观念早已经不合时宜了。人们在可以自由选择成功之路的同时，也失去了曾经绝对的安全感，剩下唯一可以依靠的便是自己的能力，不管哪个企业、哪家单位，都不会拒绝一个有“金牌简历”的人。什么叫作“金牌简历”？

很多人以为，简历就是刚参加工作的人需要的东西，自己已经工作了，对未来也没有什么计划，简历已经没有价值了。那么，这种观点就大错特错了，真正的简历，就是你参加工作以后的表现，有经验的人并不看重没有什么工作经验的大学生的简历，看中的正是那些参加了一两年工作的人的简历上，是否有什么亮点。所以说，假如你在现在的岗位上努力工作，不仅是在为现在多挣一点回报，更是为将来自己的全局发展增加一点筹码。

正如一位哲人说过：“好高骛远会导致盲目行事，脚踏实地则更容易成就未来。”当下正在进行的事情，正需要我们脚踏实地干，摈弃以往陈旧观的做事信条，在一点点看似平常的工作中，逐渐累积，用不断积淀的实力，慢慢谱写自己的“金牌简历”。

第七章

沉不住气，自然斤斤计较不大气

聪明的人懂得“吃亏是福”。吃亏是沉住气、通观全局的眼光，是精明睿智的妥协，是淡定从容的洒脱，是不去争强斗狠的风度，是获得长远利益的动力与基石。睿智的人具有包容的智慧。包容是换位思考的理解，是修身养性的真经，是俯仰自如的风度。心胸有多大，事业就有多大。包容有多少，拥有就有多少。

·就平处坐，从宽处行·

不论是想成就一番不平凡的事业，还是想快乐平凡地度过一生，懂得包容都是一堂人生的必修课。

仇恨要比生气更深，更歇斯底里，也更伤神。产生这种情感的原因很多，有些像蜻蜓点水似的无关痛痒，有些也许真的让人伤心欲绝，但有一点是相同的，那就是心怀仇恨的人，心里永远都是杂草丛生，他们的神经永远上了发条紧张之至，他们没有快乐。仇恨往往伴随着复仇的激情，一旦复仇成功，剩下的就是生命的空白，如果仇恨不能够得以释放就会畸形地延续下去，等待着有朝一日如山洪那样爆发，其毁灭性不可预测。

当然，面对仇恨我们并不是绝对的无能为力，有这样一个哲理深刻的小故事：

古希腊神话中有一位大英雄叫海格力斯。

一天，他走在坎坷不平的山路上，发现脚边有个袋子似的东西很碍脚，海格力斯踩了那东西一脚，谁知那东西不但没被踩破，反而膨胀起来，加倍地扩大了。

海格力斯恼羞成怒，拿起一根碗口粗的木棒砸它，那东西竟然大到把路堵死了。

正在这时，山中走出一位圣人，对海格力斯说："朋友，快别动它，忘了它，离开它远去吧！它叫仇恨袋，你不侵犯它，它便小如当初；你若侵犯它，它就会膨胀起来，挡住你的路，与你敌对到底！"

海格力斯听了，不再理会那个袋子，不一会儿袋子便逐渐缩小，和原来一样，道路也畅通如初了。

生活中每个人都是一个独立的个体，都有自己的所需和所想，人与人之间难免会有些许摩擦、纠缠甚至是恩怨，任何让人不快的情绪也都可能成为心里的一层阴影，一种负担，一种痛苦。天长日久，不断叠加的怨气和痛苦成了人们心中的仇恨袋。触动它，就会膨胀；远离它，它就会慢慢淡化消失。就像一根橡皮筋，不能过度地拉扯，否则它就会断掉，最疼的永远是不肯放手的一端。

等繁华落尽，生命的印迹如落叶那样历历在目时，我们就会发现，在这短暂的一生中，我们因沉于仇恨而忽视了许多东西，就像仇人间尝试性的微笑那样，被我们抛却拒绝了。之后才发现再深的仇恨也抵不过沧海桑田，人生在世能多一分宽容，是多么的美好和珍贵。

没有一颗心是渴望仇恨的，每一个灵魂都孤单地等待着同类的拥抱。宽容是一种涵养，是一块拉近情感距离的磁铁，它能舒缓矛盾，能弥补和修复感情的裂痕。它曾得到过许多智慧之人的褒扬，比如一位诗人说："宽容是芬芳的花朵，友谊是它的果实。"一位哲人说："宽容是清凉的甘露，浇灌了干涸的心灵。"

宽容是一种修养和良好品质，是人生的艺术技巧，也是一种基本的处世方法和做人原则。许多事情本有不同的解决方式，仇恨则使人元气大伤，宽容则给人多一份从容，也带来别样的人生。世间多一份宽容，就多一份平和，多一份纯净。

·胸襟的大小可以决定你的世界·

为人处世，要有豁达大度的胸怀。豁达，即性格开朗；大度，即气量宏大。合起来就是说，我们在处理人际关系时，要气量宽宏，能够容人。

豁达的度量，从根本上说来自一个人宽广的胸怀。一个人倘若没有远大的理想和目标，其心胸必然狭窄，就像马克思所形容的那样：愚蠢庸俗、斤斤计较、贪图私利的人，总是看到自以为吃亏的事情。

眼睛只盯着自己的私利，根本不可能有豁达宽容的胸怀和度量。"心底无私天地宽”，只有从个人私利的小圈子中解放出来，心里装着更远、更大目标的人，才能带着宽广的胸怀，领略到海阔天空的精神境界。

2008年9月，美国大选正在如火如荼地进行，以奥巴马、拜登为候选搭档的民主党和麦凯恩、萨拉·佩林为候选搭档的共和党，正在进行一场激烈的大选争夺战。双方阵营恨不得挖地三尺找出对方候选人的缺点和弱点，以破坏对方在选民中的形象。

就在这个时候，有媒体爆出一个惊人事件：共和党副总统候选人佩林的17岁女儿未婚先孕。这个“丑闻”无疑会对佩林的形象给予致命一击，因为佩林一直是反对早孕的人，一个连自己的孩子都管不好的候选人，如何去管理国家呢？

佩林本人和共和党陷入了危机之中，民主党的很多人士和支持者都认为这是上天赐予奥巴马选举阵营的一个宝贵机会，他们认为，只要奥巴马向佩林发出强烈抨击，就会在人气上再胜一筹。

这一天，在接受媒体采访时，很多记者向奥巴马问道：“请问奥巴马先生，你就萨拉·佩林17岁的女儿怀孕一事有何评价？”很多人以为奥巴马会在这时反戈一击。不料，奥巴马只是轻轻地摇摇头微笑着说：“我想说的是，我妈妈18岁时便生下了我！”

奥巴马的表现令评论界一片哗然，就在政治评论家和分析师都目瞪口呆甚至扼腕叹息的时候，奥巴马的支持率却猛地提升起来。据调查，很多中间选民开始倒向奥巴马，因为奥巴马博大的胸怀打动了他们，他们认为只有宽厚的人才能胜任美国总统一职。

面对政敌的瑕疵，奥巴马给出了一个朴实和高尚的回答，甚至为此牺牲自己的形象。

古语云：“大度集群朋。”一个人若有宽宏的度量，他的身边就会集结起大群的知心朋友。大度，表现为对人、对友能求同存异，以事业上的志同道合为交友基础。大度，也表现为能听得进各种不同意见，尤其能认真听取相反的意见。大度，还要能容忍别人的过失，尤其是当别人对自己犯有过失时，能不计前嫌，一如既往。大度，更应表现为能够虚心接受批评，发现自己的过失便立即改正，和别人发生矛盾时，能够主动检查自己，而不是文过饰非，推诿责任。大度者，能够关心人、帮助人、体贴人，责己严、待人宽。

气量大，还表现为在小事上不较真，不为小事斤斤计较、耿耿于怀。在小事上宽大为怀，不会使你蒙受损失，只会使你受人敬佩。西汉时的韩信，在年轻潦倒之时，曾有人逼他从胯下钻过去。后来韩信被刘邦拜为大将，不但没有杀这个人，反而赏之以金，委之以官，使其大受感动，不仅消除了私怨，最后还成了舍命保护韩信的勇士。韩信这种以德报怨的方法，比起有些人一感到被欺负就针锋相对、以牙还牙的做法，实在要高明得多。

·宽容引起的道德震动比惩罚更强烈·

教育家苏霍姆林斯基曾经说：“有时宽容引起的道德震动比惩罚更强烈。”宽容有比责罚更强烈的感化力量。能容天下才，方能为天下人所容。宽容不仅能医治被宽容者的缺陷，还可以挖掘出宽容者身上的伟大之处。你若要彩虹，你就得宽容雨点。宽以待人既是一种待人接物的态度，而且还是一种高尚的道德品质，它能够化解人和人之间的许多矛盾，增强人和人之间的友好情感。宽以待人，不断提高自己的思想境界，就能使自己成为一个道德高尚的人。

相传，秦穆公丢失了一匹心爱的骏马，后来在岐山下找到了，原来是被农民吃了，吃马肉的有三百余人。官吏要惩治他们，秦穆公不同意，对他们说：“君子不以畜产害民，吾闻吃马肉不饮酒，会对人身体有伤害。”便叫随从留下酒，让吃马肉的每个人喝了酒，然后才放心离去。

后来，秦晋两国打仗，秦穆公被晋军包围，即将被俘虏，正在这危急时刻，一支生力军冲进去把秦穆公救了出来，使秦军反败为胜，俘虏了晋惠公。原来这支生力军就是当年吃马肉的那些农民。

能宽恕者得仁报。秦穆公宽恕食其马肉的农民最终得到他们拼死相救，传为千古美谈。宽容不仅是爱心的体现，而且是不可缺少的做人资本，从表面上看，它是一种放弃报复的决定，但实际上，宽容是一种需要巨大精神力量支持的积极行为，是一种必不可少的做人品质，更是一种做人的正确的自我意识的体现。

在社会生活中，每个人都要与他人打交道，有时难免会遇到别人的为难与挑衅，这时就应当宽厚待人，不过于苛求他人，善于容人之过，这样你的周围才会充满知心朋友和支持者。

在美国的一家菜市场里，有个中国妇女的摊位生意特别红火。邻近的几家摊贩心生嫉妒，每到收摊的时候，都将烂菜叶等垃圾堆到她的摊位前。那位中国妇

女见后，从来都不跟他们争执，反而一脸平静地将垃圾扫到自己的角落里，收摊后再默默地打扫干净。

有一次，一位常来买菜的美国妇女看不下去，忍不住问道："他们都把垃圾扫到你这里，明摆着是欺负你，你为什么一点儿都不生气呢？"中国妇女笑着说："在我们国家，每到过年的时候，大家都不会往外倒垃圾。家里的垃圾越多，来年就能够有更多的财富。你看，他们每天把垃圾扫到我这里，其实是在祝福我的生意越来越好，果然，你看，我的生意不是越来越好了么？"那些嫉妒她的摊贩听后，立即羞愧不已。从此，他们再也没有把垃圾扔过去了。

这位中国妇女没有以牙还牙，而是泰然处之，保持缄默，用与人为善的美德，宽恕了别人，同时也为自己营造了一个安宁的心境和融洽的人际环境。

英国诗人济慈说："人们应该彼此容忍，每个人都有缺点，在最薄弱的方面，每个人都能被切割捣碎。"每个人都有弱点与缺陷，都可能犯下这样那样的错误，冤冤相报抚平不了心中的伤痕，它只会将伤害者和被伤害者捆绑在无休止的争吵战车上，所以，在遇到矛盾的时候，要沉住气，心存宽容，只有宽容才是消除矛盾的有效方法。印度"圣雄"甘地说得好，如果我们对任何事情都采取"以牙还牙"的方式来解决，那么整个世界将会失去色彩。

沉住气，学会宽容，对于化解矛盾，赢得友谊，保持家庭和睦、婚姻美满是至关重要的，同时，对你的工作也具有重要的推动作用。宽容是一种高贵的品质、崇高的境界和人生格局，是精神的成熟、心灵的丰盈。

有了这种品质、这种境界、这种格局，人就会变得豁达，变得成熟。宽容是一种仁爱的光，是对别人的释怀，也是对自己的善待。有了宽容之心，就会远离仇恨，避免灾难。宽容是一种生存的智慧、生活的艺术，是看透了社会人生以后所获得的那份从容、自信和超然。有了这种智慧、这种艺术，我们面对人生，就会从容不迫。宽容是一种力量、一种自信，是一种无形的感召力和凝聚力。有了这种力量和自信，就会胸有成竹，获得成功。

·遇谤不辩，沉默的宽容·

所谓"夫大道不称，大辩不言，大仁不仁，大廉不谦，大勇不忮。道昭而不道，言辩而不及，仁常而不成，廉清而不信，勇忮而不成"，这句话的意思是指，至高无上的真理是不必称扬的，最了不起的辩说是不必言说的，最具仁爱的人是

不必向人表示仁爱的，最廉洁方正的人是不必表示谦让的，最勇敢的人是从不伤害他人的。真理完全表露于外那就不算是真理，逞言肆辩总有表达不到的地方，仁爱之心经常流露反而成就不了仁爱，廉洁到清白的极点反而不太真实，勇敢到随处伤人也就不能成为真正勇敢的人。

能具备这五个方面的人可谓是了悟了做人之道。所谓是真理不必称扬，会做人不必标榜。真正有修养的人，即使在面对诽谤时也是极具君子风度的。沉住气，以坦然心境面对诽谤，古往今来，能做到这点的也不乏其人，但能达到像白隐禅师这种境界的，则恐怕是凤毛麟角了。

有位修行很深的禅师叫白隐，无论别人怎样评价他，他都会淡淡地说一句：就是这样吗？

在白隐禅师所住的寺庙旁，有一对夫妇开了一家食品店，家里有一个漂亮的女儿，无意间，夫妇俩发现尚未出嫁的女儿竟然怀孕了。这种见不得人的事，使得她的父母震怒异常。在父母的一再逼问下，她终于吞吞吐吐地说出“白隐”两字。

她的父母怒不可遏地去找白隐理论，但这位大师不置可否，只若无其事地答道：“就是这样吗？”孩子生下来后，就被送给白隐，此时，他的名誉虽已扫地，但他并不以为然，只是非常细心地照顾孩子——他向邻居乞求婴儿所需的奶水和其他用品，虽不免横遭白眼，或是冷嘲热讽，但他总是处之泰然，仿佛他是受托抚养别人的孩子一样。

事隔一年后，这位没有结婚的妈妈，终于不忍心再欺瞒下去了，她老老实实地向父母吐露真情：孩子的生父是住在同一幢楼里的一位青年。

她的父母立即将她带到白隐那里，向他道歉，请他原谅，并将孩子带回。

白隐仍然是淡然如水，他只是在交回孩子的时候，轻声说道：“就是这样吗？”仿佛不曾发生过什么事；即使有，也只像微风吹过耳畔，霎时即逝！

白隐为给邻居女儿以生存的机会和空间，代人受过，牺牲了为自己洗刷清白的机会，受到人们的冷嘲热讽，但是他始终处之泰然，只有平平淡淡的一句话——“就是这样吗？”

在现实生活中，口舌之交是人际沟通中最重要的一种方式。在这个沟通过程中，言来言去，难免有失真之语。诽谤就是失真言语中的一种攻击性恶意伤害行为。俗语云：“明枪易躲，暗箭难防”。也许，在很多时候，诽谤与流言并非我们所能够制止的，甚至是有人群的地方就有流言。而我们对待流言的态度则显得尤为重要，正如美国总统林肯所说：“如果证明我是对的，那么人家怎么说我就无关紧要；

如果证明我是错的，那么即使花十倍的力气来说我是对的，也没有什么用。”

当诽谤已经发生，一味地争辩往往会适得其反，不是越辩越黑便是欲盖弥彰。还是鲁迅先生说得好：沉默是金。的确，对付诽谤最好的方法便是保持沉默，让清者自清而浊者自浊，这才是明智的选择。

武则天称帝后，任命狄仁杰为宰相。有一天，武则天问狄仁杰：“你以前任职于汝南，有极佳的表现，也深受百姓欢迎。但却有一些人总是诽谤诬陷你，你想知道详情吗？”狄仁杰立即告罪道：“陛下如认为那些诽谤诬陷是我的过失，我当恭听改之；若陛下认为并非我的过失，那是臣之大幸。至于到底是谁在诽谤诬陷，如何诽谤，我都不想知道。”武则天闻之大喜，推崇狄仁杰为仁师长者。

做人难，难在如何面对诽谤诬陷。狄仁杰被认作是武周一代名臣，是很有道理的，从这段文字中我们也可以窥出几分。俗话说：流言止于智者，真正有智慧的人是不会被流言中伤的。因为他们懂得用沉默来对待那些毫无意义的流言诽谤。鲁迅先生曾经说过：“沉默是最好的反抗。这种无言的回敬可使对方自知理屈，自觉无趣，获得比强词辩解更佳的效果。”

为人处世，面对毁谤不需要汲汲务求去澄清，只需要自己心境坦荡，谣言毁谤自然不攻自破。

沉住气，用沉默来应对诽谤，让浊者自浊、清者自清，诽谤最终会在事实面前不攻自破。这是我们从圣人的思想中撷取的智慧之花，在现实生活中，做人拥有“不辩”的胸襟，就不会与他人针尖对麦芒，睚眦必报；拥有“不辩”的情操，友谊永远多于怨恨。

·以德报怨怨自消·

《诗经·卫风》云：“投我以木桃，报之以琼瑶。”就是说，你对我好，我对你更好。普通的朋友之间尚且如此，倘若胸怀宽广，对自己的对手也能“投以木桃”，那你的对手也一定会感激涕零，视你为恩人一般。日后定会选择时机报答你，给予你帮助，让你获得更大的成功。

一位名叫卡尔的卖砖商人，由于另一位对手的竞争而陷入困境之中。对方在他的经销区域内定期走访建筑师与承包商，告诉他们卡尔的公司不可靠，砖块不好，生意也即将面临歇业。

卡尔对别人解释说他并不认为对手会严重伤害到他的生意。但是这件麻烦事使他心中生出无名之火，真想“用一块砖来敲碎那人肥胖的脑袋作为发泄”。

“有一个星期天早晨，”卡尔说，“牧师布道时的主题是：要施恩给那些故意为难你的人。我把每一个字都吸收下来。就在上个星期五，我的竞争者使我失去了一份25万块砖的订单。但是，牧师教我们要善待对手，而且他举了很多例子来证明他的理论。当天下午，我在安排下周日程表时，发现住在弗吉尼亚州的一位我的顾客，正因为盖一间办公大楼需要一批砖，而所指定的砖的型号不是我们公司制造供应的，却与我竞争对手出售的产品很类似。同时，我也确定那位满嘴胡言的竞争者完全不知道有这笔生意机会。”

卡尔感到为难，是遵从牧师的忠告，给予对手这笔生意的机会，还是按自己的意思去做，让对方永远也得不到这笔生意？

到底该怎样做呢？

卡尔的内心挣扎了一段时间，牧师的忠告一直在他心中。最后，也许是因为很想证实牧师是错的，他拿起电话拨到竞争对手家里。

接电话的正是那个对手本人，当时他拿着电话，难堪得一句话也说不出来。卡尔还是礼貌地直接告诉他有关弗吉尼亚州的那笔生意。结果，那个对手很感激卡尔。

卡尔说：“我得到了惊人的结果，他不但停止散布有关我的谎言，而且还把他无法处理的一些生意转给我做。”

没有永久的敌人，也没有永久的朋友。对于昔日的对手，打击报复只能为自己埋下更多的祸根，而善待我们的对手，不但能够感化他们，还会为我们自己的事业扫除许多障碍。

以德报怨，善待对手。英国前首相丘吉尔一生都奉行这句话，在用人方面更是如此。丘吉尔作为保守党的一名议员，历来非常敌视工党的政策纲领，但他执政时却重用了工党领袖艾礼，自由党也有一批人士进入了内阁。更令人称道的是，他在保守党内部，对待前首相张伯伦也没有以个人恩怨去处理他们之间的关系。他不计前嫌，很好地团结了众多对手，显示了他宽阔的胸怀和高明的用人之术。

张伯伦在担任英首相期间，曾再三阻碍丘吉尔进入内阁，他们的政见不合，特别是在对外政策上，张伯伦和丘吉尔存在很大的分歧。后来张伯伦在对政府的信任投票中惨败，社会舆论赞成丘吉尔领导政府。出人意料的是，丘吉尔在组建政府的过程中，坚持让张伯伦担任下院领袖兼枢密院院长。这是因为他认识到保

守党在下院占绝大多数席位，张伯伦是他们的领袖，在自己对他进行了多年的批评和严厉的谴责之后，取张伯伦而代之，会令保守党内许多人感到不愉快。为了国家的最高利益，丘吉尔决定留用张伯伦，以赢得这些人的支持。

后来的事实证明，丘吉尔的决策很英明。当张伯伦意识到自己的绥靖政策给国家带来巨大灾难时，他并没有利用自己在保守党的领袖地位来给昔日的对手丘吉尔找麻烦，而是以反法西斯的大局为重，竭尽全力做好自己的分内之事，对丘吉尔起到了较好的配合作用。

由此可见，如果你能够以一颗宽容的心来公平对待你的对手，善待你的对手，与对手冰释前嫌，就能赢得对手的尊重与友谊，同时也为自己找到了可靠的朋友。

·多交朋友，少结冤家·

当你面对一个敌人的时候，你所面临的将不只是一个敌人，你所感受到的威胁将十倍百倍于他实际上给你的威胁。而当你用友情感动了一个敌人，使他成为你的朋友的时候，你所得到的也将不只是一个朋友，你所感受到的快乐也将十倍百倍于他实际给你的快乐。由两个势不两立的敌人一变而为互相谅解的朋友之后，不但有一种如释重负的轻松，而且可以互通有无，共同成就事业。

唐代大将郭子仪、李光弼二人原本在节度使史思顺手下当差，但二人长期不和，甚至到了水火不容的地步。

史思顺外调，郭子仪因才华出众而被任命为节度使，李光弼担心郭子仪公报私仇，欲带兵逃走，但又有点犹豫不决。当安禄山、史思明发动叛乱时，唐玄宗命郭子仪领兵讨伐。身为大将，此时正是报效国家的时刻，李光弼找到郭子仪说："我们虽共事一君，但形同仇敌，如今你大权在握，我是死是活，你看着办吧！但恳请放过我的妻儿。"

营帐里的气氛顿时凝固起来，众多将领不知所措。在这种情形下，如果郭子仪感情用事，后果将不堪设想。但郭子仪毕竟有大将风度，他握住李光弼的手，眼含热泪地说："国难当头，皇上不理朝政，作为臣子，我们怎能以私人恩怨为重，而置国家安危于不顾呢？"说完倒地便拜。

李光弼被郭子仪的诚心所感动，他在战斗中积极出谋划策，打败了叛军。郭子仪推荐李光弼当上了节度使。后来，李光弼的权力日益增大，与郭子仪同居将

相之职，二人之间没有半点猜忌之心。

这是一个皆大欢喜的结局，不仅因为郭子仪的虚怀能容，宽广能恕，更因为诚心感动了他人而获得双赢。就像廉颇与蔺相如的关系一样，郭子仪与李光弼的友谊也成了千古佳话。

可见，不计前嫌、克己让人、以德报怨，是中国人在处理人际关系时常常采用的一种好方法。但是，如果没有与人为善的愿望，没有博大的胸怀、豁达的胸襟和宽容的气度，是很难做到这一点的。

现代社会中，倡导竞争机制，这就使得许多人成为你的竞争对手。如果和这些人只是偶然相处倒也罢了，问题是有时你会被迫长时间和他们交往、相处和共事。在这种情况下，你的烦恼是可想而知的，如何对付这些对手的确需要一些艺术。

20世纪初，美国有一个年轻商人兼政治活动家叫皮亚，他对一位知名大企业家汉拿非常不满意，甚至接连两次拒绝与他见面。

那时，汉拿即将成为某政党的政治领袖。但是在年轻的皮亚看来，汉拿只不过是个“坏蛋”，一个地方上的“党魁”罢了。他每次看见报上对汉拿的称颂，没有一次不摇头痛骂。

后来汉拿的朋友对他说：“你最好还是和皮亚好好谈一次，消释彼此的意见。”于是，在一个拥挤的旅馆客房里，汉拿被引到一个沉静的穿灰外套的青年面前，那人坐在椅中并没有主动问候进来的人。

待友人介绍“这位就是皮亚先生……”之后，汉拿对来访者说了很多话。

出乎皮亚意料的是，汉拿对于他的事情了如指掌，他谈了许多关于他父亲担任法官的事情、关于他伯父的事情以及关于他自己对于政治纲领的意见。汉拿说：“哦，你是从奥马哈来的吗？你的令尊不是法官吗……”年轻的皮亚不免吃惊了。汉拿又说：“哦，有一次你父亲曾帮助我的朋友在煤油生意上挽回了一大笔损失呢……”说到这里，汉拿突然冒出一句感慨：“有许多法官知识渊博、思维敏捷，他们的能力远远胜于普通的企业家。”接着又说：“你有一位伯父在哈斯顿吗？让我想一想……现在你能对我说说，你对于那些政治纲领还有什么意见？”

此时，皮亚已完全改变了对汉拿的看法，他像面对一个自己熟悉的朋友一样，与他侃侃而谈，气氛轻松和谐。就这样，汉拿以他宽广的胸怀和平易近人的态度结交了一个新的忠诚的朋友。

从此以后，皮亚最大的兴趣，就是与这个他曾经非常憎恨的汉拿做朋友，并

且忠心耿耿地为他服务。

事实上，在生活与工作中我们也许并没有真正的对手。如果有的话，只是因为你的处世水平还不够高。那些处世水平高的人，善于与难以相处的人结交朋友。这样，不但可以提高自己的声誉，博得心胸宽广的美名；更重要的是，他积累了别人难以得到的人脉资源，为自己事业的发展开拓了无限宽广的道路。

很多时候我们之所以会树敌，是因为不了解对方所致，因而在无意间冒犯了对方，所以只要能了解这一点，有效避开“地雷”，不闯入对方的禁区，彼此就可保持友好的关系。

中国有句俗话叫：“冤家宜解不宜结。”许多人从亲身经历中体会到：多一个朋友多一条路，少一个仇人少一堵墙。以德报怨，化怨恨为友爱，减少对立者，广交天下友，将有助于我们创造一个和谐融洽的环境和氛围，以开辟通向成功事业的宽阔人生之路，使我们活得轻松愉快，活得充实而有意义。

·想要利己，先要利人·

生活中，一般没人愿意吃亏，不但如此，还想多占便宜，这符合人利己的本性，本无可厚非，但从更长远的角度来看，有时候，不愿吃亏反而是一种短视行为，赚了眼前小利，反而损失了日后的大利。不要因为吃一点亏而斤斤计较，开始时吃点亏，实是为以后的不吃亏打基础，不计较眼前的得失是为了着眼于更大的目标。

做事有长远计划的人，不会只计较自己的获得，而是懂得在适当的时候舍弃。因为他们知道，有时候吃亏并不是一种灾难，只有在经历了一番舍弃以后，才能获得更多的收获。

英国哈利斯食品加工工业公司总经理亨利，有一次突然从化验室的报告单上发现，他们的食品生产配方中，起保鲜作用的添加剂有毒，虽然毒性不大，但长期服用对身体有害。如果不用添加剂，则又会影响食品的鲜度。

亨利考虑了一下，他认为应以诚对待顾客，于是他毅然把这一有损销量的事情告诉了顾客，随之又向社会宣布，防腐剂有毒，对身体有害。

他做出这样的举措之后，自己承受了很大的压力，食品销路锐减不说，所有从事食品加工的老板都联合起来，用一切手段向他反扑，指责他别有用心，打击别人，抬高自己，他们一起抵制亨利公司的产品，亨利公司一下子跌到了濒临倒

闭的边缘。苦苦挣扎了4年之后，亨利的食品加工公司已经无以为继，但他的名声却家喻户晓。

这时候，政府站出来支持亨利了。哈利斯公司的产品又成了人们放心满意的热门货。哈利斯公司在很短时间内便恢复了元气，规模扩大了两倍。哈利斯食品加工公司一举成了英国食品加工业的龙头公司。

很多人认为吃亏是一种损失，自己想要的东西没有得到，或者本来应该拥有的没有获得，心中总会有一种失落感。可是，如果你不舍弃自己的利益，成全别人，就不会得到别人更多的关心和支持。

吃亏是福，乃智者的智慧。在利益面前是否愿意吃亏就能看出一个人能否成就大业。古往今来，有许多人就因为一时一地的争权夺利而使自己的地位一落千丈。若是在利益面前能够沉住气，心如止水，并在关键时刻能主动让出自己的利益，最终往往能因舍小利吃小亏而赢得长远的利益。

深圳有一个农村来的没什么文化的妇女，起初给人当保姆，后来在街头摆小摊儿，卖一个胶卷赚一角钱。她认死理，一个胶卷永远只赚一角。后来她开了一家摄影器材店，门面越做越大，还是一个胶卷赚一角；市场上一个柯达胶卷卖23元，她卖16元1角，批发量大得惊人，深圳搞摄影的没有不知道她的。外地人的钱包丢在她那儿了，她花了很多长途电话费才找到失主；有时候算错账多收了人家的钱，她心急火燎找到人家还钱。听起来像傻子，可赚的钱不得了，在深圳，再牛气的摄影商，也得乖乖地去她那儿拿货。

在很多人眼里，这位妇女总是做着吃亏的傻事，可是正是因为她的勇于吃亏，正是她对于别人利益的成全，才能吸引了更多的顾客，才能让自己的生意越来越红火。所以说，吃亏并没有我们想象的那么可怕，有时候吃亏反而是一种福气。

吃亏是福，需要的是一种潇洒的生活态度，也需要一种做事的魄力。虽然有时候我们需要舍弃的东西并不多，可是能够将自己的东西和利益拱手相让的，还需要一份勇气、一种风度、一种气量。

“吃亏是福”不是句套话，尤其是关键时候要有敢于吃亏的气量与风度，这不仅体现了一个人宽大的胸怀，同时也是做大事业的必要素质。把关键时候的亏吃得淋漓尽致，才是真正的赢家。

·吃亏是福·

“塞翁失马，焉知非福。”很多时候我们在失去的时候就意味着收获。把吃亏当作占便宜，不因小事而斤斤计较的人终将有更大的收获。而那些不肯吃亏的人，往往会因为斤斤计较吃更大的亏。

不要因为吃一点亏而斤斤计较，开始时吃点亏，实为以后的不吃亏打基础，不计较眼前的得失是为了着手于更大的目标。

某酒店开业不到3个月，即闻名当地。这个酒店规模并不大，而且装修也并不是很精美。何以如此得人心呢？有人专门去此店探查究竟。走进店里，老板忙得来不及招呼他。请他自己先找一个座位坐下，他等了一会儿还不见服务员送菜单过来，便吆喝起来。这时老板娘走过来了，告诉他本店没有菜单，问他今天胃口怎么样，想吃点什么。这位顾客说，他胃口很好，想多吃点荤菜。于是老板娘热情而又诚恳地给他提出建议，仿佛亲人的口气：“你的体态较胖，身体肯定不太好，所以我建议你今天不能吃太多肉，应该用些清淡的素菜来搭配，荤菜应尽量少吃。”并给他推荐了几样清淡可口的小菜，价钱都不贵。这位顾客感到很疑惑，旁边的人告诉他，老板娘之所以不设置菜单，是因为要根据客人的身体状况和健康状况来帮助他们选择吃什么样的菜，总之，要让客人吃到最合适的和最健康的菜。这位顾客恍然大悟，终于明白了此店之所以红火的原因。

老板娘的秘诀在哪儿呢？从顾客的利益出发，进行温情服务，真正把顾客的需求放在心上，给顾客提供最满意的服务。他们似乎并没打算为自己赢多少利，但是他们实际上做到了，而且越做越成功。现实生活中，很多成功的生意人之所以能获得今天的财富，是因为他们始终秉承着这样一个理念：赚钱从吃亏开始。

那些总是害怕自己吃亏的人，最终什么也得不到。在现代社会，很多人都是在吃了不少亏之后，才逐渐取得事业的成功与辉煌的。对一个渴望成功的人来说，要敢于吃亏，善于吃亏，这不仅是一种胆识，还是一种风度，更是一种智慧。

有个年轻人，大学毕业后进入出版社做编辑，他的文笔优美，工作也很负责。那时出版社正在进行一套丛书的编辑，每个人都很忙，但老板并没有增加人手的打算，于是编辑部的人也被派到发行部、业务部帮忙。但整个编辑部只有那个年轻人能随时接受老板的调遣，其他人都不愿意帮忙。

这个年轻人说：“吃亏就是占便宜！”

事实上他做的工作似乎是费力不讨好，他要帮忙包书、送书，像个苦力一样。后来他又去业务部，参与直销工作，包括取稿、跑印刷厂、邮寄……只要有人开口要求，他都乐意帮忙。

两年过后，他自己成立了一家出版公司，公司经营得有声有色。

原来他是在“吃亏”的时候，把出版社的编辑、发行、直销等工作流程都摸熟了。他成了这方面的行家里手。

现在，他的公司规模越来越大，但他仍然抱着这样的态度做事，对作者，他用吃亏来换取信任；对员工，他用吃亏来换取他们的积极性；对印刷厂，他用吃亏来换取品质……

这个年轻人，的确很值得人敬佩。但是在现实生活中，有几个人可以做到呢？很多人只想占便宜，不肯吃亏，那怎么可能做出成绩呢？

很多人在刚刚找到一份工作时，就对自己抱有过高的期望，希望自己得到重用，希望别人都尊敬自己，希望薪水可以拿得很高。焉知这一切得来不易，需要付出一定的努力和代价。

首先，不要期望你的同事一开始就对你笑脸相迎，帮你做这做那。要知道，你是新来者，不管你的学历有多高，人有多聪明，这份工作对你来说都是陌生的，比你先来的同事就是你的老师。你要礼貌地对待他们，多用一些礼貌用语，包括所有的同事，你不能小看那些看上去职位不高，好像对你没有帮助的同事，尽量帮他们多做一些事情，多向他们请教问题，尽管他们对你的态度有可能不好，但你要认识到这只是暂时的。你的热情正直和你的不平凡业绩最终会为你赢得别人的尊重和信任。

其次，尽管你被安插在一个不起眼的职位上，你的薪水很少，你做的活很烦琐很粗糙，你觉得自己干这些活简直是大材小用，但你也要坚持干下去，并把它们都做好。如何让老板对你的工作能力产生信心呢？据有经验的“过来人”介绍：“这完全体现在刚开始工作的那些所谓的杂活里。虽然不是很起眼或者很重要的工作，但你仍然要努力完成，这其实就是在给你自己加分。”如此看来，老板一开始安排的工作也许是“小儿科”，但作为新手吃这点亏，也是将来“享福”的基础。

此外，对于工作中由于争端而吃的亏，应坚持吃亏就是占便宜的原则。每个人在工作中都会有不顺心的时候，在这个时候要尽量选择忍让，不惹事端，多考虑同事的感受，多感谢他们平时对自己的帮助，这有助于以后工作的开展。

·微小的让步有意想不到的大收获·

当人际关系陷入僵局，各方互不相让的时候，人们通常会想起这句话："忍一时，风平浪静；退一步，海阔天空。"这里的"忍"和"退"其实就是一种让步，让步是一种人生智慧，它不是牺牲利益的单方付出，而是一种表达诚意的姿态。通过让步，不仅可以有效缓解冲突，避免不良情绪的传导，甚至在某些时候，微小的让步也能有意想不到的大收获。

说到底，让步是先给予、后索取的策略。比如，在谈判中，僵局的打破往往并不是因为有什么巨大的突破，而只是一方先做出了细小让步，不仅彰显了强大的诚意，同时获得了对方的好感。这样很容易达成一致，签下合约。

这是因为，对绝大多数人来讲，一旦接受了对方的好处，哪怕仅仅是蜻蜓点水般的恩惠，也会产生一种奇怪的心理——并未付出代价就得到了不属于自己的东西，心中会觉得亏欠，过意不去，当对方再提出一些要求时，便难以拒绝。

从这个角度看，让步并没有真的失去什么，仅仅是姿态的转换，就得到了实质的好处，实在是一种技巧，也是一种智慧。表面上看，给予者似乎吃了亏，但却换来他人情感上的亏欠，以及愿意尽快予以补偿的心理。这是很重要的一枚砝码，因为人际天平已经开始向有利于给予者的方向倾斜。此时，让步者距离目标犹如探囊取物，呼之欲出。对此，国外心理学家曾做过试验予以印证：

试验模拟谈判的环境，心理学家就某个问题分成三组同参与者进行谈判，结果令人大为震惊：当心理学家做出较大让步的时候，双方不仅没有达成协议，对方反而连最低的代价也不愿意付出；当心理学家做出与对方同等程度的让步时，双方仅在一个很小的范围内达成协议；反而是心理专家做出比参与者更微小的让步时，对方愿意付出更高的代价去达成协议。

这个结果乍看不可思议，仔细推敲之下会发现这正是很多人都会有的一种心理：在谈判过程中，如果一方突然大幅度做出让步，不会令对方喜出望外尽快达成协议，反而会让人产生怀疑，以为开始的条件是故意抬高的缺乏诚意的举动，或者是东西不好有瑕疵才主动让步。相反，如果双方开始的时候僵持不下，经过长久的谈判、磨合，做出很小的让步，反而会让对方产生信任感和安全感，从而促进双方达成协议。

这就是心理学上著名的细小让步定律：想要快速赢得人心，有时只需做出细微的让步，效果却比做出较大的让步更加令人满意。

当然，作为一种高级的处世智慧，并不是所有的微小让步都能达到预期目的，技巧把握不好也会收到适得其反的效果，比如让步的时机、幅度及心态的把握和表达都要讲究一定的技巧与艺术。

1. 让步的时机选择

所谓让步的时机选择，其实就是应该何时做出让步的问题。让步不同于宽容，让步是一个有舍才有得的过程，它带有一定的目的性。这里的“舍”就是下一步钓鱼的诱饵，因而一定要舍在明处。不仅如此，还应该择机尽量明确地告诉对方有关自己的需要，这样对方才能及时准确地作出回应。如果此时保持沉默，可能让步换来的只是些并不需要的东西，因为对方不知道你的需求在哪里。还要注意的是，需求的暴露不能太早太直白，同时也不能太晚太隐晦，分寸的把握往往在毫厘之间。

2. 让步的幅度

如同前面的实验中提到的，让步的幅度不能太大，所谓细小让步定律就是用微小的让步换取数十倍的利益。让步过大或是无原则的妥协，并不会带来明显的信任，反而会让对方产生疑问，开始怀疑合作的前提、基础，滋生出更多的不信任。从这个角度来讲，让步不能过大，即使一次微小让步不能令对方满意，可以采取细水长流的策略，缓慢地做出多次微小让步，但是一定不能做出一味妥协退让的姿态。除此以外，无论实质上让步的大小如何，在表达方面应该“放大”这种让步，渲染做出让步决定的艰难程度，让这个让步看起来更具价值。

3. 让步的心态把握

当双方发生意见冲突的时候，无论是拂袖离去，偃旗息鼓，还是各执一词，互不相让都是下策。此时如果能在姿态上稍稍缓和，对对方观点表示认同，平静、耐心地听对方说完，再有针对性地介绍自己的观点，会比大家唇枪舌剑的乱吵一通效果更佳，或许对方会在理智思考后改变态度。

有策略也要有原则，需要让步的时候不要犹豫，不该让步的时候也要坚持到底，这就需要具体问题具体分析。如果对方认为双方合作的基础即最初的条件是合理、可接受的，那么此时的让步就具有实际的意义，而且很可能加速协议的达成。相反，如果对方一直认为双方合作的基础是不负责任、没有根据的，那么即使让步和妥协也只能使对方更确信这种观点，此时或许唯有坚持能赢回一份信任。

·唯宽可以容人，唯厚可以载物·

任何时候，宽容都要比计较能使自己更受益。澳大利亚畅销书作家安德鲁·马修斯说："一只脚跟踩扁了紫罗兰，而紫罗兰却把香味留在那脚跟上，这就是宽容。"心宽体胖说的便是一个人只要心情愉悦，不斤斤计较，便能拥有健康的身心。心中充满了宽容，就不会轻易生气、发怒，也不会让负面情绪占据我们的内心。

对待一些事情要沉得住气，不要斤斤计较，胸怀大度，让自己的思想境界不断得到升华。有了这种品质、这种境界，人就会使人变得豁达，变得成熟，也使人与人的相处变得容易、简单。

约翰和他的邻居原本相处和睦、关系融洽。一年夏天，约翰家院子里的树木长得枝繁叶茂，蜿蜒曲折的树枝蔓延到了邻居家的花园，遮住了邻居家花园的阳光。邻居家对此非常恼火，多次劝说约翰砍掉树枝。约翰对邻居的建议充耳不闻，两家为此事关系显得不如以前那样融洽。后来，邻居一气之下愤然砍掉了约翰家树木的主干，整棵树都枯萎了。约翰知道后，非常生气，跑到邻居家大吵一顿，两家从此后不再说话。

就这样过了几年，两家关系始终僵持着，谁都不愿意先低头讲和。直到有一次，约翰正在花园除草，丝毫没有注意到一个醉汉驾驶着一辆车正飞快地驶来。在酒精的作用下，醉汉毫不清醒。突然，车朝着正在劳作的约翰了冲过来。这一幕被邻居看到了，邻居大叫一声"快躲开"，约翰猛回头，已经来不及躲闪，车辆就轧过了他的双腿，他顿时晕了过去。邻居迅速拨了急救电话，并赶紧报警。在救护车到达之前的时间里，邻居对约翰进行了紧急救护，做了简单的包扎。很快，约翰被送到医院进行了抢救。所幸，由于抢救及时保住了双腿。经过几个月的治疗、护理，约翰很快恢复了健康。他们一家对邻居非常感谢。如果没有邻居的及时帮助，后果不堪设想。此时，两家人对此唏嘘不已，感触良久。两家也就此抛开了以往的恩恩怨怨，重归于好。

面对生命的威胁，约翰的邻居没有选择漠不关心，幸灾乐祸地等待悲剧的发生，而是在那紧要关头在头脑里产生了一定要挽救约翰的念头。正是他这种冰释前嫌的宽容，最终挽救了约翰的生命，也挽回了他们的友谊。在当今社会，人与人相处，矛盾、摩擦、冲突不可避免，我们要学会以宽容去化解、去原谅他人。

英国著名历史学家、毕业于剑桥大学的特立威廉曾讲过一个二战期间的故事。

在第二次世界大战期间，一支英军与一支德军在森林中相遇，激战一夜后有两名英国士兵与部队失去了联系，这两名士兵来自于同一个小镇。

两名英国士兵在森林中艰难跋涉，他们相互鼓励、相互安慰。十多天过去了，仍未与部队联系上。这一天，他们打死了一只鹿，依靠鹿肉又艰难度地过了几天。可是整个森林除了一只鹿之外，他们再也没看到过其他动物。他们仅剩下的一点鹿肉，背在年轻战士的身上。这一天，他们在森林中又一次与敌人相遇，经过再一次激战，他们巧妙地避开了敌人。就在自以为已经安全时，只听一声枪响，走在前面的年轻战士中了一枪——幸亏伤在肩膀上！后面的士兵惶恐地跑了过来，他害怕得语无伦次，抱着战友的身体泪流不止，并赶快把自己的衬衣撕下为其包扎。

晚上，未受伤的士兵一直念叨着母亲的名字，两眼直勾勾的。他们都以为熬不过这一关了，尽管饥饿难忍，可他们谁也没有动身边的鹿肉。天知道他们是怎么过的那一夜。第二天，部队救了他们。

事隔多年，那位受伤的战士杰克说："我知道谁开的那一枪，他就是我的战友。当时在他抱住我时，我碰到他发热的枪管。我怎么也不明白，他为什么对我开枪？但当晚我就宽恕了他。我知道他想独吞我身上的鹿肉，我也知道他想为了他的母亲而活下来。接下来这么多年，我装作根本不知道此事，也从不提及。战争太残酷了，他母亲还是没能等到他回来。我和他一起祭奠了老人家。那一天，他跪下来，请求我原谅他，我没让他说下去。我们又做了几十年的朋友，我宽容了他。"

如果当时这个中枪的士兵一直对对方想要杀害自己这件事情耿耿于怀，并且立刻加以责难的话，那后果是不堪设想的——他可能最终会被战友再次开枪杀死。他的宽容不仅感化了对方，还挽救了自己。所以，有涵养的人，遇到让自己生气的事情，往往不是想方设法来打击、报复对方，而是沉住气，进行自我排遣，把愤怒用不伤害任何人的方式发泄出去，让自己的心境平复。

生活在当下，我们需要宽容这样一种高贵的品质、一种生存的智慧、一种生活的艺术，一种人生的境界。这种品质是人们在日常生活中不断砥砺品性、感悟人生，精神境界不断升华的结果。尤其是人们在经历了世事沧桑、人情冷暖之后，会明白宽容他人的重要所在。一个豁达开朗、心胸开阔的人，往往不会为琐事而斤斤计较，也就不会为此烦恼不已。拥有宽容的心态就能够远离纷扰。人们不再拘泥于人与人之间的是是非非、恩恩怨怨，反而能够遇事沉稳，以更加豁达、敞亮的心态迎接明天的阳光。

第八章

沉不住气，势必口无遮拦伤和气

说话的时候一定要三思而后言，注意时机和场合，权衡一下话说出后的利弊，平心静气地交谈往往更容易为人所接受。相反，如果沉不住气，过激、过头、过火的言辞不但有失分寸，而且会增加对方的对立情绪，给自己造成不必要的麻烦。

·说话要三思而后言·

大概没有人会故意挖空心思去得罪别人，很多时候我们得罪别人不是出自内心，而是自己在语言表达上出现了偏差，语言表达的一点偏差都可能导致意义的离题万里。若想减少这种不必要的麻烦，最重要的一点便是不要让自己的嘴巴比脑子转得还快。

嘴巴比脑子转得还快的人大概可以分为两种：一种是急智之才，脱口而出，出口成章，往往瞬间令人拍案叫绝；另一种是说话不经过大脑但天资有限的人，往往是出口伤人，有时会达到无法收场的地步。

前一种人是天才，这种人百里挑一，后一种人却是随处可见，一抓一大把。说话不经过大脑思考，极有可能得罪别人却不自知，等到明白过来后急着弥补时，往往是越急越坏事，到头来好话说了一大堆，人却得罪了不少。

一个剃头师傅家被盗劫。第二天，剃头师傅到主顾家剃头，愁容满面。主顾问他为何发愁，师傅答道："昨夜强盗将我一年的积蓄劫去，仔细想来，只当替强盗剃了一年的头。"主顾怒而逐之，另换一剃头师傅。这位师傅问："先前有一师傅服侍您，为何换人？"主顾就把前面发生的事细说了一遍，这位师傅听了，点

头道："像这样不会说话的人，真是砸自己的饭碗。"

言者无心，可听者有意，几句不经大脑的话语，便产生了这种让人哭笑不得的误会。口不择言，嘴巴比脑袋转得还要快的人，就会闹出许多笑话，甚至得罪了别人却不自知。

说话要讲究艺术，说话要三思而后言，如此才能把话说到别人心坎里，才能保证说话质量。阿里巴巴董事局主席马云说："傻瓜用嘴说话，聪明人用脑说话，智慧人用心说话"。其实话都是从嘴说出来的。马云的意思说，不经过大脑思考或不发自内心的话，是傻话；聪明人说话，是经过大脑思考后才说出来；而有智慧的人说话，不仅经过大脑思考，而且发自内心，这就要进一个层次。

南齐太祖萧道成提出要与当时著名的书法家王僧虔比试书法，君臣二人都认真地写了一幅楷书。然后齐太祖就问王僧虔："你说说，谁第一，谁第二？"王僧虔不愿贬低自己，又不敢得罪皇帝，于是答道："为臣之书法，人臣中第一；陛下之书法，皇帝中第一。"齐太祖听后，只好一笑了之。

王僧虔这种分而论之的回答是相当巧妙的，表面上是顾及了皇帝的尊严，君臣不能互相比较，实际上是回避了不愿贬抑自己，又不敢得罪皇帝的难题。真可谓是一举两得、一箭双雕。

所以，在任何时候都要三思而后言，切忌让自己的嘴巴比脑子转得还快，否则，吃苦头的必定是你自己。因此，在说话之前，一定要沉住气，认真思考一番。比如，思考一下对方的身份、说话的场合、话语可能会产生的效果等等，总之，要确保自己说的每一句话都是有益的，都是有效果的。

·不该说、不必说的不说·

古人说得好："逢人只说三分话，未可全抛一片心。"没错，为了自我保护，我们绝不能一时兴起就把自己的心思、想法和盘托出。当然，根据对象、场合说不同的话，并不是要做个虚伪、城府深的人，更不是要去撒谎。只身闯荡社会的人，需要有大智大勇，更需要有谨慎的态度，你如果一下子就把心掏出来给对方，用心和他交往，那就有可能"受伤"。

有一天，狮子把羊叫过来问自己是否很臭，羊说："是的。"狮子就把它的脑袋咬掉了。狮子又把狼叫来，问同样的问题，狼说："不臭。"狮子把狼撕成了碎

块。最后，狮子把狐狸叫来问，狐狸说："我感冒得很厉害，闻不出来。"结果狐狸保住了性命。

把心掏出来，这代表你对他人付出的是一片真诚和热情，但是世上知己能有几人，真能与你以一颗真心相待的人是不多的。况且，知人知面难知心，看似对方也对你掏心窝子，但难保他掏的不是"假心"，一旦你遇到别有居心的小人，刚好利用了你的坦诚，使你受到欺骗，这就像痴情女对薄情郎一般，最终受伤的只能是你自己。而居心不良的人，就会因此把你玩弄于股掌之中。

在人际交往中，千万不要轻易相信陌生人，只有经过与对方的长时间交往，才能慢慢看清对方的本质。到那个时候，如果你发现别人真的值得信任，你再对他推心置腹也不晚。

大学毕业后，小张在北京找了份在市场部做销售的工作，毕竟刚刚参加工作，小张对这份工作非常珍惜。在公司，小张想尽力搞好人际关系，她认为这样才能进步，于是对所有人都非常好。

同做销售的有一个叫小林的女孩子，跟小张年龄相仿，她性格很开朗，总和小张一起聊时尚、聊衣服，有时候两个人还一起吃饭、逛街。

工作了两个多月之后，小张和小林的业绩都很不错，但经理仿佛更重视小张，他经常会叫小张到他办公室谈论一下销售的情况，顺便拉拉家常。小张见经理很重视自己，也非常有信心，希望能凭借自己的努力，早日当上业务主管。

一次，小张照旧被经理叫去谈业务，然而，这个四十多岁的经理，却对小张动起了手脚，小张立马拒绝，跑了出去。

小张非常生气，可是怕丢掉工作，只能忍气吞声。晚上和小林一起吃饭的时候，她把经理的所作所为告诉了小林。小林听后也非常气愤，为小张抱不平。

第二天，小张一到公司就发现身边的同事们看她的眼神怪怪的。她走出办公室，看到不远处小林和另一个同事谈笑风生，那个同事经过她旁边的时候故意怪声怪气的跟别人咬耳朵："……风骚得很，怪不得领导这么看重。"

小张一下子全都明白了，经理为难加上同事奚落，小张只好辞职了。于是，小林升至业务主管。

在职场中，像小林这样的人确实不少，用一些柴米油盐、天上地下、言之无物的东西和你拉近关系。如果你告诉他你的秘密，即使他不会泄露出去，在关键时刻，他也可能会拿出你的秘密作为武器攻击你、要挟你，你的竞争力就大大削

弱了，从而使你在竞争中失败。

不可事事对人言，是指你所做的事，并不是必须尽情地告诉别人。只说三分话，是不必说、不该说的意思，不是不诚实，也不是狡猾。

孔子说："不得其人而言，谓之失言。"我们对他人表露心思的时候，还要考虑对方愿不愿意听，彼此关系浅薄。

不管是不可说还是不该说，对所有不可尽言的人，不要鲁莽，要只说三分话。

·静心倾听，把优越感让给别人·

法国哲学家罗西法古曾经说："如果你要得到仇人，就表现得比你的朋友优越吧；如果你要得到朋友，就让你的朋友表现得比你优越。"

的确如此，也许，你会认为人际场上能说会道的人最受欢迎，其实，善于倾听的人才是真正会讨人欢心的人。会说的人，有锋芒毕露的时候，难免会因为得意张扬而夸夸其谈，油嘴滑舌，说过分了还可能导致言多必有失，祸从口出。

静心倾听就没有这些弊病，倒有兼听则明的好处。用心听，把优越感让给别人，给人的印象是谦虚好学，是专心稳重，诚实可靠。仔细听能减少不成熟的评论，避免不必要的误解。善于倾听的人常常会有意想不到的收获：蒲松龄因为虚心听取路人的述说，记下了许多聊斋故事；唐太宗因为兼听而成明主；齐桓公因为细听而善任管仲；刘玄德因为恭听而鼎足天下。

辛格曼·弗洛伊德要算是近代最伟大的倾听大师了。一位曾遇到过弗洛伊德的人，描述着他倾听别人时的态度："那简直太令我震惊了，我永远都不会忘记他。他的那种特质，我从没有在别人身上看到过，我也从没有见过这么专注的人，有这么敏锐的灵魂洞察和凝视事情的能力。他的眼光是那么谦逊和温和，他的声音低沉，姿势很少。但是他对我的那份专注，他表现出的喜欢我说话的态度——即使我说得不好，还是一样，这些真的是非比寻常。你真的无法想象，别人像这样听你说话所代表的意义是什么。"

有人说，上帝创造人的时候，为什么只有一张嘴，却有两个耳朵呢？那是为了让我们少说多听。静听他人的声音，并通过这种静听打开生活的玄机，既是对人世的洞明，也是对人生的洞彻。

美国南北战争曾经陷入一个困难的境地，当时身为美国总统的林肯，心中有来自多方面的压力。他把他的一位老朋友请到白宫，让他倾听自己的问题。

林肯和这位老朋友谈了好几个小时。他谈到了发表一篇解放黑奴宣言是否可行的问题。林肯一一检讨了这一行动的可行和不可行的理由，然后把一些信和报纸上的文章念出来。有些人怪他不解放黑奴，有些人则因为怕他解放黑奴而谩骂他。

在谈了数小时后，林肯跟这位老朋友握握手，甚至没问他的看法，就把他送走了。

这位朋友后来回忆说：当时林肯一个人说个不停，这似乎使他的心境清晰起来。并且，林肯在说过这些话后，似乎觉得心情舒畅多了。

当时遇到巨大麻烦的林肯，不是需要别人给他忠告，而只是需要一位友善的、具有同情心的倾听者，以便减缓心理上的巨大压力，解脱思想上的极度苦闷。

心理学家已经证实：倾听可以减除他人的压力，帮助他人清理思绪。倾听对方的任何一种意见或议论就是尊重，以同情和理解的心情倾听别人的谈话，不仅是维系人际关系，保持友谊的最有效的方法，更是解决冲突、矛盾和处理抱怨的最好方法。

根据人性的特点，人们往往对自己的事更感兴趣，对自己的问题更关注，更喜欢自我表现。一旦有人专心倾听谈论自己时，就会感受自己被重视，这是一种十分微妙的自我陶醉的心理：有人愿意听就觉得高兴，有人乐意听就觉得感激。

倾听他人的声音，就能真实地了解他人，增加沟通的效力。一个不懂得倾听的人，通常也是一个不尊重别人的观点和立场、缺乏协调性的人，这种人不可避免地会造成他人的反感。比如，一名推销员向某位顾客推销时，对顾客提出的种种问题表示关切，顾客就会感到很开心。见到此状，推销员应进一步表现出自己是很好的听众，此时，顾客不仅乐意讲，也愿意让你听他讲，这是一种互惠的关系，而这种关系就是成功的第一步。无论是哪一种顾客，对于肯听自己说话的人都特别有好感。

一言以蔽之，能成为一名好的听众，有助于建立融洽的人际关系，善于倾听等于向成功迈进了一大步。

在美国，曾有科学家对同一批受过训练的保险推销员进行研究。这批推销员接受同样的培训，业绩却相差很大。科学家抽取其中业绩最好的10%和最差的10%作对照，研究他们每次推销时自己开口讲多长时间的话。研究结果很有意思：业绩最差的10%，每次推销时说话的时间累计为30分钟；业绩最好的10%，每次说话的时间只有12分钟。

为什么只说12分钟的推销员业绩反而高呢？很显然，他说得少，自然听得

多；听得多，对顾客的各种情况、疑惑、内心想法自然了解得多，他会采取相应措施去解决问题，结果业绩自然优秀。

日本的“经营之神”松下幸之助就特别善于倾听。他说，如果你手下的人提的意见、建议你都不听，那长此以往，他们就不愿再提了，脑子也不愿开动了。因为提了也没有用，听你的不就完了吗！这样做的结果，手下的人还有积极性吗？脑子还会开动吗？智慧还能激发出来吗？显然不行，这样公司会死气沉沉的。

善于倾听，还能使你有好人缘。为什么？因为一般人喜欢讲，不善于听。因此，他喜欢讲，你正好喜欢听，那自然是一种特别和谐、特别美妙的组合。

一次，卡耐基到一个著名的植物学家那里做客，整个晚上，植物学家都津津有味地给卡耐基谈各种千奇百怪的植物。卡耐基听得津津有味，目不转睛，像个特别喜欢听故事的孩子，中间只是偶尔问一两句。没想到，离开时，植物学家紧紧握着卡耐基的手，显得特别高兴和满足，还兴奋地对卡耐基说：“你是我遇到的最好的谈话专家。”

善于倾听，意味着要有足够的耐心对别人的话题感兴趣。如果你认为生活像剧院，自己就站在舞台上，而别人只是观众，自己正在将表演的角色发挥得淋漓尽致，而别人也都注视着自己。如果你有这种习惯，那你会变得自高自大，以自我为中心，也永远学不会聆听，永远无法了解别人。

从现在开始，多倾听别人的心声，将他们当作世上独一无二的人对待，你将发现你比以往任何时候都更受欢迎。

·好争辩不是好事·

生活和工作中我们会遇到形形色色的人，我们既要用大智慧守住自己的根本，同时也不能过于古板，在特殊情况下面对特殊的人，有时候我们也需要一点“小聪明”。比如，面对一些夸夸其谈的人，与之争辩并不是好办法，如果不善雄辩，就会因为争论失败反而会让对的事情站不住脚。这时候我们不如回避，用另一种办法对付无聊的争辩，也许能达到意想不到的效果。

北宋初年，南唐还没有纳入宋的版图，此时南唐后主李煜已经向北宋称臣，每年向北宋纳贡。

有一年，南唐派使者前来纳贡。派遣的使者是江南最有学问的文士徐铉。按照惯例，北宋政府要派官员做押运使，接受贡品。但是满朝文臣都自认为才学不及徐铉，怕丢了大宋的面子，被南唐使者耻笑，因而没有人敢前去做押运使。

太祖深知徐铉的学问和为人，便传旨要求呈上一份不识字的殿侍名单。宋太祖看了一眼名单，用笔随便一点，说："此人可以。"众大臣颇感惊讶，皇上怎么会派一个如此愚笨的人去陪同满腹经纶的徐铉呢？

被点名的殿侍还没弄清楚怎么回事，就被糊里糊涂地派到了江南。当这位殿侍陪伴徐铉上路后，从渡江开始，徐铉便妙语连珠、语惊四座，令同船的人叹服不已，唯独陪同他的这位殿侍默不作声，除了点头应是，其他的时候一言不发。

徐铉好生奇怪，不知这人学问深浅，便饶有兴致地与他攀谈，卖弄自己的学问，满认为这样会使对方感到自惭形秽。谁知殿侍仍旧点头称是，既不发表意见，也不回答问题。这样一连几天，徐铉深感没趣，傲气渐失，只好乖乖地随殿侍来到京城。

其实很多像徐铉这样的人无非是想博得别人对他的称赞，你越是与之争辩，他就越是得寸进尺地炫耀自己的"才华"。更有甚者，用争辩的胜利来换取一种自我价值的肯定，事实上却显示出内心的苍白和空虚。

争辩的目的无非是分出对与错，其实很多事情都是没有对错的，对待同一件事应该允许不同观点的存在，"求同存异"才是问题的解决之道。面对看法不同的事情，我们直接想的就是"我怎样才能把对方驳倒，彻底消除反对的意见和分歧"，驳倒对方或许不难，但是我们能靠辩论赢得他们的心吗？

老和尚有三个徒弟，最小的师弟慧根最深，他经常帮助两位师兄干活而不计较得失。有一天，小师弟跑到师父的禅房说："师父，两位师兄为了一件小事吵得不可开交，谁也不肯让谁。您看可怎么办啊？"师父听完小师弟的诉说之后对他耳语了几句，便挥挥手让他去了。

小师弟来到大师兄的禅房，听他滔滔不绝地把自己的道理说了一番，小师弟郑重其事地说："大师兄，我都知道，师父说了，你是对的！"大师兄听后得意扬扬地四处宣扬去了。

小师弟又来到二师兄的禅房，听他同样滔滔不绝地诉说，小师弟也郑重其事地说："二师兄，我都知道，师父说了，你是对的！"二师兄听后果然也是兴高采烈。

最后，小师弟还是忍不住回到了师父的禅房问个究竟："师父，您平时不是教我们要诚实，不可说违背良心的谎话吗？可是您让我对两位师兄都说他们是对

的，这岂不是违背了您平日的教导吗？”师父听完了之后，微笑着对他说：“你是对的！”小师弟瞬间领悟了师父的话，拜谢师父的教诲。

一句“你是对的”便可化干戈为玉帛，如果能够多站在别人的角度考虑，凡事都以他人为先，那么很多不必要的冲突与争执就可以避免了。这个世界上没有绝对的对与错，主要看你从哪个角度去看待，不同的角度便有不同的结果。

当然，如果有人言语挑衅，我们不必忍气吞声，对于他们的断章取义、偷换概念、哗众取宠，我们可以用从容的态度指出。因为心里是非明了，所以不怕攻击。但多数情况下，人们并没有恶意，只不过因为每一个人都坚持自己的想法或意见，无法将心比心、设身处地地去考虑另外的角度，所以没有办法站在别人的立场去为他人着想，冲突与争执也因此就在所难免了。遇到这种情况，如果你偏要反复解释或还击，结果就有可能越描越黑，事情越闹越大。最好的解决方法是，不妨把心胸放宽一些，装装糊涂，睁一只眼闭一只眼，也许事情就会朝着你希望的方向发展。

·话到完时留半句，理从真处让三分·

花不可开得太盛，盛极必衰；话也不可说得太满，满必有所失。对于你没有十足把握的事情，不要把话说得太满。给自己留些余地，才不会常受“坦率”之害。

“知无不言，言无不尽”的人给人开始的印象总是比较好的，大家会认为你很老实和忠厚，可是，渐渐地他们会发现原来你头脑简单、思想简单，在没有一种自我保护机制的情况下，常常会吃亏。

另外，“坦率”的人还常常伤害别人。这种人想说什么就说什么，毫无掩盖，直来直去而且不分场合。你的“坦率”会在连你自己也不知觉的情况下，就伤害了别人。这样，你在无形之中就树立了无数潜在的敌人。

最后，“坦率”的人还会被别人利用，因为你“坦率”，所以你对事情的看法往往很浅薄，而且很容易被对方的话激怒，同时也很快做出承诺为某人打抱不平，与其当你在梦醒后发现自己被人利用，倒不如早点醒悟过来，警惕自己，多要求、告诫自己，切不可过于“坦率”和感情用事，“坦率”的背后一定要有理性和智慧的支配，否则，一旦“人有失言”，就有可能使自己陷入困境当中。

威尔逊刚就任俄亥俄州的州长之时，在一次宴会上，宴会主席向在座众人介绍，说威尔逊是“未来的美国大总统”，这只是主席对威尔逊的称颂罢了。

威尔逊在即兴发言时，给大家讲了一个故事："在加拿大有一群垂钓的游客，其中一名叫作强森的人，大胆地试饮某种有危险性的酒。强森喝了过多那种有害的酒后，便和其他同伴欲搭火车回去，但是，他却不搭北上的火车，反乘了南下的火车。大家急于把他找回来，就打电话给那班南下列车的车长：'请将一位叫强森的矮个子，送往北上的火车，他喝醉了。'不久，他们就收到车长的回电，表示：'请再详示其特征。本列车中有十三名醉酒的乘客。他们既不知自己的姓名，更不知目的是何方。'"威尔逊笑着说，"而我威尔逊，确知自己的姓名，可是，却不能像你们的主席一样，确实知道我将来的目的地在哪里。"四座的人士一听都哄然大笑。

威尔逊用一个巧妙的故事补救了主席的"口误"，"我不知道目的地在哪里"，能否当选总统还未可知呢！给自己留下了余地，避免了日后可能产生的问题，还为在座的众人留下了谦逊有礼的印象。

威尔逊的一番话不仅化解了尴尬的气氛，同时也为自己将来的去向留了余地。如果威尔逊没有适时化解主席的口误，而是为自己的总统之路做过多的畅想，这样除了让人觉得他自大、不踏实之外，还会令其陷入一种被动境地，因为说话太满则等于断了自己以后变通的余地。

人心是最复杂的东西，把心腹之言都掏出来，固然真诚可敬，但往往会触犯人身上的逆鳞；把话说得太满，就会印证那句"水满则溢，月盈则亏"的金玉良言，将自己陷于被动的境地。

"马有失蹄，人有失言"，把话说满了往往会使自己丧失余地，从而在交际场上招来误会，为自己留下隐患。

如果有什么话，想要脱口而出时，不妨先从大脑中过滤一下，让嘴巴比脑子慢半拍，说出来的话自然就不至于太满，也不致使自己没有回旋的余地了。

· 嘴巴不一定要加把锁，但一定要加把尺子 ·

纵观古今，凡是有作为的人，都把说话讲分寸作为必备的修养之一。什么是"分寸"？从一定意义上说，分寸是一种不偏不倚、可进可退的中庸哲学。但中庸之道的抽象，不足以恰当地把握其中的内涵，而分寸之道，却是一种被形象化了的尺度，更易于让人明确地把握，具有可为人所用的实际操作性。

可以把握分寸的人，在与人交往言谈的过程中，能收能放，能转弯，能下

台，能适可而止，能留有余地，能使对方知难而退，也能使自己保持主动。没有分寸感的人，说起话来，一发不可收，没有回旋的余地，往往为了一些无关痛痒的小事弄成僵局，发生激烈的争吵，造成难以挽回的后果。这样的事例比比皆是：

原美国哥伦比亚广播公司著名主持人唐·伊穆斯，有着极高的语言天赋，谈吐幽默风趣，由他主持的节目，往往收视率常红。这位曾被《时代》杂志评为对美国影响最大的25位人物之一的“名嘴”，却为自己不负责任的言论付出了惨重的代价。

一次，伊穆斯在节目中形容拉特格斯大学女子篮球队的黑人女队员为“卷毛妓女”，还说她们是“粗犷女孩，身上有刺青”。由于该队的队员大部分是黑人，伊穆斯的这番话立刻在全美引起轩然大波。一些黑人团体、民权组织纷纷抗议，并呼吁广告商抵制伊穆斯的节目。尽管伊穆斯后来反复道歉，但仍未能平息众怒。最后，哥伦比亚广播公司迫于舆论压力，无奈之下只能将他解雇。

俗话说“言多必失”，“分寸”二字无处不在，日常生活中，不管是与人说话、交往，还是办事，时时处处都蕴藏着分寸的玄机。如果一个人在社会上不会把握分寸，就说不好话，办不好事，更不用说愉快地与人交往了。

说话要注意分寸，一句话说对了，可能事半功倍。而一句话说过了，则可能“一着走错，满盘皆输”。因此，要想立足于社会并取得成功，就一定要把握好说话的分寸。

注意分寸，循序渐进，既是找人办事情的小技巧，也是获得成功的一个重要原则。为达到好的说话效果，说话应该应由浅及深、由小到大、由微至著、由轻加重。如果一开始就有太大的请求，一定会遭到对方断然拒绝。因此，请人办事时，应该沉住气，拿捏好分寸，不能太急，让别人一步一步地接受你的说法，最后答应帮你办事。

若想成就一番事业，求人办事是在所难免的。而以下这些禁忌话题是你在说话时所必须注意的。

（1）对方的健康状况。除了自己的亲朋好友，很多人都不希望他人过多地知晓自己的身体状况，特别是那些有严重疾病的人，更不希望自己成为关注的焦点对象。

（2）有争议性的话题。除非你很清楚对方立场，否则应避免谈到具有争议性的敏感话题，极易引起双方对立僵持的局面。

（3）东西的价格。一个人的话题若老是绕着“这值多少钱？那值多少钱？”便会令对方觉得你是个俗不可耐的人，那么你在对方心中的形象就会大打折扣。

此外，要想做到说话有分寸，还需要提高自己的素质，注意下面几点。

1. 说话时要认清自己的身份

任何人，在任何场合说话，都有自己的特定身份。这种身份，也就是自己当时的“角色地位”。比如，在自己家庭里，对子女来说你是父亲或母亲，对父母来说你又成了儿子或女儿。如用对小孩子说话的语气对老人或长辈说话就不合适了，因为这是不礼貌的，是有失“分寸”的。

2. 说话要有善意

所谓善意，也就是与人为善。俗话说：“好话一句三冬暖，恶语伤人六月寒。”那些犯了错误的人，有时候需要我们提出忠告，这时言语中的分寸感更是需要细心地加以把握。

3. 说话要尽量客观

这里说的客观，就是尊重事实。事实是怎么样就怎么样，应该实事求是地反映客观实际。有些人喜欢主观臆测，信口开河，这样往往会把事情办糟。当然，客观地反映实际，也应视场合、对象，注意表达方式。

人与人之间要有分寸，人与事之间也要有分寸，尤其说话更要有分寸。如果没有分寸，就会有冲突，就会有是非，可能会不欢而散。

·适时沉默，比争论更有力量·

很多人容易犯这样一个错误：一旦别人谈到自己时，尤其是不利于自己的情况时，往往会打断他，与之进行争论。其实，这并不是明智之举。有时候，沉默比争论更有力量。

沉默本身没有力量，但能表现出力量。沉默并不只是一味地不说话，而是一种沉着冷静、成竹在胸的姿态，尤其在神态上表现出一种运筹帷幄、决胜千里的自信，以此来逼得对方沉不住气，先亮出底牌。

许多心理战场的高手经常利用“沉默”这一策略来击败对手。他们可以制造沉默，也有方法打破沉默，并以此达到目的。因为长时间的沉默会给人造成极大的心理压力，让人为之疯狂，所以许多人常常会沉不住气。

沉不住气的人在冷静的人面前最容易失败，因为急躁的心情已经占据了他们的内心，他们没有时间考虑自己的地位和处境，更不会坐下来认真地思索有效的对策。在最常见的讨价还价中，他们总是不等对方发言，就迫不及待地报出自己的底线，最后让别人钻了自己的空子。

爱迪生发明自动发报机之后，他想卖掉这项发明专利和制造技术，然后建造一个实验室。因为不熟悉市场行情，不知道能卖多少钱，爱迪生便与夫人米娜商量。

米娜给爱迪生出了一个主意，说："卖两万美元吧。你建造一个实验室至少要两万美元。"

当时，爱迪生已经是一位小有名气的发明家了。一位商人听说这件事，亲自上门，跟爱迪生商谈购买该项发明专利的事宜。

谈判到最后，这位商人问到价钱。因为米娜有事外出，爱迪生想等米娜回来后再一起跟商人谈价钱。在米娜回来之前，爱迪生打算一直保持沉默。

过了好久，米娜还没有回来，商人坐不住了，说："那我先开个价吧，10万美元，怎么样？"

这个价格非常出乎爱迪生的意料，他心中大喜，当场不假思索地和商人拍板成交。后来爱迪生对他妻子米娜开玩笑说："没想到沉默了一会儿，就赚了8万美元。"

爱迪生就是借助沉默的力量，成功地卖出了自己的专利，并取得丰厚的回报。沉默是金。在人生的很多关口，譬如面对一个强词夺理的争论时，适时的沉默能够给对方和自己都留有余地，让我们看到前程和退路。

"静者心多妙，超然思不群。"沉默是无声的语言，有一种埋藏在深处的震撼力。沉默可以积蓄力量，力量更多的是以沉默的方式表现出来的。沉默是一种气度，只有沉浸其中，才能体味到它的价值。

·心事烂在肚子里，不给长舌者露"谈资"·

社交圈中有这样一种人：他们喝着自己碗里的茶，或透露一些别人的隐私，或影射别人的人格，不管是直接散布，还是委婉传播，不管是加油添醋，还是扬沙子泼凉水，都是在破坏与他人的关系。

他们通常被称为长舌者，在其所处的社交圈中，他们绝不会漏过一个人，不管你说什么、做什么，他都能自成一体地创造一些情节和事端。你偶尔开玩笑说一句什么话，他们都会“听者有心”，将它制造成特别新闻，给你造成麻烦、恼怒、误会和痛苦。

众所周知，谣言的起始端就是口。上帝给了每个人一张嘴，有些人三缄其口，长舌者却大用特用，造出一堆又一堆的传说、小道消息、秘密报告、非议，等等。倘若他们从你口中套出口实，再加以揣测，于众人中传播，转瞬之间即能摧毁你的“贞节”。恶名易得，因为坏事易被相信而难辩白，因此，对付长舌者，我们必须把好口关，把心事烂在肚子里，以免一时失误而后悔。

马林因为不懂保护隐私，吃了大亏。他刚入职场时，怀着很单纯的想法，像大学时代对室友们那样无话不说，常将自己的一些经历及想法毫不设防地对同事讲。马林工作不久，就因出色的表现成为部门经理的热门人选。

可他曾无意中告诉同事，他的父亲与董事长私交甚好。于是，大家对他的关注集中在他与董事长的私人关系上，而忽视了他的工作能力。最后，董事长为了显示“公平”，任命了一位能力和他差不多的职员为部门经理。

可见，如果他保护好自己的隐私，也许就能得到这个升职的机会。因为老板们都欣赏公私分明的员工，敬业不仅意味着勤奋工作，更意味着以大局为重，不把私事带到工作领域中来。生活中，很多人都和马林一样，有一个共同的毛病：心里藏不住事儿，有一点点喜怒哀乐，就总想找个人谈谈；更有甚者，不分时间、对象、场合，见什么人都把心事往外吐。

其实这也没有什么不对，好的东西要与人分享，坏的东西当然不能让它沉积在心里，“可以”说并不等于“随便”说，因为你每个倾诉对象都是不一样的，说心里话的时候一定要三思才行，该说则说，不该说千万别说。

我们可以学着换位思考，站在别人的角度想一想，也许更能理解为什么有些话不该说，有些事不该让别人知道。全面地看待问题，会有助于你权衡什么该说，什么不该说。保护隐私，一来是为了让自己不受伤害，二来也是为了更好地与人相处。不过，也没必要草木皆兵，若对一切问题都三缄其口，也很容易让人觉得你不近情理。有时，拿自己的缺点自嘲一把，或和大家一起开一些无伤大雅的玩笑，会让人觉得你有气度、够亲切。

之所以要这么慎重，是因为隐私的倾吐会泄露一个人的脆弱面，这脆弱面会让人改变对你的印象，虽然有的人欣赏你“人性”的一面，但有的人却会因此而下意识地看不起你，最糟糕的是脆弱面被别人掌握住，会成为你的致命伤，这一点不一定会发生，但你必须预防。

其次，有些隐私带有危险性与机密性，当你毫不顾及地倾吐这些隐私时，可能有一天会被人拿来当成对付你的武器，你是怎么吃亏的，恐怕连自己都不知道。

即使对好朋友也该有所保留：不可随便说出来，你要说的隐私还是要有所筛选，因为你目前的“好”朋友未必是你未来的“好”朋友，这一点你必须了解。

然而，闭紧心扉，“滴水不漏”也不是好事，因为这样你就会被人看作不可捉摸与亲近的人了。这样非常不利于人生的发展。

所以，真正聪明的人应该这样做：偶尔说说无关紧要的“隐私”给你周围的人听，以降低他们对你的揣测与戒心。同时，更要对自己真正的“隐私”三缄其口，这样，你才能在生活和工作中游刃有余，春风得意。

第九章

沉不住气，难免心浮气躁没生气

在追求幸福的道路上，许多的努力不是一下子就可以看到成果的，需要忍耐和等待。有了忍耐，才有了坚持以及坚持的可贵；有了等待，才有了希望以及希望的美丽。其实，不但幸福需要忍耐和等待，在一定程度上，忍耐和等待本身就是幸福。忍耐和等待的结果并不重要，重要的是忍耐和等待的过程，幸福的意义就在这个过程中。

·用时间沉淀幸福的感觉·

做人如登山，每个人都是从山底出发，仰望着那看似高不可攀的峰顶。只要心怀一颗平常心，勇敢地在人生的旅途中开拓进取，在某一时刻蓦然回首时，你就会发现，自己已经到达人生的顶峰，可以“一览众山小”。

做人应常怀一颗平常心，如果没有平常心，行走在人生的旅途中就会患得患失、自私自利、心灵难有真平静。修平常心，是为了更好的进取，否则人生将在原点打转，永远看不到山顶的风景。

平常心让幸福成为一种沉淀心底的感觉，随时随地都可以漾起微波，在人的心底荡起层层涟漪。

苏轼因“乌台诗案”被贬到黄州做小吏，于城东开荒种地，在黄州的第三个春天，苏轼写下了一首通透的小词：“莫听穿林打叶声，何妨吟啸且徐行。竹杖芒鞋轻胜马，谁怕？一蓑烟雨任平生。料峭春风吹酒醒，微冷，山头斜照却相迎。回首向来萧瑟处，归去，也无风雨也无晴。”

词中描述野外途中偶遇风雨这一生活中的小事，于简朴中见深意，于寻常处

生奇景，特别是其词注更是有几分禅性："三月七日沙湖道中遇雨。雨具先去，同行皆狼狈，余独不觉。已而遂晴，故作此。"

"余独不觉"表现出诗人旷达超脱的胸襟。面对人生的沉浮、利害得失、情感的忧乐，他的理解是"也无风雨也无晴"，这就是一种对人生深度理解后心灵的回归，心与天地同呼吸，与万物共命运，和谐共存，从而达到的平常心境。

当然苏轼的平常心并不是对命运的妥协，并不是丧失进取，即使仕途失意，他依然在文学路上不断前行，最终达到顶峰，成为中国历史上最璀璨的一颗星。

苏轼就是在平常心中不断进取的典范。为人具有平常心，他就能不以物喜，不以己忧。波澜不惊，生死不畏，利不能诱，邪不可干，就能潇洒地活在世界上，不为物累，不为人忙，只求心中的一份安宁与惬意。

拥有一颗淡定的平常心，也并不是让人安于现状，不思进取。安于现状的人其结果是身心的怠惰与生命的枯萎，而平常心绝不是让生命枯萎，它更是让生命之花在惬意、平和中傲然绽放。

因此，在平常心这份土壤中，生长着一份淡然的心境，也只有在生活的过程中，才能体会平常心的可贵。如果你持一种悲观颓废、安于现状、甘于平庸的心态去对待生活，你就会如苍茫大海上的一叶孤舟，随时可能迷失方向，甚至还会颠覆、夭折。

如果你以轻松、明朗的心态去迎接生活，以勇锐盖过怯弱，以进取压倒苟安，你的人生将阳光普照、鸟语花香。是的，我们不能决定人生的长度，但我们可以用平常心拓展人生的宽度。

·人情世故要看透，赤子之心不可丢·

人这一辈子最无忧无虑的是童年。当你还是个孩童，你从不会认为活着是件很累的事情，似乎所有的事情都理所当然。虽然你也会好奇为什么天是蓝的，草是绿的，但你并不在乎真正的缘由。人一旦长大，接触的事情多了，要考虑的东西多了，渴望的东西也变得多了，活着就变成一件很累的事。

其实并不是儿童更懂得如何生活，能够更好地洞悉事情的真相。而是因为成人早就失去了当初那颗赤子之心。所以，当你感觉到自己被生活的重负压得透不过气，不妨试着做回孩子，用纯净简单的心情去面对生活的纷扰。

孟子曾经说过，"大人者，不知其赤子之心者也"。这里的"大人"并不是

我们所说的成人，而是指能够成就大业的人。似乎人们从未意识到，孩童比起成人面对明确的目标或目的要更执着，大人在嘲笑他们的幼稚时，却从未意识到他们的执着。

凯尔泰斯·伊姆雷是一个匈牙利木材商的儿子，从小周围的人都嘲笑他愚笨，喜欢戏弄他。有一天，他做梦，梦到自己由于写文章获得了诺贝尔文学家。他高兴地醒来后，把这个梦告诉给所有他认识的人。那些嘲笑他的人告诉他，你那是在做梦而已，别在那儿痴人说梦了。可是他的妈妈却轻轻地摸了摸他的头，说："孩子，太好了，这是上帝给你的暗示啊。你是被上帝选中的人，拿起你手中的笔吧！"自此后，小凯尔泰斯真的热爱上了写作，甚至当他被抓进集中营的时候他也没有放弃。在集中营内每天都有数以百计的人死去，更有数不清的人被折磨得精神崩溃，然而凯尔泰斯凭借着自己要成为作家，要获得诺贝尔文学奖的念头支撑了下来。在他看来，只要能够坚持住，他就能从事他这辈子最热爱的职业。1965年，凯尔泰斯写出了他人生中的第一部作品。2002年，他像做梦一样站在了诺贝尔文学奖的领奖台上，获取了由瑞典皇家文学院授予的诺贝尔文学奖。

在他的获奖感言中有这么一句："我只知道，当你喜欢做这件事，多少困难你都不在乎时，上帝就会抽出身帮助你。"

也许有人会说凯尔泰斯·伊姆雷的成功是因为他日复一日的坚持，但没有人能够否认正是像孩子要抓住手中糖果一样的执着，让他坚持了下来。正是他的那颗赤子之心让他一直坚持到了梦想成真。

有多少人早已记不清自己童年时的梦想，又有多少人忘却了人活着最质朴的那颗童心。大人们总是生活在胆战心惊和相互猜忌之中，生怕别人看穿了自己的心思，以为这样才能够获得自己的想要的，却不知道最宝贵的东西就这样被无情地丢弃了。

帕斯卡尔说："智慧把我们带回到童年。"越是睿智的人越懂得孩童的珍贵，越了解在纷繁复杂的成人世界里，最需要的是试着做回一个孩子。

孩子并不懂得分辨钻石的价值，让他们面对钻石和玻璃球时，他们宁可放弃价值上万的钻石，也要拿不值一文用来玩耍嬉戏的玻璃球。当成人看到这样的抉择，都会掩面而笑，认为他们太过痴傻。可谁知道，真正应该被嘲笑的是早就钻进了名利世界的成人。

曾有人询问罗纳尔迪尼奥为什么能成为世界闻名的球员，他的成功有什么诀窍。罗纳尔迪尼奥挠了挠头，说他也不清楚，只是他觉得踢足球很有趣，是件能够让自己快乐的事。这个答案超乎了所有人的想象。

喜好是最好的老师，单纯的喜欢让罗纳尔迪尼奥将足球变成了一种艺术，也让他获得了成功。这其实和小孩子选玻璃球是一样的道理。面对人生的选择时，你要衡量的不应该是它们的实际价值或者价格，而是倾听自己心中的声音。

世界上最伟大最深刻的思想家并不是我们崇拜的哲人、智者，而是孩童。他们的思维因为简单而可贵，因为好奇而更容易认清世界。爱默生说："任何事物都不及伟大那样简单，事实上，能够简单便是伟大。"这样原始的思考问题的方式是任何复杂狡猾的人都无法比拟的。

就像《皇帝的新装》里一语说出真相的孩童，为什么当那些成年人都碍于种种借口种种理由时，那个孩子能一言说出真相。并不是那些成年人看不到，而是他们找借口说服自己，皇帝说的才是对的，他们用言语迷惑了自己。我们认为《皇帝的新装》中的皇帝、大臣很可笑，可现实生活中有多少人不是在自欺欺人呢？

联合国前秘书长安南在自己的庄园设宴举办慈善晚宴。许多社会名流以及富豪都纷纷赶来，为非洲贫困儿童募捐。在庄园的门口，保安们正小心谨慎地检查着来客的身份。只有那些手持邀请函的宾客和带有工作牌的工作人员才能进入。

一会儿，门口来了一个小女孩，她手里抱着一个小小的玩具想要闯进晚宴。门口的保安和这个小女孩产生了言语冲突，很快，宾客的目光被吸引了过去。只听见，那个小女孩突然大声说道："叔叔，慈善不是钱，是心，对么？让我进去吧！"

小女孩的言语赢得了在场所有宾客的掌声，同时也在所有宾客的心中重重地击打了一下。

为什么小女孩会被挡在门外，究其原因是她没受到邀请，而分发邀请函的标准是社会地位和钱。可是慈善真正需要的是心，并不是有钱才可以做慈善。固然那些腰缠万贯的人可以利用钱来帮助很多需要帮助的人，可是只要你有一颗慈善之心，你也可以帮到别人。

和大人相比，孩子们即便知识匮乏可是却能凭借着自己特有的好奇心、感受力和想象力说出事情的真相。如果我们能丢掉身上的名利包袱，像孩子一样思考，能够诚实、坦荡、率性地面对人生，不去考虑功名利禄，不去担心得罪别人，就会幸福许多。

·遵循生命自然的方式·

在人的一生中，会有许多的追求、许多的憧憬。追求真理，追求理想的生活，追求刻骨铭心的爱情，追求金钱，追求名誉和地位。有追求就会有收获，我们会在不知不觉中拥有很多，有些是我们必需的，而有些却是完全用不着的。那些用不着的东西，除了满足我们的虚荣心外，最大的可能，就是成为我们的一种负担。

其实，幸福与快乐源自内心的简约。人之所以不幸福，就是因为不能够活得单纯。不要去刻意追求什么，不要向生命去索取什么，不要为了什么去给自己塑造形象，其实，简单本身就是一种幸福。

周国平先生讲过这样一个故事。故事很简单，但如果深入思考，你会发现生活表象下面的人生真谛。

一个农民从洪水中救起了他的妻子，他的孩子却被淹死了。事后，人们议论纷纷。有人说他做得对，因为孩子可以再生一个，妻子却不能死而复活。有人说他做错了，因为妻子可以另娶一个，孩子却没法死而复活。

哲学家听说了，也感到疑惑不解，他就去问农民。农民告诉他，他救人时什么也没想。洪水袭来，妻子在他身边，他抓起妻子就往山坡游。待返回时，孩子已被洪水冲走了。

自然是一种最睿智的生活方式，这个农民如果进行一番思想斗争的话，事情的结果会是怎样呢？洪水袭来，妻子和孩子被卷进旋涡，片刻之间就会失去性命，而这个农民还在山坡上进行抉择，妻子重要，还是孩子重要？等他做出抉择的时候，妻子和孩子都失去了。

其实，人的一生中，许多时候，我们并没有机会和时间进行抉择。人生的抉择是最困难的，也是最简单的，困难在于你总是把抉择当作抉择；简单在于你别去考虑抉择问题，遵循内心的声音，遵循生命自然的方式。

懂得凭自己的本性简单生活的人就善于放下欲望的包袱，减去一些生活中不必要的内容。简单生活不是贫乏或缺少内容，而是繁华过后的一种觉醒，是一种去繁就简的境界。一个懂得简单生活的人，他会心无旁骛，并善于将可能引起忧思苦恼及妨碍行进的事物丢弃掉，不让它干扰自己的身心和脚步。

有这么一位吟游诗人，拒绝房子等一切他认为是负担的东西。他不断地从一个地方旅行到另一个地方，一生都是在路上、在各种交通工具和旅馆中度过。当然这并不是他没有能力为自己买一座房子，而是他选择了这种生存方式。后来，鉴于他为文化艺术所作的贡献，也鉴于他已年老体衰，政府决定免费为他提供住宅，但他还是拒绝了，理由是他不愿意为房子之类的麻烦事情耗费精力。

就这样，这位特立独行的吟游诗人，在旅馆和路途中度过了自己的一生。他死后，朋友为他整理遗物时发现，他一生的物质财富，就是一个简单的行囊，行囊里是供写作用的纸笔和简单的衣物；而在精神财富方面，他为世界留下了十卷优美的诗歌和随笔作品。

这位诗人的生活是简单而有意义的。他的人生是一种去繁就简的人生，没有太多不必要的干扰，没有太多欲望的压迫，是一种简单而又纯粹的人生。

在追逐生活的过程中，我们也应该尝试着放弃一些复杂的东西，让一切都恢复简单的面孔。其实生活本身并不复杂，复杂的只有我们的内心。所以，要想恢复简单的生活，就要从心开始，净化心灵上的杂质。简单绝对不是不简单的对立面，二者在很多时候都是相互统一的，越是不简单、不平凡的东西在我们看来却越是简单。

精细者，无苛察之心。光明者，无浅露之病。

大凡简单而执着的人常有充实的人生。一个人若时常追求复杂而奢侈的生活，则苦难没有尽头，不仅贪欲无度，烦恼缠身，而且日夜不宁，心无快乐。因为复杂，往往浪费了宝贵的时间；因为奢侈，极有可能断送美好的人生。因为简洁，每每能找到生活的快乐；因为执着，时时能感觉没有虚度每一天。平凡是人生的主旋律，简洁则是生活的真谛。

·祸莫大于不知足，咎莫大于欲得·

俗话说："猛兽易伏，人心难降；沟壑易填，人心难满。"人的欲望总是难以满足、永无止境的，每个人都有各自的欲望，而生活所能够满足的那部分总是有限的。人生之祸多是源于不知足，虽然很多人过着衣食无忧、名牌傍身、跑车代步的日子，却依旧无法满足自身欲望，体会不到生活的快乐。

物质上的"不知足"所带来的，通常是自我的迷失和混乱的理智，这恰恰印证了《伊索寓言》中的一句话："贪婪往往是祸患的根源。"与之相比，那些能够自我满足的人，显得更加理智和成熟，能够抛开束缚自身的名缰利索，用一种豁达的态度来看待欲望和诱惑，追求更高远更充实更丰富的人生。

从前，海边住着一对靠捕鱼为生的老夫妻。一天，老渔夫捕到了一条美丽的金鱼，那条金鱼向他苦苦哀求道："假如你放我回到大海，我可以实现你的任何愿望！"老渔夫非常善良，他没有提出任何要求就把金鱼放回了大海。

老渔夫回到家后，把这件事情告诉了老太婆，老太婆非常生气，她骂道："为何什么要求都不提呢？快去给我要只新的木盆回来。"渔夫没有办法，只好去找金鱼，金鱼满足了他的要求。但是，有了新木盆之后，老太婆仍然不觉得满足，她又让渔夫一次次地去找金鱼，她有了房子、变成了贵妇人，还想要成为海上女霸王，让金鱼听任她的使唤。金鱼一次次满足了渔夫的要求，唯独这次却一言不语。渔夫回家后，发现那些金碧辉煌的东西就像根本未曾存在过一样，消失得无影无踪，老太婆依旧在门边守着破旧的小木盆……

故事中的"老太婆"正是社会中许多不知足的人的缩影，而渔夫的知足恰恰是社会所缺乏的精神。很多人不懂得知足，在同别人的攀比中愈来愈觉得无法满足，因而无法真正地快乐；有的人一味贪婪，不能抵挡住利益和诱惑，运用手中的权力来谋求财富、满足私欲，最终东窗事发，受到道德的指责和法律的制裁，为人民所不齿。古人常说，"祸莫大于不知足"，其道理恰在于此。

常言道，"知足者常乐。"贪求索取、无法抑制自己的欲望只会被卷入贪婪的深渊，终日痛苦不已。

放纵欲望、不知满足会导致堕落和毁灭，一味谋求欲望会为自己的贪婪付出代价。

1983年，石油危机爆发，为了缓解危机，石油大亨默尔不停地在两州之间奔波劳累，终于有一天，他病倒了。但是，病好之后，他却卖掉了公司，在苏格兰的老家定居下来。记者询问他离开的原因，默尔指着罗斯顿的名言说，"利奥·罗斯顿。"

后来，默尔在他的自传中提到了罗斯顿的这句名言，他说："富裕与肥胖没有什么两样，不过是获得超过自己所需的东西罢了。"从罗斯顿的名言里，默尔学会了知足，并知道了，健康和快乐才是一个人最宝贵的财富。

正如默尔所体会到的那样，那些无法控制自己的欲望、贪食贪财的人，往往会被自己的贪心所报复。而那些不能抵挡住利欲诱惑、贪得无厌，甚至为此不择手段、想方设法去攫取一切的人，最终往往多会陷入欲望的深渊，将自己置于身

败名裂、千夫所指的位置。

那些待在监狱里面的案犯，有谁不是因为放纵自己的欲望而锒铛入狱的呢？对地位、利益的过度追求势必会付出相应代价，热衷于积敛财物、贪得无厌的人也一定会遭到更加惨重的损失。这也就是说，为了不受到屈辱、不遇到危险，我们得学会满足，在恰当的时机适可而止，这才是获得长久平安的良策。

·想抓住的太多，能抓住的太少·

俗话说，人心不足蛇吞象。永不满足的欲望一方面是人们不懈追求的原动力，成就了“人往高处走，水往低处流”的箴言；另一方面也诠释了“有了千田想万田，当了皇帝想成仙”的人性弱点。

在生活中，人们总喜欢抓住点什么：房子、金钱、名利……抓得世界五彩缤纷，抓得自己精疲力竭。

唐代文学家柳宗元曾写过一篇名为《蝜蝂传》的散文，文中提到了一种善于背负东西的小虫蝜蝂，它行走时遇见东西就拾起来放在自己的背上，高昂着头往前走。它的背发涩，堆放到上面的东西掉不下来。背上的东西越来越多，越来越重，不肯停止的贪婪行为，终于使它累倒在地。

人生在世，很难做到一点欲望也没有，但是物欲太强，就容易沦为欲望的奴隶，一生负重前行。每个人都应学会轻载，更应学会知足常乐，因为心灵之舟载不动太多负荷。

从前，一个想发财的人得到了一张藏宝图，上面标明在密林深处有一连串的宝藏。他立即准备好了一切旅行用具，特别是他还找出了四五个大袋子用来装宝物。一切就绪后，他进入那片密林。他斩断了挡路的荆棘，蹚过了小溪，冒险冲过了沼泽地，终于找到了第一个宝藏，满屋的金币熠熠夺目。他急忙掏出袋子，把所有的金币装进了口袋。离开这一宝藏时，他看到了门上的一行字：“知足常乐，适可而止。”

他笑了笑，心想：有谁会丢下这闪光的金币呢？于是，他没留下一枚金币，扛着大袋子来到了第二个宝藏，出现在眼前的是成堆的金条。他见状，兴奋得不得了，依旧把所有的金条放进了袋子，当他拿起最后一条时，上面刻着：“放弃了下一个屋子中的宝物，你会得到更宝贵的东西。”

他看了这一行字后，更迫不及待地走进了第三个宝藏，只见里面有一块如磐

石般大小的钻石。他发红的眼睛中泛着亮光，贪婪的双手抬起了这块钻石，放入了袋子中。他发现，这块钻石下面有一扇小门，心想，下面一定有更多的东西。于是，他毫不迟疑地打开门，跳了下去，谁知，等着他的不是金银财宝，而是一片流沙。他在流沙中不停地挣扎着，可是他越挣扎陷得越深，最终与金币、金条和钻石一起长埋在流沙下了。

如果这个人能在看了警示后立刻离开，能在跳下去之前多想一想，那么他就会平安地返回，成为一个真正的富翁。物质上永不知足是一种病态，其病因多是权力、地位、金钱之类引发的。这种病态如果发展下去，就是贪得无厌，其结局是自我爆炸、自我毁灭。如星云大师所言，世间一切我们能抓住的只是很少的一部分，又何苦为了贪心而失去更多呢?

所以，生活中的我们应该明白：即使你拥有整个世界，你一天也只能吃三餐。这是人生思悟后的一种清醒，谁真正懂得它的含义，谁就能活得轻松，过得自在，白天知足常乐，夜里睡得安宁，走路感觉踏实，蓦然回首时没有遗憾!

《伊索寓言》中有这样一句话：“有些人因为贪婪，想得到更多的东西，却把现在所拥有的也失掉了。”人赤条条地来到这个世界上，不可能永久地拥有什么。现代西方经济学界最有影响力的经济学家凯恩斯曾经说过，从长期来看，我们都属于死亡，人生是这样短暂，即使身在陋巷，我们也应享受每一刻美好的时光。

·真正快乐的力量来自心灵的富足·

人生在世，荣华富贵并不一定就永久快乐，贩夫走卒也不是一辈子劳苦，一个人只要心安理得，恰如其分的地做其“本分”事，即是幸福。

安贫乐道并不是让人不思进取，而是让人以贫困来磨炼自我，懂得勤劳耕耘才能收获；安守本分并不是让人处处退让，而是让人认清自己的能力，找到自己的位置，继而再接再厉的奋斗。恰如其分地做自己所能做到的事情，这才是富有的秘诀。

为人处世，穷而不乏，实属难能可贵的精神。毕竟荣华富贵常使人飘飘欲仙，而那些每天奔波劳碌的贩夫走卒，风餐露宿，看起来异常凄苦。但有了钱财和权利，未必总能给人带来快乐，烦恼也会随着名利袭上心头。反而是那些本本分分活着的人，每天做着恰如其分的事情，反而获得了幸福，因为他们或许物质上未能达到极大丰富，但精神却并不匮乏。

《庄子·山木》中曾记载了这样一则故事：

庄子身穿粗布衣并打上补丁，工整地用麻丝系好鞋子走过魏王身边。魏王见了说："先生为什么如此疲惫呢？"

庄子说："是贫穷，不是疲惫。士人身怀道德而不能够推行，这是疲惫；衣服坏了鞋子破了，这是贫穷，而不是疲惫。这种情况就是所谓生不逢时。大王没有看见过那跳跃的猿猴吗？它们生活在楠、梓、豫、章等高大乔木的树林里，抓住藤蔓似的小树枝自由自在地跳跃而称王称霸，即使是神箭手羿和逢蒙也不敢小看它们。等到生活在柘、棘、枳、枸等刺蓬灌木丛中，小心翼翼地行走而且不时地左顾右盼，内心震颤恐惧发抖；这并不是筋骨紧缩有了变化而不再灵活，而是所处的生活环境很不方便，不能充分施展才能。如今处于昏君乱臣的时代，要想不疲惫，怎么可能呢？这种情况比干遭剖心刑戮就是最好的证明啊！"

庄子物质生活很贫穷，但是他的精神生活却并不贫穷。安贫乐道是庄子对自己的要求，也是对世人的忠告。但正如庄子所说，贫穷并非疲惫，安贫乐道的人也并非没有精神内涵，不思进取。一个人物质上贫穷并不可怕，但一定不要使自己的心理贫穷，心理贫穷才是真正的可悲。庄子生活困苦，但是庄子的精神力量却散发出耀眼的光辉，他深谙快乐生活的道理，心与物游，天真烂漫，这种贫穷在某种意义上说是最富有的。

春秋时期的名士原宪住在鲁国，拥有一丈见方的房子，屋顶盖着茅草；用桑枝做门框，用蓬草做成门；用破瓮做窗户，用破布隔成两间；屋顶漏雨，地面潮湿，他却端坐在那里弹琴。子贡骑着大马，穿着白衣，里面是紫色的里子，小巷子容不下高大的马车，他便走着去见原宪。原宪戴着顶破帽子，穿着破鞋，倚着藜杖在门口应答，子贡说："呵！先生患了什么病？"原宪回答说："我听说，没有钱叫作贫，有学识而无用武之地叫作病，现在我是贫，不是病。"子贡因而进退两难，脸上露出羞愧的表情。

子贡自以为了不起，听了名士对于贫穷的看法，他自己的脸上也露出了羞愧的表情。因为他自己实际上有了心病，不能从高层次看待贫困的问题，也忍受不了贫困的生活，更不理解那些善于忍受贫困，而心怀大志的人。

不同的人对于贫穷的看法不同，标准不同，忍受贫穷的能力也不同。对于贫穷有些人是不得不居于贫困，所以觉得贫困是可怕的，这是着眼于物质生活的贫困。还有一些人是甘居贫困，是借贫困的环境来磨炼自己的意志，这是自觉地忍

受贫困。不仅注重自己的物质享受，还看重自己的精神修养，这才是积极地忍受贫困。

贫穷毕竟不是什么幸福的事。每个人都希望改变贫穷的状况，但是急于求成或是靠歪门邪道去脱贫，不是真正的忍贫，而不过是贪恋富贵罢了。那些贩夫走卒，奔波劳苦，虽然过着贫苦的生活，但他们享受着劳动的快乐和精神的充实，一步一步地向幸福生活在迈进；那些满腹经纶的人，虽然积累学识非常辛苦，但他们可以用知识来创造财富，一样能飞黄腾达。相反，许多人心灵空虚，贪欲满腹，即使家财万贯，也未必能快乐，因为他们不知道知足常乐，不懂得心安理得，也就注定了他们得不到快乐，只能在欲望和痛苦的泥淖中苦苦挣扎。只有当他们舍弃对外物的欲望，懂得贫富皆是福，才能心安理得地享受生命的自在与欢乐。

遗憾的人生，才是完整的人生

古人云："达亦不足贵，穷亦不足悲。"当年陶渊明荷锄自种，嵇康树下苦修，两位虽为贫寒之士，但他们能于利不趋，于色不近，于失不馁，于得不骄。这样的生活，也不失为人生的一种极高境界。

痛苦常常由欲望而生，追寻的时候苦于没有得到，得到的时候却又害怕将来的失去。欲望太多，又怎么能活得快乐呢？

伟大的作家托尔斯泰曾讲过这样一个故事：

有一个人想得到一块土地，国王就对他说："清早，你从这里往外跑，跑一段就插个旗杆，只要你在太阳落山前赶回来，插上旗杆的地都归你。"那人就玩命地跑，太阳偏西了还不知足。太阳落山前，他是跑回来了，但人已精疲力竭，摔了个跟头就再没起来。于是有人挖了个坑，就地埋了他。牧师在给这个人做祈祷的时候指着那个坑说："一个人需要多少土地呢？就这么大。"

人生的许多沮丧都是因为得不到自己想要的东西。其实，我们辛辛苦苦地奔波劳碌，最终的结局不都是只剩下埋葬我们身体的那点土地吗？在人生的旅途中，需要我们放弃的东西很多。古人云，鱼和熊掌不可兼得。如果不是我们应该拥有的，我们就要学会放弃。几十年的人生旅途，会有山山水水，风风雨雨，有所得也必然有所失，我们只有学会了放弃，才会拥有一份成熟，才会活得更加充实、坦然和轻松。

有一只木车轮因为被砍下了一角而伤心郁闷，它下决心要寻找一块合适的木片重新使自己完整起来，于是离开家开始了长途跋涉。

不完整的木车轮走得很慢，一路上，阳光柔和，它认识了各种美丽的花朵，并与草叶间的小虫攀谈；当然也看到了许许多多的木片，但都不太合适。

终于有一天，车轮发现了一块大小形状都非常合适的木片，于是马上将自己修补得完好如初。可是欣喜若狂的轮子忽然发现，眼前的世界变了，自己跑得那么快，根本看不清花美丽的笑脸，也听不到小虫善意的鸣叫。

车轮停下来想了想，又把木片留在了路边，自己走了。

失去了一角，却饱览了世间的美景；得到想要的圆满，步履匆匆，却错失了怡然的心境，所以有时候失也是得，得即是失。也许当生活有缺陷时，我们才会深刻地感悟到生活的真实，这时候，失落反而成全了完整。

从上面故事中我们不难发现，尽善尽美未必是幸福生活的终点站，有时反而会成为快乐的终结者。得与失的界限，你又如何准确地划定呢？当你因为有所缺失而执着追求完美时，也许会适得其反，在强烈的得失心的笼罩下失去头上那一片晴朗的天空。

可见，得与失的界限，你永远也无法准确定位，自认为得到很多，也可能会失去很多。所以，与其把生命置于贪婪的悬崖峭壁边，不如随性一些，洒脱一些，不患得患失，做到宠辱不惊，保持一份难得的理智。

坦然地面对所有，享受人生的一切，世事无绝对，得到未必幸福，失去也不一定痛苦。所以，我们要沉住气，学会在远处欣赏人生的美景，领悟在遗憾中的美丽。

·粗茶淡饭有真味，明窗净几是安居·

面对生活，我们的内心会发出微弱的呼唤，躲开外在的嘈杂喧闹，静静聆听并听从它，你就能做出正确的选择，否则，你将在匆忙喧闹的生活中迷失，找不到真正的自我。

过高的期望并不能给你带来快乐，那些生活中的纷纷扰扰一直在左右着你的生活：拥有宽敞豪华的寓所，完美的婚姻；让孩子享受最好的教育，成为最有出息的人；努力工作以争取更高的社会地位；能买高档商品，穿名贵的皮革；跟上流行的大潮，永不落伍……

要想过一种简单的生活，改变这些过高期望是很重要的。富裕奢华的生活需要付出巨大的代价，而且并不能相应地给人带来幸福。如果我们降低对物质的需求，你会感受到粗茶淡饭有真味，明窗净几是安居。改变这种奢华的生活目标，过简约的生活，我们将节省更多的时间充实自己。轻闲的生活将让人更加自信果敢，珍视人与人之间的情感，提高生活质量。幸福、快乐、轻松是简单生活追求的目标。这样的生活更能让人认识到生命的真谛。

生活需要简单来沉淀。跳出忙碌的圈子，丢掉过高的期望，走进自己的内心，认真地体验生活、享受生活，你会发现生活原本就是简单而富有乐趣的。简单生活不是忙碌的生活，也不是贫乏的生活，它只是一种不让自己迷失的方法，你可以因此抛弃那些纷繁而无意义的生活，全身心投入你的生活，体验生命的激情和至高境界。

一位专栏作家曾这样描述过一个美国普通上班族的一天：

7点铃声响起，开始起床忙碌：洗澡，穿职业套装——有些是西装、裙装，另一些是大套服，医务人员穿白色的，建筑工人穿牛仔和法兰绒T恤。吃早餐（如果有时间的话）。抓起水杯和工作包（或者餐盒），跳进汽车，接受每天被称为高峰时间的惩罚。

从上午9点到下午5点工作……装得忙忙碌碌，掩饰错误，微笑着接受不现实的最后期限。当重组或裁员的斧子（或者直接炒鱿鱼）落在别人头上时，自己长长地松了一口气。扛起额外增加的工作，不断看表，思想上和你内心的良知斗争，行动上却和你的老板保持一致。再次微笑。

下午5点整，坐进车里，行驶在回家的高速公路上。与配偶、孩子或室友友好相处。吃饭，看电视。

8小时天赐的大脑空白。

文章中描写那种机械无趣的生活离我们并不遥远。许多人也每天都在一片大脑空白中忙碌着，置身于一件件做不完的琐事和看不到尽头的杂念中，整天忙忙碌碌，丝毫体验不到生活的乐趣，这个时候，我们就需要抛开一切，让自己闲一段，这样，你就会重新找到生活的意义和乐趣。

什么事情也不做，可以从每天抽出一小时开始。一个人静静地待着，什么也不做，当然前提是，你要找一个清静的地方，否则如果是有熟人经过，你们一定会像往常那样漫无边际地聊起来。也许刚开始的时候，你会觉得心慌意乱，因为还有那么多事情等着你去干，你会想如果是工作的话，早就把明天的计划拟定好

了，这样干坐着，分明就是在浪费时间。可是，如果你把这些念头从大脑中赶走，坚持下去，渐渐你就会发现整个人都轻松多了，这一个小时的清闲让你感觉很舒服，干起活来也不再像以前那样手忙脚乱，你可以很从容地去处理各种事务，不再有逼迫感。你可以逐渐延长空闲的时间，四小时、半天甚至一天。

抛开一切事情，什么也不干，一旦养成了习惯，你的生活将得到很大改善。

·退一步看现在，收获如意人生·

万事万物的法则是均衡的，阴阳盈亏，使你有得也有失。有所得的时候，必定也失了别人的“所得”。你有所失的时候，也必定所得了别人的“所失”。得与失，相对，矛盾，统一。既然你不可能得到所有的，那么不满于现状的时候不妨退一步想，如果我连现在所拥有的都丢了呢？我也要生活，事实上情况还没有那么糟糕，那现在我是不是很幸运呢？

正所谓退一步海阔天空，不要总抓住不幸不放手，进退有道的生活才能更幸福。

一个穷人与妻子、女儿女婿、6个小孩子，总共10个人生活在一间小房子里，每天的争吵让穷人的脑袋都快要裂开了。即使不争吵，过度的拥挤也使人无法忍受，尤其是夏天的时候，简直和地狱一般。穷人无法忍受现在的生活，于是去找一个智者讨教。

智者问了他的情况，知道他还有一只山羊，一头奶牛和一些鸡，于是给他出主意：“你把山羊、奶牛和鸡都带到屋子里一起住。”穷人听了大跌眼镜，但看智者那成竹在胸的样子，他还是同意了。

刚过了一天，穷人就受不了了，他跑到智者那里质问：“你给我出的什么馊主意，我的屋子都变成羊圈了，羊把我的东西全撕碎了。”智者平静地说：“你把羊牵出去就好了。”第二天，穷人又满脸痛苦的过来了，他说：“那头奶牛把我的屋子变成了牛棚，还天天用脚挠地，简直没法活了。”智者说：“是啊，你把牛牵出去就好了。”又过了一天，穷人无奈地说：“我简直痛不欲生，那些鸡弄的满屋子是鸡屎，太糟糕了，我为什么要跟一群畜生生活在一起？”智者微笑：“完全正确，赶快回家把鸡都赶出去！”

又过了半天，穷人找到智者，他是一路跑着来的，满脸红光，他激动地拉住智者的手说：“谢谢你，你又把甜蜜的生活给了我。现在所有的动物都出去了，屋

子显得那么安静，那么宽敞，那么干净，这样一想，原来我是这么的幸福。”

退一步看现在，我们都是幸福的。当你不快乐时，不要一味地去想“我怎么这么倒霉”，而要关注你所拥有的。比如，有的人工作轻松，自由，压力小，但工资有点儿低。他要想感到快乐，眼睛就不能老盯着工资不放，而应该多想想，我多自在啊。反过来，有的人工资很高，但压力大，不自由。他要想得到快乐，眼睛就不能老盯着工作压力大不放，而应该多想想，我的工资待遇是很多人望尘莫及的。

我们每天不开心，是因为在可以战胜的困难面前不能进一步，在困境下又不知退一步，贪念得不到的东西和忘不掉受伤害的事情，其实退一步卸下包袱，才能走得更远。

阿姆要和相恋多年的女友结婚了，全家人欢欣鼓舞的购置家具、装修房子。经过了装修队一个月的辛苦工作，家里终于光亮如新了。阿姆从楼上到楼下欣赏他的新房，突然发现厨房水槽下的那个旧水泵锈迹斑斑，在经过粉刷后洁白墙面的衬托下，显得非常刺眼。

装修队的工作已经结束了，阿姆想自己买来一些油漆将水泵外壳涂一涂，这样两者之间的差距会小一些，看起来没有那么突兀。他用手抓着旧水泵刚要涂，突然想到：水泵早就坏了，线路也拔掉了，那为什么还要涂呢，不如干脆整个拔掉？

阿姆一把拔掉了水泵，在场的家人面面相觑，转而又会心大笑。

其实我们的生活不也是这样吗？以前的旧事和往日的挫折如同旧水泵一般挡在我们心里，与其天天面对这些，不如退一步，拿掉它，用轻松的心态来面对崭新的每一天。

上帝不能把什么都给你，所以我们要学会能进能退，进退有道，自我调节，这并不是说安于现状，而是以一种积极的心态来面对前面更大的挑战。

·快乐不在于拥有的多，而在于计较的少·

我们总是很难发现自己拥有了多少快乐，因为我们总是觉得生活中的快乐那么少，其实是我们计较的太多。只要我们用心去体验，就会发现我们拥有了大把的幸福和快乐，它们就隐藏在你普通的生活中。

如果你能够有一双发现的眼睛，减少对生活中各种事物的苛求，很容易就能

够发现快乐就在我们身边。快乐不是你拥有了多少的财富，拥有了多少的房产，拥有了多少被人艳羡的珠宝，而是你能够在平常任何事物中都得到的感触，这种感触在你生活的每一部分，它们都能点亮你的生活。

有位青年，厌倦了生活的平淡，感到一切只是无聊和痛苦。为寻求刺激，青年参加了挑战极限的活动。活动规则是：一个人待在山洞里，无光无火亦无粮，每天只供应5千克的水，时间为整整5个昼夜。

第一天，青年颇觉刺激。

第二天，饥饿、孤独、恐惧一齐袭来，四周漆黑一片，听不到任何声响。于是他向往起平日里的无忧无虑来。他想起了乡下的老母亲不远千里赶来，只为送一坛韭菜花酱以及给小孙子的一双虎头鞋。他想起了终日相伴的妻子在寒夜里为自己掖好被子。他想起了宝贝儿子为自己端的第一杯水。他甚至想起了与他发生争执的同事曾经给自己买过的一份工作餐…渐渐地，他后悔起平日里对生活的态度来：懒懒散散，敷衍了事，冷漠虚伪，无所作为。

到了第三天，他几乎要饿昏过去。可是一想到人世间的种种美好，便坚持了下来。第四天、第五天，他仍然在饥饿、孤独、极大的恐惧中反思过去，向往未来。

他责骂自己竟然忘记了母亲的生日；他遗憾妻子分娩之时未尽照料义务；他后悔听信流言与好友分道扬镳……他这才觉出需要他努力弥补的事情竟是那么多。可是，连他自己也不知道，他能不能挺过最后一关。此时，泪流满面的他发现：洞门开了。阳光照射进来，白云就在眼前，淡淡的花香，悦耳的鸟鸣——他又迎来了一个美好的人间。

青年扶着石壁蹒跚着走出山洞，脸上浮现出了一丝难得的笑容。五天来，他一直用心在说一句话，那就是：活着，就是幸福。

幸福就是这么简单，人在困境中，才会发现自己的想法，才知道自己以前的苛求是那么多，才发现自己的人生是那么肤浅。以往人生那些利益的追逐，在困境中都比不过对于生命的追求，对于亲情的渴望。这些是多么简单的事情，却总是被人们所忽略，一味地追求，让人们蒙蔽了双眼。

其实，快乐就是简单地生活，只要你少去计较自己的收入的高低，少去计较自己的容貌是不是美好，少去计较你的生活环境是不是安全，少去计较你的伙食的好坏，学着用一颗发现美的眼睛去看待生活，你会发现除了我们所看到生活中的极不和谐的一小部分，大部分的生活都充满了快乐。那么，你又何必抓住那小小的一点不和谐而让自己变得不快乐呢，为什么不让自己开始学着少去计较，多

发现美，让自己和生活成为很好的朋友呢？

如果为了小事而斤斤计较，就会让自己忘了初衷，变得不可理喻，最后只会在这种情况下伤人伤己。为了一点的小事，去放弃大好的生命，这是一件多么得不偿失的事情，那非洲的野马就是如此：

在非洲大草原上，有一种极不起眼的动物叫吸血蝙蝠。它身体很小，却是野马的天敌。这种蝙蝠靠吸食动物的血生存，它在攻击野马时，常附在马腿上，用锋利的牙齿极敏捷地刺破野马的腿，然后用尖尖的嘴吸血。无论野马怎么蹦跳、狂奔，都无法驱逐这种蝙蝠。蝙蝠却可以从容地吸附在野马身上，直到吸饱吸足，才满意地飞去。而野马常常在暴怒、狂奔、流血中无可奈何地死去。动物学家们在分析这一问题时，一致认为吸血蝙蝠所吸的血量是微不足道的，远不会让野马死去，野马的死亡是它暴怒的习性和狂奔所致。

杀死野马的并不是蝙蝠，而是它自己。因为它过多的计较，让自己的习性变得暴怒，使自己的头脑不清醒，局限于眼前的小小蝙蝠，忘了生命的美好。

其实人也是一样，真正让人失败的不是挫折，不是困难，而是生活中鸡毛蒜皮的小事，就是这些小事，让你斤斤计较，总是在这些事情上难以释怀，占用大量的时间和精力，让你无法静下心来去品味生活，更让你无法静下心来去拼搏去创造。总是在小事上看到自己的人生，那么眼光就会越来越局限，丧失掉远大的理想，最后也只能碌碌无为、抱怨一辈子。

所以，不要斤斤计较你眼前的生活，对于一些小事，不如一笑而过，这些没什么大不了。把时间和精力放在自己的理想上。

享受你的人生，会发现更多的快乐，拥有更多的幸福。

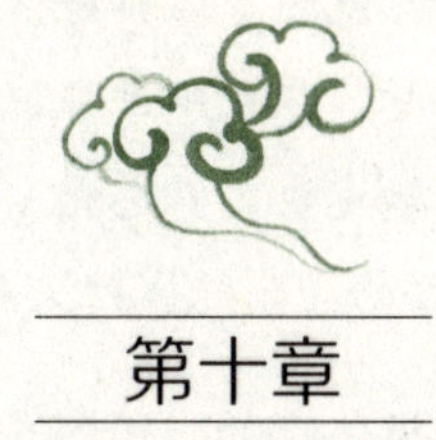

第十章

沉不住气，就会意志消沉少骨气

一个人要想成大器，重要的是历经长久的磨炼。无论谁的人生，都是一条崎岖之路。这条路充满了艰辛苦难，路上会有太多的磨难和挫折，人要坚强地生存下去，就要忍耐。在追求成功的过程中，痛苦而且漫长，但是只要有“磨”的精神，困难就微不足道了。而且，唯有“磨”，才能收敛锋芒，才能磨炼心性，不断提升自己的能力。

·海上没有不带伤的船·

19世纪，英国劳埃德保险公司从拍卖市场买下了一艘船，这艘船自下水之日起曾遭遇13次起火、138次冰山撞击、116次触礁、207次被风暴扭断桅杆，然而它从没有沉没过。劳埃德保险公司基于它不可思议的经历及在保费方面所带来的可观收益，最后决定把它从荷兰买回来捐给国家。

海上没有不带伤的船，而在生活的大海中搏击的我们，受到伤害也是在所难免的。虽然屡遭挫折，却能够坚强地百折不挠地挺住，这就是成功的秘密。“真正的勇士敢于直面惨淡的人生”，加之以积极的心态，才能以最坚强的姿态搏击风雨。

截至2007年年底，李女士一直过着幸福的生活，她经营着一家饰品店，丈夫在信用社工作，家里还有一个小工厂。

可是，受2008年金融危机的影响，小工厂的资金链断了，只得停业整顿。更糟糕的是，她的丈夫还遭遇了一场车祸，这对于重组家庭的他们无疑是个更大的灾难，除了每月固定给丈夫前妻和儿子的生活费，现在又要支付丈夫的医药

费。丈夫非常愧疚地对李女士说："让你跟着我受苦了。"李女士倒是非常乐观，豁达地对丈夫说："只要人好好的，钱还可以再赚，咱们从头再来！"

李女士夫妇把饰品店盘了出去，小工厂作价抵了，还完债之后还开了个平价餐厅。小两口琢磨着："即使是金融危机，人总是要吃饭的，咱们不做贵的，只做最实惠的！"由于物美价廉，餐厅的生意慢慢红火起来，小两口终于又熬出了头。

李女士夫妇很不幸，但生活是公平的，给每个人的不会太多也不会太少，即使为你关上了一扇门，又关上了你的窗，你依然可以面向阳光，学会坚韧，然后为自己画一扇明媚的窗棂。

我们一般认为一帆风顺才是人生的正轨，遇到一点挫折就感觉天塌地陷，世界末日到了，却不知道，正如海上没有不带伤的船，芸芸众生，谁的身上不曾带点伤呢？要说不幸，这个世界上的人都是不幸的，只是你看到了别人风光的一面，而忽略了其不为人知的一面。

1994年，他成了澳大利亚残疾人网球赛的冠军；2000年，他拿到了澳大利亚体育机构的奖学金，并在全国健康举重比赛中排名第二；截止到2005年，他到过190多个国家作演讲报告，激励过200多万人。他就是一出生腿就严重畸形，但不坐轮椅，坚持用双手"走路"的人——约翰·库缇斯。

库缇斯一出生，腿就严重畸形。医生认为他活不过24小时，建议他的父亲准备葬礼。可是，当父亲含泪准备好葬礼之后，却发现他的儿子还活着。10岁的时候，约翰上学了，可他却被同学们当成"怪物"，受尽了嘲弄和虐待。他一次次被同学们推倒在地无法起来；他曾被人像玩偶一样吊在转动的风扇下无法解脱；他那两条没知觉的腿曾被同学用刀片割过，这些事促使约翰选择了将两条不能发挥作用的残腿截肢……这些屈辱的经历使约翰一度想自杀，但他舍不得爱他的双亲。最终，约翰变成了一个坚强的人。

约翰给自己的人生定下了目标，并且写在了纸上，他要做一个自食其力的人，约翰坚定地说："一个人一旦确定了自己的目标，就把它写下来，然后去努力实现它。不要怕失败。1000次摔倒，可以1001次站起来。摔倒多少次没关系，重要的是，你能站起来多少次。别人对我说，'约翰，你什么都不做也没关系，你整天在家不做任何事都没有人会责怪你。'但我说，我不可以。懒惰不是我的强项，我必须发挥我的优势。"

在取得多项体育成就之后，一个偶然的机会，开创了约翰人生的全新局面。那次他对自己经历作的简短演讲，竟然使一个女孩放弃了自杀的想法，这让约翰

决定走上讲台，给更多绝望的人带来希望。现在，约翰至少已经成为了国际著名的激励演讲家。“如果我可以做到，你为什么不能做到？”这句著名的反问以及约翰式的睿智、激情，改变了很多人的生活。

约翰·库缇斯虽然没有了双腿，但却过着无异于正常人的生活，他甚至拥有比正常人更优秀的才华和能力；他时时刻刻面对死亡，却能拥有最完美的爱与生活；他凭着自己的坚韧和努力，成就了一个又一个生命的奇迹。如果你觉得不幸，永远有人比你更不幸。

没有永远的静如止水，没有永远的流水艳阳，人生总有波澜和风暴，没有人可以与不幸绝缘。我们每个人都是生活海洋中的一艘小船，真正的勇者，不是没有受过伤，而是受伤之后能够沉住气，坚强地修复伤口，继续前进。

·所谓失败，只是意味着仍在征途·

什么是失败？

不同的人有截然不同的定义。在悲观者眼中，所谓失败，就是在追求梦想的道路上出局，从此一蹶不振，甘于平庸。而在乐观而坚韧的人看来，所谓失败，只是意味着自己仍在路上，目标仍在前方，还需继续努力。

其实，失败就像在成功的道路上绕了一点远路，或者在攀向山顶的过程中不小心摔倒。这些并不意味着我们不能走到目的地，也不意味着我们永远无法到达山顶。失败只是一个小插曲，它会让人生旅程变得更加丰富和精彩，让胜利与成功来得更有价值。

钱德勒是哈佛大学的一名毕业生，他和许多人一样，期盼能够找到一份心仪的工作。不久之后，钱德勒收到了微软公司的面试通知。

钱德勒很珍惜这次面试机会，精心准备了许久。面试当天，钱德勒准时来到微软公司的人力资源部。在秘书小姐向经理进行了通报之后，钱德勒来到经理的办公室门前，轻轻敲了敲门。

这时，从办公室里传出询问声：“请问是钱德勒先生吗？”

钱德勒稳重地回答：“经理先生，你好，我是钱德勒。”说罢，钱德勒推开了门。

结果却出乎钱德勒的预料。经理端坐在沙发上，冷漠地注视着钱德勒。“钱德勒先生，请你回去再敲一次门。”

钱德勒并未多想，走出来，关上门，重新敲了敲门，然后推门而进。

可是，经理仍然要求他重新敲门，并说："不，钱德勒先生，这次没有第一次好。"

钱德勒返身走出经理室，重新敲门，再次踏进房间，说："先生，这样可以吗？"

这样的过程重复了10次，经理仍不满意，让他再来一次。此时，钱德勒几乎已经忘记了最初的喜悦和憧憬，甚至有些恼火。很明显，这个经理是在戏弄钱德勒。

钱德勒准备转身离开。然而，就在转身的瞬间，钱德勒改变了主意。他想起在大学中接受的关于"在失败面前继续坚持"的教育。于是，钱德勒鼓足勇气，第11次敲响了经理办公室的门。

这次，经理先生没有像前10次那样令钱德勒失望，而是以热烈的掌声表示对钱德勒的欢迎。

原来，钱德勒应聘的是微软公司的市场调查员，而对于一名出色的市场调查员来讲，超群的耐心和毅力往往比学识更重要。这11次重新尝试正是微软对钱德勒心理素质的考察，而钱德勒用自己的坚持赢得了这次加入微软公司的机会。

在失败面前，再坚持一次，钱德勒正是凭借百折不挠的坚韧毅力赢得了成就自己一生的机会。失败本身并不是一件让人恐惧的事情，失败仅是人生道路上必然经历的一道风景，是人们铸就成功事业的基石。

我们需懂得，失败是通向成功的必经之路，人生中的许多经验和知识是无法从课堂上学到的，而失败和挫折给了人们补充知识和增长经验的机会。更多地超越失败，自己与成功的距离才会变得更近。

·逆境是促使人奋发向上的动力·

纵观古今，那些名垂千古的成功人士大多因身处逆境有所感悟而美名远扬。且不说身受宫刑而撰《史记》的司马迁，也不说受了膑刑修《孙膑兵法》的孙膑，更不说被放逐之后作《离骚》的屈原，就连闻名于世的孔子也是因为身处逆境而发奋努力，成为圣贤的。这些人的经历足以说明逆境对人的影响是十分深刻的，逆境带给人的影响不仅仅是挫折和失败，还有促使人奋发向上的动力。

困难犹如纸老虎，欺软怕硬，那些身处逆境能坚守本我、继续努力的人最终能骄傲自豪地站在成功的巅峰。现如今，都市之中竞争激烈，城市以其包容性囊括了五花八门、千奇百怪的人生。有人一掷千金只为红颜一笑，有人却衣不蔽

体、食不果腹。无论贫富，生活在这城市之中的人都不能忽视那些在大都市中奔波的“漂”一族，而“漂”一族中最为艰苦的要数“蚁族”。这群人蜗居在几平方米的屋子里，月收入所剩无几却依然不放弃成功的希望，他们可谓是处于逆境中的勇士。

在诸多北漂的“蚁族”中有这样一个人，高中毕业的他和他的妻子为了追求理想怀揣着500块钱来到了北京。他们来到这个繁华的大都市时正值寒冬，举目无亲的他们只能依靠自己的力量生活，雪上加霜的是他的妻子还怀有6个月的身孕，生存成了摆在他们眼前最大的难题。

他们先用身上的200元钱租了一间简陋的小平房。立志发奋的他很快地找到了一份电话销售的工作。为了节省来回的路费，他每天在黑暗中出发步行走完将近20千米的路程。为了保住这份工作，他是全公司最努力的一个，他每天细心地整理并记录好要做的内容，尽量留出充足的时间同客户沟通。别人下班后，他依然待在公司整理白天的工作笔记，把事先分好类不紧急的传真件一份份发出去。

他的勤奋努力感染了全公司的员工，整个公司的精神面貌和风气大为改观。他接连几个月成为公司的业务标兵，为了表彰他的突出表现，公司破例提拔他为业务主管。就这样，他在北京稳定了下来。

虽然他仅仅是万千“蚁族”中一个成功的案例，然而在他身上展现出来的踏实肯干、面对逆境不屈不挠的精神却是这个时代背景下极其需要的。他之所以能够不屈不挠地对现状不妥协，是因为他有一颗要摆脱现状的心，更因为逆境带给他的奋发向上的动力。

我们都知道，“天将降大任于斯人也，必先苦其心志，劳其筋骨，饿其体肤，空乏其身，行拂乱其所为，所以动心忍性，增益其所不能”。然而，又有几人能做到不屈服于逆境，拥有战胜困难的勇气呢？时间是最好的检验，当你身处逆境勇敢地面对时，才能看见成功的奖杯。

镭的发现者居里夫人是个对逆境毫不妥协的人。她的一生只能用命运多舛来形容。幼年时丧母，中年丧夫，到了晚年又被流言和病魔围困。然而，面对命运给予她的种种逆境，她选择了勇敢地抗争。生活清贫的她奋发向上，最终用自己的努力赢得了世人的尊重。谁也不能将她的名字从历史上抹去，她宛如历史洪流中的一抹亮色，为那些在逆境中彷徨的人们指明了方向。

“我从来不曾有过幸运，将来也永远不指望幸运，我的最高原则是：对任何困难都绝不屈服！”这句话是居里夫人对世人的馈赠。不依靠幸运，不逃避困难，正直诚实地对待生活，勇敢地直面困境，最终就能取得成功。

逆境让人成长，逆境是最好的老师。逆境之中的人们，请不要彷徨，你们拥有最好的机遇。不要再让悲伤哀怨蒙蔽住你的双眼，不要再让不利的现状困住自己的手脚，你应该拼搏，应该奋斗，应该期待走出逆境后的辉煌。

·年轻最大的资本就是经得起失败·

不论你是刚步入社会还是已打拼多年，在成功路上奋斗的你有没有想过成功的秘诀是什么？英国前首相丘吉尔曾经给出过这个问题的答案，其实成功的秘诀十分简单，就是“绝不放弃”。无论在成功的路途中遇到的是挫折还是诱惑，你都不要轻易放弃心中的追求，要经得起失败。

不轻易放弃要求人要有坚定的意志，这既是解决问题达成目标的前提，也是一个人成功的重要基础。在那些困境面前，唯有意志坚定的人才能勇往直前。坚定的意志说来轻松，但对于每个人来说都是很难做到的一件事。尤其是年轻人，在他们眼中，放弃往往是被动的。无论是梦想、感情还是工作际遇。人们总是找出各种各样的借口逃避，认为放弃只是无可奈何之举。殊不知，只要沉住气，哪怕再坚持一刻也许就能达成梦想。不过幸好，还可以从头再来，失败是成功的经验，是为成功做铺垫的。

失败也是一种别样的成功。对于年轻人来说更是这样。著名节目主持人杨澜曾经说过：“年轻最大的资本就是经得起失败，也敢于去面对一切的困难。”如果你能直面难题，永不放弃，所谓的失败就是成功的垫脚石。没有谁的人生是一帆风顺的，想成功的人一定要经历失败这个过程，否则又怎么会理解成功的含义。如果因为一时的失败，就放弃心中的信念，那你一辈子只能待在失败者的阴影中，郁郁寡欢。在人生的路上跌倒了，应再爬起来继续走，总会走到成功。

当然，并不是所有的失败都能铸就成功。失败了不仅要爬起来，更要思索失败的原因，对症下药，才能得到人生的真谛。对于年少轻狂的人来说，初入社会缺乏经验，没有人脉，没有钱，没有社会地位，也许会遇到各种各样的责难，然而最大的责难却来自于自身，在于自我抗争。

日本寿险业的原一平被誉为“推销之神”，这个个子不高、其貌不扬的人凭

借着不肯轻易放弃的精神，开创了属于自己的一片天地。当年加入明治保险公司时，他发挥失常，因此在加入公司时，他仅仅是一个没有固定工资、没有办公桌，还要达到月平均销售额1万元业绩的“见习销售员”。可能有些人遇到这样没有保障的工作会立即转身离去，但是原一平却坚持了下来，他凭借着好强的心开始了自己的推销生涯。

上天并没有因为他的坚持努力而青睐于他，而是给予了他更多的磨难与考验。尽管他不放弃每一次推销的机会，却接连8个月没有一份销售单。没有收入的他，不仅变得居无定所（要在公园的长椅过夜），还每天步行上班，甚至背负着几个月房租的债务。

就在原一平“住”在公园没几天时，他遇到了第一个客户，当地的一位商会主席。这个主席听闻了原一平的遭遇后，觉得原一平是个人才，就把自己的商界好友介绍给他。原一平把握住机遇后，越来越注重自身的问题。他请村云别院寺庙的一位得道高僧给自己指点，并且为了锻炼意志修养身心，他每周六都到那家寺庙打坐。甚至，他每个月还举办一次“批评会”，让他的同事和客户指出自己身上的不足。对于改变自己这一点，他并不是三天打渔两天晒网，而是坚持了6年。在这6年中，他了解到自己的欠缺，一点点地弥补改正自己的缺点。从此之后，他工作起来也变得得心应手，从8个月零销售单到全公司第一，再到全国第一。这样的成绩他保持了15年之久。

是什么让原一平取得了如此辉煌的成就，其实是那些最平凡的字眼——恒心、毅力。这些最普通的字眼就是成功者的共同之处。面试失败的原一平能够沉住气，不放弃，8个月没有订单的原一平也能沉住气，不放弃。相比之下，可能许多最初比他好得多的人最后也没有达成如他一样的成就，是因为什么？是因为其他人并没有把失败当作成功的资本之一，遇到一点点挫折就放弃了。

马克思耗费了40年的心血铸就了闻名于世的《资本论》，歌德花了60年才写成《浮士德》，列夫·托尔斯泰耗尽37年才写成《战争与和平》。所谓成功，背后都有坚持不懈的精神和强大的决心支撑着，更是由数不清次数的失败奠定的。

不论你失败了多少次，总有一天你会成功。年轻人要经历一个坚持不懈努力的过程，才能锻造自己的精神，最终获得成功。正所谓“锲而舍之，朽木不折；锲而不舍，金石可镂”。经历了无数次的失败后，还能认真分析失败的原因、继续摸索的人，一定能取得最后的成功。所以，年轻人一定要沉住气，不要惧怕失败，不要轻易言败，面对成功你最大的资本就是经得起失败的考验。

·使人成熟的不是岁月，而是经历·

人生在世，不如意事十之八九，在遇到挫折和困难的时候，只有沉得住气才能发得了力，才能激发出一个人最大的潜能。身处逆境，永远对生活充满希望，是对生命的尊重，更是发现你潜能的开始。

人的潜能是惊人的，很多时候，你认为承受不了的事，却往往能够不费气力地承受下来，你以前认为不可能做到的事却也做到了。相信你自己，你还在为即将到来或正发生在自己身上的不幸而担忧吗？其实，这些困难并不像你想象的那样可怕。只要你勇敢面对，总会挺过来的，等你经历了那些不幸以后，你就可以从不幸中找到幸运的种子了。

蔡耀星因家境贫穷，小学毕业就当了学徒。16岁时，他在工作中误触高压电，伤势非常严重，好几家医院都拒收，医生都摇头说“没救了”。后来他辗转进入了一家医院，医生从死神手中抢回他一条命，但是他双手全被截去，也注定他今后一辈子都是“无臂残障者”。由四肢健全一下子变成“无臂人”，他顿感晴天霹雳。

然而祸不单行，父亲车祸过世，母亲改嫁，妹妹也远嫁，他一人独居多年，但“还是要活下去啊！”没有手，怎么吃饭？蔡耀星看狗如何吃东西，就学狗一样“直接用嘴吃饭”！没有手，怎么穿衣服？他学会用嘴巴、用脚趾头，慢慢将衣服套上！穿裤子呢？他利用树木分叉出的枝杈来钩住裤子，以方便他顺势起身、将裤子套上……所以，在他家中，妹妹、妹夫为他钉了好多钉子及其他“暗器”，来协助他完成每一件事情。别人都是“双手万能”，可是，他却是“双脚万能”，凡是洗头、洗脸、刷牙、写字、拿书、拿电话、梳头……全都靠双脚来完成！连洗米、煮饭、切菜、切肉，也都用双脚来操作，一“脚”的好功夫，真是“神乎其技”了。

“我相信‘意念的力量’，我要坚定目标！虽然以前我靠养鸡鸭、捡蜗牛为生，但我还是天天训练体力，在水中游、在路上走、在沙滩上跑，我不管别人怎么看我，但我要为自己而活！希望有一天，我还能参加残疾人奥运会，这是我最大的梦想！”蔡耀星眼中闪耀着期盼与梦想！而这番豪言壮语，他并不是随便说说而已，因为，无师自通的他，早已在前些年参加区运会，成为蛙泳50米、100米，仰泳50米的金牌得主；近几年又获得蛙泳、仰泳等多项金牌，被人们敬称为“无臂蛙王”。

取得各种成就的蔡耀星一直有接受教育的梦想。后来，在花莲县教育局陈素

婴老师的协助下，蔡耀星进入花岗国中就读夜校。每天，他都风雨无阻，坚持上学，用脚打计算机、用脚捧书、用脚写考卷，也用脚挺住自己多舛的人生。

在多场学校演讲中，蔡耀星告诉年轻学子们："人生充满希望，去做就对了！""每天愁眉苦脸也是一天，还不如快快乐乐地过每一天！"

一个人生活在这个世界上，总要保证自己最低的自理能力，总要除物质之外再给自己找点精神的东西作为生命的支撑，蔡耀星就把这两点做到了极致。他的命运是悲惨的，但他却很勇敢地面对生活，学着做一些平凡又伟大的事情，若不是意外的伤残，他怎会想到自己能够用脚代替手，做到这么多旁人无法想象的事情。蔡耀星就这样用行动告诉我们：没有不可能做到的事情，只是你没有去做，不了解自己身体内部蕴藏的潜能而已。

对生活充满希望的人，在遇到挫折的时候，总是能够沉住气，不妄自菲薄，能够以满腔热情投入到当下的工作中，这种积极的心态也有助于自身潜力的开发。永远不要听信那些习惯于消极悲观看问题的人，要保持积极乐观的心态。一定要记住你听到的充满力量的话语，因为所有你听到的或读到的话语都会影响你的行为。

永不对生活绝望，拥有积极的心态，是一个成功者必备的素质。乐观积极的心态，能够使人上进，能够激发人潜在的力量。潜能无时无刻不在，你的心态将是决定潜能发挥与否的一大关键因素，只要你保持积极心态，就能激发自己的无限潜能。无数成功人士的奋斗历程已经验证：成功是由那些抱有积极心态的人所取得，并由那些以积极的心态努力不懈的人所保持的。拥有积极的心态，即使遭遇困难，也可以获得帮助，事事顺心。

·把挫折当作成长的营养·

"自古雄才多磨难，从来纨绔少伟男"，磨难只能吓住那些性格软弱的人。对于真正坚强的人来说，任何磨难都难以使他就范，相反，磨难越多、对手越强，他们的自我提升就越快，意志也越发的坚不可摧。

有一种英雄，无论哪种苦难、挫折，乃至于死亡，都不能剥夺他的骄傲与从容。一个人的生命是不可以被别人取走的，但他可以自己处置。

孔子年轻的时候，很喜欢到隔壁的邻居家去。他的邻居是一位技艺精湛的老石匠，一块块岩石经过他的刻凿，便成为千姿百态、栩栩如生的花鸟石刻。一天，孔子又踱至邻家，那个老石匠正在为鲁国一位已故大夫刻石碑。

孔子叹息道："有人淡如云影来去无痕，有人却把自己活进了碑石，活进了史册里，这样的人真是不虚此生啊！"老石匠停下锤，问孔子："你是想一生虚如云影，还是想把自己的名字刻进碑石、流芳千古？"孔子长叹一声说："一介草木之人，想把自己刻到一代代人的心里，那不是比登天还难吗？"

老石匠听了，摇摇头说："其实并不难啊。"他指着一块坚硬又平滑的石块说："要把这块石坯刻成碑铭，就要雕琢它。"老石匠说完，就一手握凿一手拿锤叮叮当当地凿起来，一块块石屑很快在锤子清脆地敲击声中飞起来。不一会儿，岩石上便现出了一个栩栩如生的莲花图案。老石匠说："如果想使这个图案不容易被风雨抹平，那就要凿得更深些，要剔掉更多的石屑。只有剔凿掉许多不必要的石屑，才能成为碑。"

如果我们是一块不甘平庸的石头，就必须忍受折磨、痛苦，去经受挫折、困难和失败的雕琢，去掉生命中那些劣质、腐朽的东西，只留下精华，生命才会更加完美。如果我们不堪忍受折磨，怕被敲打，不剔除那些碎屑，天长日久，那些劣质的东西就会不断侵蚀我们，最终淹没精华，甚至损耗我们的生命。

生命，总是在各种各样的雕琢中茁壮成长的。人生道路上，每一次辉煌的背后都有一个凤凰涅槃的故事。世上没有笔直的路，人间没有不谢的花，磨难原本就是生命旅途中一道不可或缺的风景。事实就是这样，没有经过风雨的禾苗永远不能结出饱满的果实，这就是世界告诉我们的一个很简单的道理：一切事物要想变得更强，必须经历雕琢。

传说有一种鹰，它生存的年龄可达70岁。但在40岁时，如果要继续活下去，必须经历一次痛苦的重生。当鹰活到40岁时，它的爪子开始老化，不能有效地抓住猎物。它的喙开始变得又长又弯，几乎触到胸膛。它的翅膀也开始变得沉重，因为羽毛又浓又厚，连飞翔都显得有些吃力。

这时它只有两种选择：等死，或开始一次痛苦的重生——150天漫长的涅槃。它必须很卖力地飞到山顶，在悬崖上筑巢，停留在那里，不能飞翔。鹰首先用喙击打岩石，直到喙完全脱落，然后静静地等待新的喙长出来。它会用新长出的喙把指甲一根一根地拔出来。当新的指甲长出来后，再把羽毛一根一根地拔掉。5个月以后，新的羽毛长出来了，鹰才得以重生。如果40岁的鹰选择逃避，那么等待它的就是生命的枯萎。其实人也一样，只有历经雕琢，才能够更快、更好地成长，在磨难中得到净化与重生。

其实，不是每一块平凡的石头都可以被雕刻成丰碑的，就像不是每一只鹰都能够得以重生一样。但是，在雕刻人生的时候，不管能否树起一座丰碑，我们都必须尽心尽力地完成，带着对生命的期待与憧憬。就像苍鹰在重生时的奋斗，哪怕九死一生，也要有尊严地进行抗争。

俗话说，火石不经摩擦，就不会迸发出火花，同样，人若不遭遇挫折，生命就难以洋溢灿烂的光辉。正如巍峨的大树，其挺拔的身姿是在与狂风暴雨搏斗后磨砺出来的；精良的斧头，其锋利的斧刃是经铁匠千锤百炼打造出来的。因此，一个长在温室未经风雨的人，往往缺乏勇气、意志和魄力。

生命是自己的，想活得积极而有意义，就要耐得住考验，勇敢地接受各种挑战。面对困难不畏惧、不逃避，沉住气，坦然接受这种人生的历练，最终会得到更多。

·相信自己才能胜利·

如果你连自己都不相信，那这个世界上没有人会相信你。一个人活着，他最大的敌人不是他的竞争对手，也不是与他作对的社会，而是他自身。只有战胜了自己，才能取得成功。留意那些流传于世的成功经验，你一定会看到两个字“信心”。信心就是希望，是热情，是相信自己有能力改变现状、解决问题的前提。

信心，是成功之路的灯塔。它照亮了成功的路途，它是一个人的无价之宝，与自然之力一样能化腐朽为神奇。一个人的信心不仅仅来自他人的肯定，更来自于他自身。信心是一个人对自我能力的肯定，是一个人对自我价值的认同。一个有自信的人，才能获得别人对他的认同和肯定，才能感染他人共同取得成功。

美国通用电气公司前首席执行官杰克·韦尔奇被世人尊称为“全球第一CEO”，可谁能想到这个全球第一竟然是一位口吃症患者。韦尔奇小的时候患有口吃症，他说话断断续续，口齿不清。身边的同学总是嘲笑他，然而他并没有因此自暴自弃，而是自信心满满地健康成长。

一个人的经历离不开他的家庭教育，韦尔奇的母亲在他很小的时候就想方设法培养他的自信。他的母亲时常对他说：“你的口吃并不是因为你不如别人，而是因为你比别人都聪明。就是你太聪明了，所以没有人的舌头能跟得上你快速运转的大脑。”所以，从小到大，韦尔奇从没因为自己的口吃而自卑。他发自内心地相信母亲的话，口吃的毛病是因为自己比别人更聪明。在母亲的鼓励下，他克服

了这个缺点成为出类拔萃的商业精英，甚至还因此赢得了别人对他的敬意。就连美国全国广播公司新闻部总裁迈克尔也曾调侃道："如果我像杰克那么有效率，我恨不得自己也是个口吃。"当然，这只是个玩笑，不过却也说明了韦尔奇以自信赢得了别人对他的尊重。

除了口吃，韦尔奇在青少年时期还是个身材矮小的人。他自幼热爱运动，到了初中时，个子不高的他十分渴望能加入学校的篮球队。其他人知道了他的想法后，都觉得他是开玩笑，但是谁也没想到他最后竟然真的成功了。这一切要源自于他母亲对他的鼓励，他的母亲在得知自己儿子的想法后，鼓励他说："你想做什么就尽情地去做，你一定会成功的。"听了母亲的话，小韦尔奇加紧训练真的被选入了篮球队。直到他工作后，他翻看初中篮球队的合照时，才发现当时的自己竟然只有其他队员的 3/4 那么高，而且还是全队最弱小的一个。

韦尔奇的经历印证了美国哈佛大学企业管理学教授罗莎白·默丝·坎特的一段话："我们所走的每一步都建立在信心的基础上，即我们是否信任自己和他人能够完成承诺的目标。信心决定了我们的步伐，一个人甚至一个集体的步伐。"韦尔奇的自信，是他成为商业精英的原因之一。正因为他相信自己能行，所以他才能成功。

人生是一个没有评价标准的奋斗过程，只要你充满自信地面对所遇到的挑战和挫折，就没有失败之说。只要你充满自信地度过每一天，做出每一个判断，你就是人生的成功者。做任何事都不仅取决于你对这件事的了解程度和你的个人能力，更在于你是否自信能做好这件事。一旦树立了必胜的信念，你就成功了一半，这样再遇到什么问题，都能够顺利解决。

马丁·路德·金说过："这个世界上，没有人能够使你倒下，如果你的自信心还站立的话。"既然如此，为什么不相信自己，继续努力奋斗。只要你有越挫越勇的精神，坚持不懈的意志，必胜的信念和强大的自信，没有什么能成为你人生道路的拦路虎。"我成功，因为我志在成功。"拿破仑的这句话不仅仅能给予我们鼓舞，让我们有继续面对生活困境的勇气，更应该让我们意识到自信的重要。如果你相信你能成功，你就一定能成功，就像相信自己能移山，最终山为之所移动的愚公一样。除了你自己，再没有任何人能让你意志消沉，一事无成。

·人生是一种承受·

《西游记》告诉我们，要有一个淡定的领导者，一个能打败敌人的副手，还要有老实的员工和懒散的员工，更重要的是，不能没有敌人。有敌人，这一切存在才会合理。鉴于此，我们得感谢我们的敌人，感谢那些折磨你的人。

感激折磨你的人，因为他磨炼了你的心态，增进了你的见识。没有折磨怎会有动力？正是那些折磨，驱使我们生命的车轮不断地滚滚前行。

在日本北海道有一种鳗鱼，它被捕以后很容易死掉。但有一个渔夫能够使它活得更久，就是在鳗鱼中放进它的对手——狗鱼。鳗鱼因为有了对手狗鱼而被激活，因而活的时间更长。

其实我们无论何时都应该感激对手，只有对手才让我们有危机感，我们才会不断地进取，以获取最大的成功。没有对手我们就不会有进步，没有对手我们就不会有今天的成就，没有对手我们就不会走向成功。

在成功的路上，谁都不可能一帆风顺。感谢成功路上的磨难与挫折，因为所有的挫折都将成为“增益其所不能”的考验。学会感恩，能使人们在受挫时看到差距，在不幸中得到慰藉，能极大地激发我们挑战困难的勇气，进而获取前进的动力。

俄国化学家布特列罗夫少年时代就特别爱好化学，经常一个人在宿舍里偷偷做实验。他12岁那年，因为做实验发生爆炸，被关进禁闭室，学监在他胸前挂了一块牌子，写上“伟大的化学家”几个字挖苦他。

但布特列罗夫却没有被挫折吓倒，而是更加注重实验的安全性和理论知识的学习。每当想偷懒的时候，他都会提醒自己：“如果科学的功底不扎实，嘲笑和打击会再次折磨我的。”

在33岁时，布特列罗夫终于提出了有机化合物结构上的创见，成为一名成功的化学家。他常常对别人说：“我要感谢给我困难和打击的人，正是这些人，才让我在成功的道路上有力量向前走。”

没有承受教训的经验，就没有成熟的技术。由此可见，那些挫折和横逆的折磨对人生不但不是消极的，还是一种促进你成长的积极因素。唯有经历各种各样的折磨，才能拓展生命的厚度。所以，感激那些折磨你的人吧，是他们，让你的翅膀在一次次挣扎中变得更有力量，更能面对风雨，从而走向成功。

没有经历过风霜雨雪的花朵，结不出丰硕的果实。只有历经折磨，才能够历练出成熟与美丽。每一个勇于追求幸福的人，每一个有眼光、有思想的人，都会感谢折磨自己的人，因为，正是这些折磨造就了你的坚韧与成功。

·提升你的逆商指数·

不知什么时候数字成为了衡量一个人的标准，我们常常听到智商（IQ）、情商（EQ），却没有几个人留意到逆商（AQ）。逆商这一概念是由保罗·斯托尔茨提出来的，这个指数是用来衡量一个人身处逆境时的应对智力和应对能力。

说白了，其实逆商是用来判断一个人能否在逆境中坚持的一个指标。逆商指数低的人，面对一点点挫折就会大惊小怪，认为是命中注定自己倒霉。逆商指数高的人，则能在困境中积极寻找应对的方法以克服困难。

面对逆境，不同的人会选择不同的应对方式。有的人迎难而上，克服困难，有的人转身逃跑，希望能够逃避。有的人浅尝辄止，尝试一两次就放弃。其实这就跟人用沸水煮胡萝卜、鸡蛋和咖啡一样，选择不同的方法，煮不同的东西会获得不一样的结果。

用沸水去煮胡萝卜，20 分钟后无论多硬的胡萝卜也会变软。用沸水煮鸡蛋，20 分钟后原本易碎的鸡蛋变得坚固，而用沸水煮咖啡，被磨出粉末的咖啡粉会把整壶水都变成美味的咖啡。其实人生就像是沸水一样，人就是要丢进去煮的东西，由于心境不同结果也不同。不论是跟人生妥协的胡萝卜，还是愈挫愈勇的鸡蛋，抑或把人生都转变的咖啡，总要去面对，去选择。

最后，你取得的结果就取决于你的逆商指数。逆商决定了你面对困难时是会被吓哭逃跑，还是最终战胜它。

在汶川地震中，有一个人在被困九天九夜后被救了出来。经医生诊治，她能活下来简直是个奇迹，因为她在右侧肱骨骨折、腰椎骨折、左踝骨骨折、5~9 根肋骨骨折的情况下坚持了九天九夜。这个人就是 38 岁的崔昌惠。

在崔昌惠刚刚被解救时，医生检查完她的身体之后，只有一个评价：那就是奇迹。

她坚持九天九夜的传奇经历让人们十分好奇。在接受记者的采访时，崔昌惠说道，她一直以来都凭借着一个信念：要活下去，要回家，解放军一定会救她的。在她被困的九天九夜里，她吃过蚯蚓，啃过青草，甚至还喝过自己的尿。

在那样恶劣的环境下，崔昌惠凭借着自己不屈不挠的精神坚持了下来，最终等到了搜寻的救援队，重获新生。不得不说这位38岁的女子有着超出常人的意志，她活下去的信念足以震撼天地。透过她的行为，我们仿佛看到了一个逆商指数极高的人，如何克服生存的难题活了下来的画面。

人总是抱怨为什么人生之路不能一帆风顺，为什么想要获得成功总要付出非人的代价，却没有想到，不付出是永远不会有回报的。正是逆境打磨了一个人的意志，促使人进步和成长，正是逆境让人感悟到了成功和幸福。

如何能够提高自己的逆商指数，如何才能获得战胜困难的勇气？这个问题许多人思索过，答案也并不唯一，但这答案之中一定包括积极乐观的心态和沉住气、不屈不挠的精神。保持着乐观心态去面对挫折，坚持努力，这就是提升逆商的途径之一。

曾经有过一个千万富翁由于负债累累，最终无奈破产的事例。一无所有的富翁简直失去了活下去的勇气。他想就算自己要死，也要回家乡看一看，在父母的坟上再添一抔土。

从城市到小山村路途十分遥远，下了车的他踏上了归乡的山路。在他累得气喘吁吁时，远远地瞧见一片西瓜地。他停了下来，守着瓜田的是一位热情的老人，见他行路十分疲乏，就亲自去田里挑了个又大又甜的瓜，给他解渴。

接过老人递过来的西瓜，他和老人自然而然开始了交谈。他眼瞧着满地滚圆的西瓜，心中不免感慨，自己辛苦操劳最后一无所有。他对老人说道："看样子，今年有个好收成啊！"

"嗯，可不是。托老天爷的福，今年还算不错。"老人答道。

"难道往年的收成不好？"听了老人的回答后，破了产的富商有些疑惑。

老人随口就开始将自己与瓜田相伴的这些年发生的事与他说了一遍，不过不论是遇到干旱还是洪涝，无论收成好坏，老人都没有什么哀怨的表情，仿佛辛苦一年的劳作最后竹篮打水一场空是应该的。最后老人笑笑，说道："人这一辈子，种田就是跟老天爷斗，少不了要吃点儿苦，受点儿累。今年年景不好收成不好，还有明年。只要你接着种，总有一天能丰收。"

老人的话像是一道阳光，照进了他满是阴霾的心里。是啊，今年年景不好还有明年，要是放弃了希望就什么都没有了。豁然开朗的他，在临走时悄悄留下了100元钱。他回家给父母上坟后，又回到了曾经打拼的地方，重新创业。很快，几年过去了，他不仅还清了债务，还成为了企业的领航人物。

“只要不放弃希望，再接着耕种下去就能成功”，面对逆境，破产的富商本来已经放弃了，由于这句话他重燃了信心，最终取得了成功。不怕失败，乐观向上的心态是逆商评判的标准之一。逆商并不是平白增加的，也不是虚无缥缈的东西，它可以通过对心境的不断锤炼而增加。

想提升自己的逆商指数，就要学会保持一颗积极乐观的心，要懂得坚持不懈，面对困境要沉住气，静下心来应对，才能战胜逆境，赢得卓越人生。

·接受可能发生的最坏情况·

如果你已经做好了最坏的打算，那接下来发生的任何事都是你所能接受的。

比起那些整天担心自己会倒霉，会遇到挫折的人来说，时刻准备好迎接命运的挑战是十分必要的。你已经准备迎接最坏的结果，命运往往也会高抬贵手放你一马，让你感到人生原来没有想象的残酷。

许多身患重病最后却自愈的人，往往是因为他们内心已经坦然地接受了最坏的结果，做好了死亡的打算，这反而激发起他们活下去的信念，最后击溃了病魔而重拾健康。

艾尔·汉里患有严重的胃溃疡，他被这个慢性病折磨地快要疯掉了。20年前，他由于胃出血被送到了医院，医生几乎宣判了他的死刑。为了能活下去，艾尔什么都不敢吃，每天只能靠蛋白粉和半流质的东西维持生命。每天早晚还有护士用橡皮管将胃里的东西洗出来，避免再次发生胃出血的状况。

艾尔就这样在床上躺了几个月，他简直丧失了活下去的勇气。无所事事的他一整天都躺在床上瞎想，思考这样病怏怏的自己还能做些什么。

突然他萌生了一个念头：既然自己快死了，不如用最后的时间去实现自己一直以来环游世界的梦想。于是艾尔下定决心，出院后开始环游世界。他把他的想法跟医生说了，医生大吃一惊，连忙阻止他不要冒险，否则他会死在路上。

艾尔不理会医生的劝阻，买了一副棺材放到自己即将登上的游轮上，他跟游轮的船长商量好，如果自己不幸身亡，就请他把自己的尸体冷藏起来带回家乡。

就这样艾尔踏上了环游世界的旅程，起初他每天都要自己洗两次胃。后来洗胃的次数减少了，他发现自己的身体并没有像医生说的那样越来越糟。他不仅不用洗胃，还渐渐能吃些东西了，甚至还能抽上一支雪茄，端着一杯红酒看美丽的海景。

后来他乘坐的船遇到了罕见的海上风暴，可他一点也不觉得恐怖，反而非常坦然，最后整船人都活了下来。这次冒险的经历，让他一下子意识到，最坏的结果不过是死亡，与其为了健康天天担心自己什么时候会死，不如坦然地面对活着的每一天。

后来他回了国，全然看不出生过病的样子，并积极投入到了工作之中。后来有人问他是怎样战胜病魔的，他笑着说道："最坏的结果不过就是死而已，既然如此，那为什么不好好享受活着的光阴。我这么想，顿时觉得十分轻松，也不再去想自己的病，心里渐渐平静下来。可能正是这份平静让我病愈了吧！"

艾尔因为坦然的心态活了下来。他明白自己最坏的结果就是因病不治身亡，正是接受了这样的结果，才使得他有勇气去面对生活。

艾尔的经验并不是要告诉我们，生了病不用去治疗，而是告诉我们要尝试接受最坏的结果，一旦接受了这样的结果就没什么可怕的了。

现实生活中，失败或者痛苦会给人们带来恐慌。其实，与其在那儿恐惧自己会面对什么，不如想想什么是最坏的结果，遇到了最坏的结果自己会怎么样。想清楚想明白了，或许危机就不那么可怕了。

曾经有一位网友用调侃的笔触写了一份"失业计划"，上面写了自己失业后的打算。内容总共有三部分。第一部分他说自己一定要去卖报纸，既然已经失业了就尝试下自己一直想当的报童，他很好奇自己沦为报童时，能不能承受住路人鄙夷或好奇的目光，是不是还能保持镇静。

第二部分是说自己一定要回家住上一个月，好好陪一陪自己的父母。平日里工作忙只有年假能回家，短短的假期根本无法过个好年，自己要是失业了一定要好好在家住上一个月。

第三部分就是要去上一个短期的精修班，再掌握一门本事。即便自己失业了，多一种技能也许也多一个希望，没准会"因祸得福"找到一个比原来更好的工作。

面对这位网友的调侃，很多人都觉得不过是口上说说。但是难得的就是他面对失业这一事实后的坦然。即便是他真的失业了，相信他一定也能活得非常乐观，因为他已经为自己做好了最坏的打算。

当你已经知道了最坏的情况是什么时，你必须要接受它，只有这样，你才能够保持镇静，沉住气找出改善当前状况的办法。也只有当你接受了最坏的可能

时，你才会身心轻松地面对生活，迎接新的挑战。

当面对不幸、遭遇挫折时，人第一时间会选择逃避，这是一种趋利避害的本能，不容置否。然而，当你试着接受时，会发现所谓的不幸和挫折并没有什么可怕的，当你做好最坏的打算，那么迎来的不好的结果也变成了好的结果，也就不觉得有什么损失，反而认为自己多得了什么。与其等待自己被苦难淹没，不如未雨绸缪，为即将到来的坏事做好准备。

这样在别人失魂落魄不知如何是好时，你已经想好了应对的策略，抢占了先机，距离成功更近一步。做好最坏的打算，接纳最坏的结果就是为即将到来的胜利作准备，就是为成功的道路奠定基石。只有接受了最坏的可能，才能够沉着应对，在困难中窥见成功的影子。

第十一章

沉住气，世界就是你的

当你胸怀大志、有深远高明的见识时，当你计谋、策略高人一筹时，就应该踏踏实实地做好每一件事，让你的抱负、才干得到体现。那些投机取巧、三心二意之人，看似精明，就算曾经风光一时，却由于缺乏脚踏实地的务实态度和坚定不移的执着精神，而难以有所建树，充其量，他们只能是小打小闹的投机者，而难以成为集大成的大功业者。

·命运不被别人掌握，而在自己脚下·

脚踏实地才能成就未来。成功所需要的一切条件都需要靠务实努力来获取：大量有用的知识要靠扎扎实实的学习来获得；克服困难的力量要靠一点一滴的艰苦努力来积淀；同事的协作和上司的支持要靠诚信的品质和实实在在的能力来赢取；转瞬即逝的机遇要靠脚踏实地的艰苦付出来把握。因此，无论是完成一项任务，做好一项工作，还是成就一项事业，都必须在实际工作中形成行大于言的务实作风，不尚空谈，不崇清议，不好高骛远，认认真真地工作，踏踏实实地行动。

有一次，大哲学家柏拉图和他的弟子一起赶路。这名学生是柏拉图的得意弟子之一。而且这名弟子也很有理想，一直希望自己能够成为像老师一样伟大，甚至比老师还要博学的哲学家。柏拉图也相信这名学生能够作出一番大事业，但作为老师，柏拉图也知道自己的学生有一个缺点：只看到大目标而不顾脚下道路的坎坷。因此，他也一直想找一个合适的机会让学生意识到这一点。

这一天，柏拉图和这名学生外出散步，看到他们前面的不远处有一个很大的土坑，这个土坑周围还有一些杂草，平常人们只要稍加注意就可以绕过这个土坑，但柏拉图知道他的学生在赶路时经常不注意脚下。于是，他指着远处的一个路标对学生说：“这就是我们今天行走的目标，我们两个人今天进行一次行走比赛如何？”学生欣然答应，然后他们就出发了。

学生正值青春年少，他步履轻盈，很快就走到了老师的前面，柏拉图则在后面不紧不慢地跟着。柏拉图看到，学生已经离那个土坑近在咫尺了，他提醒学生“注意脚下的路”，而学生却笑嘻嘻地说：“老师，我想您应该提高您的速度了，您难道没看到我比您更接近那个目标了吗？”他的话音刚落，柏拉图就听到了一个声音“啊！”——学生已经掉进了土坑里，这个土坑虽然不致于让人受到重伤，但是它却足以使掉下去的人无法独自上来。

学生现在只能在土坑里等着老师过来帮他了，柏拉图走过来了，他并没有急着拉学生，而是意味深长地说：“你现在还能看到前面的路标吗？根据你的判断，你说现在我们谁能更快地到达目的地呢？”

聪明的学生已经完全领会了老师的意思，他满脸羞愧地说：“我只顾着远处的目标，却没走好脚下的每一步路，看来我还是不如老师呀！”

一心想着宏伟的目标，而不懂得通过具体的行动将之付诸实施，和故事中这名只知道看着远方，而不懂得留心脚下的学生非常相似。好高骛远会导致盲目行事，脚踏实地则更容易成就未来。年轻人往往充满梦想，这是件好事情。但同时还要明白的一点是，梦想只有在脚踏实地的工作中才能得以实现。

据说在久远的古代，古老的阿拉比国坐落在大漠的深处，多年的风沙肆虐使得城堡变得满目疮痍。于是有一天，国王对4个儿子说，他打算将国都迁往据说美丽而富饶的卡伦。

人们只知道卡伦距这里很远很远，但没有人知道究竟有多远。据说要翻越许多崇山峻岭，要穿过草地、沼泽，还要涉过很多的河流，国王决定让4个儿子分头前去探路。

大儿子乘车走了7天，翻过了3座大山，来到了一个一望无际的大草原。他问一个当地人，得知过了草地还要过沼泽，还要过大河、雪山……便调转马车回去了。

二儿子策马起程，当他穿过这片沼泽后被那条宽阔的大河挡了回来。

三王子漂过了大河却又被一片辽阔的大漠挡了回来。

一个月过去了，3个王子陆续回到了国王这里，将各自沿途所见讲给国王听，并再三强调他们路上问过了许多人，都告诉他们去卡伦的路很远很远。

又过了5天，小王子风尘仆仆地回来了，他兴奋地告诉父亲：去卡伦的路只要18天的路程。

听了小王子的回答，国王满意地笑了："孩子，你说得对，其实我早就去过卡伦了。"

那3个王子不解地望着国王——"那为什么还要派我们去探路呢？"

国王一脸郑重地说："那是因为我想告诉你们4个字——脚比路长。"

脚比路长，学会"用脚做梦"才能够梦想成真。诗人汪国真曾说过一句话，"没有比脚更长的路，没有比人更高的山"。脚比路长，许多人都曾经有过梦想，却始终无法实现，最后只剩下牢骚和抱怨，其原因就在于没有脚踏实地去行动。

脚踏实地的耕耘者能够在平凡的工作中抓住机遇，而那些只会把眼光盯在高处，不愿意踏实工作的人只能在等待机遇的焦急中度过黯淡无光的一生。著名企业家李嘉诚说："不脚踏实地的人，是一定要当心的。假如一个年轻人不脚踏实地，我们使用他就会非常小心。你造一座大厦，如果地基不好，上面再牢固，也是要倒塌的。"

·空谈误事又误己，脚踏实地才是真·

在现实生活中，一些看似踌躇满志的人，常常会把"我将来能够怎么样"，"假如是我，我会做到怎么怎么样"这样的话语挂在嘴边，夸夸其谈的时候，能从天南侃到海北，即使说大话的时候，也能够热血沸腾、设想连篇，却始终未能干成几件事情。所以，脚踏实地，少谈空话，多干实事才是成功的必要条件，夸夸其谈则一事无成。

下面的一则寓言，为那些空谈的人敲响了警钟。

有一个农夫，家里值钱的东西只有两样：一头会干活的牛和一只会说话的鹦鹉。

有一次，牛从地里干活归来，一进院便躺在地上休息。看着它累得汗流浃背、气喘吁吁的样子，鹦鹉非常感慨，说："老牛呀，即便你辛勤劳作、吃苦受累，别人还是会抱怨你牛脾气，干活慢。可是我被主人养着，不需要干活，还常常被人们表扬，说我可爱，会学舌。你看，你是不是比我笨多了？"

老牛说："我知道自己不如别人聪明，可是我相信主人是聪明的。靠空谈和漂亮话来取宠是没办法长久的。"

听了老牛的话，鹦鹉不以为然。

一天夜里，有一伙强盗闯入了农夫的家里，他们抓住农夫，强迫他交出一件值钱的东西，否则就要了他的命。鹦鹉心想：农夫最喜欢我了，所以肯定会把我留下来的。

让人意外的是，农夫留下了老牛，把鹦鹉交给了强盗。

鹦鹉觉得不服，质问农夫为什么要这么做，农夫说："没有你鹦鹉的话，我只是少听一些漂亮话而已，并没有什么大不了的。但是，如果没有牛来耕田的话，我就会挨饿。这是最简单的道理。"

我们经常会在现实生活中遇到一些言语上夸夸其谈，做起事情来却稀里糊涂、一事无成的人。也许，在言语上他们会给人很深刻的印象，但是，只有脚踏实地、多干实事才是成功的必要因素。

在不得不面对现实、需要干实事的时候，许多人内心的激情和理想都会变成无可奈何，一旦面对具体问题，平素的高谈阔论也会变成不知所措。一味设想而不去落实的空谈，只会成为华而不实的空中楼阁，再完美的战略、再滴水不漏的计划、再绝妙的招数亦是于事无补。

肯干实事、落到实处才是成就一件事情的关键，只谈空话、只喊口号是行不通的。在任何事情上，都要正确处理"空谈"和"落实"的辩证关系，做到脚踏实地、言行一致、说到做到，这样才能够成功。这并不是说不需要口号和宣传，必要的口号和宣传能够对成功起到辅助作用，但我们不能仅仅局限于喊口号、做宣传，更重要的在于脚踏实地抓好落实。这就需要我们投入更多的时间、精力和智慧，去思考、研究那些能够切合工作实际的好办法、好计策。只有踏实肯干，真正落实了计划的各个环节，肯下苦功和硬功，才能够达成目标。

曾经有一个轰动事件，一家园艺所愿意以高额的奖金征求纯白金盏花，丰厚的奖赏令许多人跃跃欲试。但是，在自然界中，只存在金色或者棕色的金盏花，培植出白色的花朵并非一件容易的事情。所以，在引起了广泛的社会关注后，这则启事就渐渐被人们淡忘了。

时光飞逝。20年后的一天，那家园艺所收到了一粒纯白金盏花的种子，随之而来的还有一封热情的应征信。当天，这件事情就迅速地传来了，又一次引起了巨大的轰动。

种子的培育者是一个古稀之年的老人，20年前，她偶然看到园艺所的征求启事，便心动了。作为一个地地道道的爱花人，不管8个儿女怎么反对，她都不顾

一切地坚持下来。

她撒下一些普通的种子，精心地侍弄了一年，金盏花开放之后，她把颜色最淡的花朵从那些金色、棕色的金盏花中挑选出来，等到其自然枯萎后，就得到了这批里面最好的种子，第二年的时候重又种下去。如此往复，不断从这些花中挑选出颜色更淡的花的种子进行培育……

随着时间的流逝，经年累月之后，终于，20年后的一天，她在花园中看到了梦寐以求的白色金盏花，它并非近乎白色，也非类似白色，而是如雪的纯白。这个连专家都无法解决的问题，在一个没有接受过遗传学教育的老人的长期努力和恒久坚持下，最终解决了。

如今的社会，有很多人都满腔热情、胸怀理想和抱负，可是成功往往都是从点滴积累开始的，并不取决于你的设想和空谈，如果不能脚踏实地、埋头苦干做好眼前的事情，目标只会离你越来越远。

踌躇满志、胸怀远大固然是值得称赞的，但这并不等同于沉迷虚无的幻想，并为此脱离了实际、一味追求理想化的目标。仅仅怀有远大的目标是不足以成功的，在实际的生活中，我们需要脚踏实地、量力而行、埋头苦干，同时也要根据实际情况来调整自己的状态，才能够逐渐靠近成功的彼岸。

生活中，获得成功的人往往不是那些夸夸其谈的人，也不是满腹空想、终日幻想的人，而是真正能够脚踏实地去把设想变成实践的人。纸上谈兵永远只是空话，是无法达到目标的，深陷于虚无的幻想中是没有前途的。专注于当前的职业和工作，一步一个脚印地埋头苦干，把这些工作尽可能做到细致完美，才能够获得培育成功之花的土壤，真正地从寻常迈向非常。

·人生无大事，事事皆小事·

很多时候，一件看起来微不足道的小事，或者一个毫不起眼的变化，却能起到关键的作用。这就要求我们始终保持充分的责任心和高度的注意力，始终保持清醒的头脑和敏锐的判断力，能够对工作或生活中出现的每一个变化、每一件小事迅速作出准确的反应和判断。

大凡世界上做成大事的人，都能把小事做细、做好。做好了每件小事，逐渐积累，就会发生质变，小事就会变成大事。任何一件小事，你把它做规范了、做到位了、做透彻了，就会从中发现机会，找到规律，从而为做成大事奠定基础。

峨山禅师对禅理的领悟非常深刻，讲解禅理时妙语连珠、寓意深刻，因此很受推崇，拥有众多弟子。

随着岁月的流逝，峨山禅师渐渐衰老，虽然生活中也需要人照顾，但是他仍然亲自做自己力所能及的事情。

一天，峨山禅师在院子里晾晒自己的被子，累得气喘吁吁，一个信徒看到了，奇怪地问："您德高望重，拥有那么多弟子，这些小事还要您亲自动手吗？"

峨山禅师微笑着反问道："老年人不做点儿小事，还能做什么呢？"

信徒说道："您可以打坐修行呀！那不轻松得多吗？"

峨山禅师微微一笑，反问道："你以为仅仅打坐才叫修行吗？佛陀为弟子穿针，为弟子煎药，难道不也是修行吗？做小事也是修行啊！"

正像峨山禅师所言，做小事也是修行。世间大事无不是由小事积累而来的。我们每个人所做的工作，都是由一件件微不足道的小事组成的，但我们不能因为它小就忽视它。事实上，世界上所有的成功者，他们与我们一样都做着同样简单的小事，唯一的区别就是，他们从不认为自己做的事是简单的小事。

很多人时常对自己目前的工作不满意，还常常抱怨，诸如工作内容太简单、大材小用、不受领导重视等，却很少会从自身找原因，问一问自己是否尽心尽力，有没有把这份"简单"的工作做好，有没有把当前工作做到最佳水准。

许多想一步登天的高学历毕业生眼高手低，只想做大事，不愿做小事，又不知道自己的能力在哪里，结果是大事做不了，简单的小事也做不好。

一位MBA毕业生到银行任职，人事部门把他安排到营业网点当柜员，做储蓄工作。一个月后，他找到行长说，他到银行来不是干这种简单的琐事的，他应该担当更重要的工作。

行长便把他安排到了国际信贷部，但很快信贷部的负责人和同事们对他的工作能力都非常不满。他还自认为很能干，总是抱怨单位不好，领导不给他机会，同事嫉妒他。结果，大家都认为他是个大事干不了、小事不想干的讨厌家伙。

每个新职员都会被告诫应该做好当前的基本工作，但能意识到这一点并真正做得好的人并不多。一位银行分行的行长说，每年都会有一些大学毕业生到基层锻炼，而往往他们都没有耐心熟悉银行的基本业务，却总想着管理的问题，好像都是来等着当行长似的。

只要能一心一意地做事，世间就没有做不好的事。这里所讲的事，有大事，也有小事，所谓大事小事，只是相对而言。很多时候，小事不一定就真的小，大事不一定就真的大，关键在做事者的认知能力。那些一心想做大事的人，常常对小事嗤之以鼻，不屑一顾。其实连小事都做不好的人，大事是很难做成功的。许多成功人士都是能将小事坚持做好的人。

有位智者曾说过这样一段话，他说："不会做小事的人，很难相信他会做成什么大事。做大事的成就感和自信心就是由做小事的成就感积累起来的。可惜的是，我们平时往往忽视了它，让那些小事擦肩而过。"

人生无大事，事事皆小事。生活的一切原本都是由细节构成的，如果一切归于有序，那么决定成败的必将是微若沙砾的细节，正如柏拉图所说："如果没有小石头，大石头也不会稳稳当当地矗立着。"只要你能做好每一件简单的小事，你就不简单。

·一生只做一件事·

天下的麻雀是捉不尽的，一只手也抓不住两只鳖。自古以来，人不能在同一时间内，既能抬头望天又可以俯首看地。所以说，不能专心便一事无成。

爱默生是一位谦虚的作家，可是他在晚年时反思自己一生的成就时却说："让我步入失败深渊的人不是别人，是我自己。我一生中最大的敌人不是别人，是我自己。我是给自己制造不幸的建筑师，我一生希望自己成就的事业太多了，以至于一事无成。"以爱默生的成就，他还这样反省自己，认为自己一事无成，足见他是多么的谦虚。不过我们能从他说的话中得到一个启示：做事必须将所有精力投入到一点上，三心二意，只能一事无成。正如俗话说的："你要想把天下的麻雀捉尽，结果会一只也捉不到。"

黄石公说："最悲哀的情形，莫过于心神离散；最大的病态，莫过于反复无常。"我们应懂得，不是焦点的聚光，是不能起到燃烧作用的。

昆虫学家法布尔为了观察昆虫的习性，常常废寝忘食。有一天，他大清早就趴在一块石头旁。几个村妇早晨去摘葡萄时看见法布尔，到黄昏收工，仍然看到他趴在那儿，她们实在不明白："他花一天工夫，怎么就只看着一块石头，简直中了邪！"其实，为了观察昆虫的习性，法布尔不知花去了多少个这样的日日夜夜。

有一次，一个青年苦恼地对法布尔说："我不知疲劳地把自己的全部精力都花在我爱好的事业上，结果却收效甚微。这是怎么回事？"

法布尔赞许地说："看来你是位献身科学的有志青年。"

这位青年说："是啊！我爱科学，可我也爱文学，对音乐和美术我也感兴趣。我把时间全都用上了。"

法布尔从口袋里掏出一块放大镜说："把你的精力集中到一个焦点上试试，就像这块凸透镜一样。"

欲成就大事的人，往往会专注于所从事的事情，紧紧抓住事情的关键，攻其难点和重点，实现质的飞跃，成就一番事业。

在专一的用心面前，智慧的大脑、优势的体格节节败退。我们不能因为从事别的事情而分散了我们的精力。中国古代的铸剑师为了铸成一把好剑，必须在深山中潜心打造十几年。有道是"十年磨一剑"，专注能够保证工作效率得到最大的发挥，为了专心做好一件事，必须远离那些使你分散注意力的事情，集中精力选准主攻目标，专心致志地去做好你要做的事，这样才可能取得成功。

一个人的精力和时间都是有限的，不可能成为无所不知、无所不能的超人。如果大多数人集中精力专注于一件事情，他们都能把这件事情做得很好。当你的内在心灵将焦点集中在特定目标上，你会不由自主地朝此目标前进，然后以比较宽容的想法去看待其他事情。你沉下心来，专注地做好一件事情，成功的目标会离你越来越近。

·梦想不受限制，无事不能成就·

一个人心里想成为怎样的人，就可能成为怎样的人。相信你是个强者，你就可能成为强者。我们每个人心里都有一幅心理蓝图或一幅自画像，有人称它为"自我心像"。自我心像有如电脑程序，直接影响你的运作结果。如果你心里想做最好的你，那么你就会在你内心的"荧光屏"上看到一个踌躇满志、不断进取的自我。同时，还会经常收听到"我做得很好，我以后还会做得更好"之类的信息，这样你注定会成为最棒的人。

信念是所有奇迹的萌发点，纵观古今中外凡成大事者，无不是从一个小小的信念开始起步的。

罗杰·罗尔斯是美国纽约州历史上第一位黑人州长。他出生在纽约声名狼藉的大沙头贫民窟。这里环境肮脏，充满暴力，是偷渡者和流浪汉的聚集地。在这儿出生的孩子，耳濡目染，他们从小逃学、打架、偷窃甚至吸毒，长大后很少有

人从事体面的职业。然而，罗杰·罗尔斯是个例外，他不仅考上了大学，而且成为了州长。

在就职的记者招待会上，一位记者向他提问："是什么把你推向州长宝座的？"面对300多名记者，罗尔斯对自己的奋斗史只字未提，只谈到了他上小学时的校长皮尔·保罗。

1961年，皮尔·保罗被聘为诺必塔小学的董事兼校长。当时正值美国嬉皮士流行的时代，他走进大沙头诺必塔小学的时候，发现这儿的穷孩子比"迷惘的一代"还要无所事事。他们不与老师合作，旷课、斗殴，甚至砸烂教室的黑板。皮尔·保罗想了很多办法来引导他们，可是没有一个是奏效的。后来，他发现这些孩子都很迷信，于是他上课的时候就多了一项内容——给学生看手相。他用这个办法来鼓励学生。

当罗尔斯从窗台上跳下，伸出小手走向讲台时，皮尔·保罗说："我一看你修长的小拇指就知道，将来你是纽约州的州长。"当时，罗尔斯大吃一惊，因为长这么大，只有奶奶让他振奋过一次，说他可以成为五吨重的小船的船长。这一次，皮尔·保罗先生竟说他可以成为纽约州的州长，着实出乎他的预料。他记下了这句话，并且相信了它。

从那天起，"纽约州州长"就像一面旗帜影响着他。罗尔斯的衣服不再沾满泥土，他说话时也不再夹杂污言秽语，他开始挺直腰杆走路。在以后的40多年间，他没有一天不按州长的身份要求自己。51岁那年，他终于成了州长。

在就职演说中，罗尔斯说："信念值多少钱？信念是不值钱的，它有时甚至是一个善意的欺骗，然而你一旦坚持下去，它就会迅速升值。"

"信念不值钱，却因坚持而升值"，罗尔斯正是因为对信念长久地坚持，并以"纽约州州长"的标准要求和约束自己，沉住气，付出了几十年的努力，从而获得了成功。

信念是任何人都可以免费获得的，相信自己，你就能创造奇迹。

亨利曾写过这样的诗句："我是命运的主人，我主宰自己的心灵。"

只有你才是自己命运的主人，只有你才能把握自己的心态，用你的心态塑造自己的未来，这是一条普遍的规律。

有些人也许会问："老天生来就待我不公，我生下来就有缺陷，那我该怎么办呢？"如果你属于这类"不幸者"，那就想想海伦·凯勒的人生经历吧。还有谁能比一个又聋、又哑、又盲的女孩更为不幸呢？可她成了美国著名的作家。

不论你在生理上是否有残疾，不论你是儿童还是成人，你都能从海伦·凯勒的人生经历中得到以下启示：

（1）那些能够产生热烈的愿望以达到崇高目标的人，才能走向伟大。

（2）那些以积极的心态不断努力的人，才能取得成功。

（3）在人类的任何活动中，要获得成功，就必须实践、实践、再实践。

（4）当你确立了目标时，努力和劳动就会变成乐事。

（5）对那些被积极的心态所激励，想成为成功者的人来说，伴随着任何逆境，都会同时产生一粒等量或更大能量的种子。

拥有一个积极的心态比什么都重要。只要你坚信自己能做到，你就一定能做到，不要给自己找任何借口，因为能打败你的只有你自己，而能挽救并成就你的辉煌的也只有你自己。

·认清自己，成就自己·

人生的诀窍就是经营自己的长处，这是因为经营自己的长处能给你的人生增值，经营自己的短处会使你的人生贬值。正如富兰克林所说：“宝贝放错了地方便是废物。”一个人竭尽全力去做一件事而没有成功，并不意味着他做任何事情都无法成功。因为他可能选择了不合天性的职业，这就注定难以出人头地。

其实中国历史中就有些人是放错了位置的，比如南唐后主李煜，精书法，善绘画，通音律，诗和文均有一定造诣，被称为“千古词帝”，可是李后主绝不是一个好皇帝。而像是李煜翻版的宋徽宗是一个了不起的书法家，也是一个画家，他曾写过“孔雀登高，必先举左腿”等有关绘画的理论文章，对中国的美术有相当大的贡献，但是他也不是一个好的皇帝，他曾因为大举“花石纲”而涂炭生灵，造成了“靖康之耻”。“端王轻佻，不可君天下”。很显然，宋徽宗被放在了错误的位置。

一个人成功与否，有两个关键：一个是管理自己的能力，另一个就是了解自己的程度。通过对自己经历的回顾可以发现和准确判断自己的兴趣所在。在此基础上，将自己的兴趣与相应的职业对比，可以帮助你选择适合自己兴趣的职业。

爱因斯坦在50年代曾收到一封信，信中邀请他去当以色列的总统。出乎人们意料的是，爱因斯坦竟然拒绝了。他说：“我整个一生都在同客观物质打交道，因而既缺乏天生的才智，也缺乏经验来处理行政事务及公正地对待别人的能力，

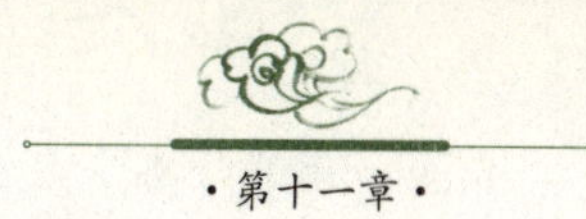

所以，本人不适合如此高官重任。”

爱因斯坦非常了解自己，他早已确定了自己的位置，于是，无论怎样的高官厚禄都无法迷惑他的眼睛，事实上，也只有做科学家才适合他。

把生活中最感兴趣的事作为职业，这便是把兴趣发挥到了极致，正如罗素所说，他的人生目标就是使“我之所爱为我天职”。大凡成功者，他们成功的关键都是掌握了自身的优势，并加倍强化这种优势，完全投入到自己所喜欢的项目之中。

要选择好工作，首先要问问你自己的兴趣所在。我喜欢做什么？我最擅长什么？一份自己热爱的工作可以激发工作的积极性，即使再辛苦、再烦琐，也阻挠不了我们前进的脚步。这样的工作更像是一种享受。

爱迪生就是一个好例子。这个未曾进过学校的报童，后来却使美国的工业革命完全改观。爱迪生几乎每天都在他的实验室辛苦工作18个小时，在里面吃饭、睡觉，但他丝毫不以为苦。他宣称，“我每天其乐无穷。”难怪他会取得这么大的成就，每个从事着他自己所无限热爱的工作的人，都易成大事。而事实上，很多人都很难一下弄清楚自己到底对什么最感兴趣或者是擅长什么，这就需要你在实践中不断发现自己、认识自己，这个过程也许曲折，放弃也许困难，但为了一生的天职，我们也要拼一拼。

美国作家马克·吐温曾经经商，第一次他从事打字机的投资，因受人欺骗，赔进去19万美元；第二次办出版公司，因为是外行，不懂经营，又赔了10万美元。两次共赔将近30万美元，不仅把自己多年心血换来的稿费赔个精光，而且还欠了一屁股债。

马克·吐温的妻子奥莉娅深知丈夫没有经商的才能，却有文学上的天赋，便帮助他鼓起勇气，振作精神，重新走创作之路。终于，马克·吐温很快摆脱了失败的痛苦，在文学创作上取得了辉煌的成就。

人生像是一盘棋，你要知道自己的角色和位置，你到底是车、是马、是兵还是炮，不同的身份有不同的路线，你若不认清自己的位置，一味地乱走，那人生这盘棋，你就很容易败北。事实上，只有最适合自己的才是自己的“正业”，我们可能一直在为了找到自己的“正业”而止步、改变和再启程。

曾经有位中学生向世界首富比尔·盖茨请教成功的秘诀，盖茨说：“做你所爱，爱你所做。”因此，在选择职业时，不要心急地只关心薪水和名望，而应该看这个工作是否是自己最感兴趣且可以充分地发挥自己的潜能的，要选择那些能使你雄心勃勃，能让你感到幸福的职业。

·勇于突破“我不能”的自我限制·

想要成功，首先要有敢于成功的念头，这种念头要像溺水者想要求生那么强烈。失败者有失败的心态，成功者有成功的心态。不同的思想会影响到人的决心和行为。因此，每个渴望成功的人都要拥有绝对的信心。对于追求者而言，拥有了自信，便已成功了一半。

沉住气首先指的是对自己和自己所做的事情有信心，一个对自己所做的事情没有信心的人是沉不住气的。只有坚定不移地相信自己能够成功的人，才会有足够的耐心沉住气埋头去干。

一位年轻人去一家广告公司应聘文案策划工作。老板问他：“你以前做过这类工作吗？”

年轻人说：“没有，但我有信心做好。”

“既然你没做过，信心何来？”

“以前我也是搞文化工作的，跟文案策划类似。这样吧，如果我干得不能让您满意，我一分钱不要就卷铺盖走人。”

老板同意了，并交给他一项文案创意的任务。他不敢掉以轻心，先借来公司以前的成功个案细细揣摩，直到心里有底了才着手工作。他一边揣摸老板的意图，一边调动所有的灵感细胞，精心制作，觉得无懈可击了才交给老板。结果老板只改动了几个字就通过了，同时交给他一个更加复杂的广告文案创意任务。因为有了初次成功的鼓舞，他不像第一次接任务那样拘谨了，思路活跃起来，而且也更加自信。他没有局限于老板的口味，完全依照自己的感觉创作。

当他把作品交给老板时，老板仔细看了一遍，半天没吭声。突然，老板吁了一口气，说：“你是这方面的天才，好好干吧！”

拥有自信，并不是鼓吹“人有多大胆，地有多大产”，而是相信事情并非毫无可能，成功并非毫无希望。若我们能够带着激情与梦想，寻找方法，然后对症下药，便能很好地解决遇到的问题。拥有自信，肯踏踏实实地努力，这世上便没有什么不可以尝试的东西，成功当然也不会冷漠地拒绝你。

人最大的敌人是自己，人在工作上遇到的最大问题是缺乏自信。缺乏自信

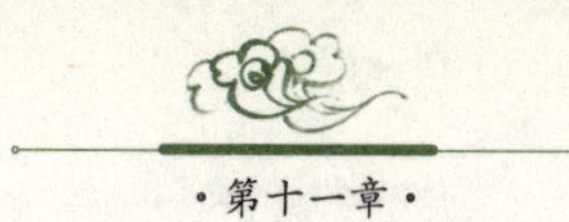

的现象包括“告诉自己做不到”“怀疑自己无法获得成功”“对自己的现状不满意”“担心自己会失败”“觉得自己没有目标和安全感”，这一切都会影响人行动，让人缺乏应有的活力，从而限制了潜能最大程度地发挥。

一个人的积极行动，包括最终的成功，总是跟他的自信心紧密相关的。怀着必胜的心，我们才能担负起责任，勇敢地面对一切艰难险阻。只要怀有必胜的信念，哪怕是一个平凡的人，也会成就惊人的事业。

2001年5月20日，美国一位名叫乔治·赫伯特的推销员成功地把一把斧子推销给小布什总统。他所在的布鲁金斯学会得知这一消息，把刻有“最伟大推销员”的一只金靴子赠与他。这是自1975年以来，该学会一名学员成功地把一台微型录音机卖给尼克松后，又一学员跨过如此高的门槛。

布鲁金斯学会以培养世界上最杰出的推销员闻名于世。它有一个传统，在每期学员毕业时，设计一道最能体现推销员能力的实习题，让学员去完成。克林顿当政期间，他们出了这么一道题目：把一条三角裤推销给现任总统。8年间，有无数个学员为此绞尽脑汁，可是，最后都无功而返。克林顿卸任后，布鲁金斯学会把题目换成：请把一把斧子推销给小布什总统。

鉴于前八年的失败，许多学员放弃了争夺金靴子奖，个别学员甚至认为，这道毕业实习题会和克林顿当政期间一样毫无结果，因为现在的总统什么都不缺，再说即使缺少，也用不着他们亲自购买。

然而，乔治·赫伯特做到了，并且没有花多少工夫。一位记者采访他时，他说：“我认为，把一把斧子推销给小布什总统是完全可能的，因为布什总统在得克萨斯州有一个农场，里面长着许多树。于是我给他写了一封信，说：有一次，我有幸参观您的农场，发现里面长着许多大树，有些已经死掉，木质已变得松软。我想，您一定需要一把小斧头，但是从您现在的体质来看，这种小斧头显然太轻，因此您仍然需要一把不甚锋利的老斧头。现在我这儿正好有一把这样的斧头，很适合砍伐枯树。假如您有兴趣的话，请按这封信所留的信箱，给予回复……最后他就给我汇来了15美元。”

乔治·赫伯特成功后，布鲁金斯学会在表彰他的时候说，金靴子奖已空置了26年。

在哥伦布成功之前，谁也不相信大洋彼岸还有一片绿洲；在乔治·赫伯特成功之前，谁也不相信他能将一把斧头卖给总统。有些人之所以不能成功，是因为他们在尝试之前就给自己预设了一种可能：这件事情绝不可能成功！就这样，失

败的念头抢占了他们脑海中的高地，堵塞了努力的道路。而满怀信心的人永远相信，想要追求梦想，首先要做一个敢于做梦的人。在追求的路上，要记得将必胜的信念放进随身的行囊。

信念代表着一个人的精神状态和把握任务的热情，以及对自己能力的正确认知。只有怀着必胜的信念，我们才能沉住气，充满热情，干劲十足，无所畏惧地勇往面前。或许你现在的生活碰到了一些小麻烦、小挫折，但这些都将成为你走向成功的垫脚石、助推器。决心就是力量，自信就是成功，若拥有必胜的信念，你将永远比别人更容易走向成功。

·重视手边清楚的现在·

常常会有这样的时候，我们深陷在对昨天伤心往事的懊悔中，期待明天会有不一样的艳阳高照，却独独忽视了今天的存在。很多时候，我们自己亲手种下一道心灵的魔咒，让岁月在蹉跎中逝去，却只为自己留下满目的疮痍。

苏格拉底说："最有希望的成功者，并不是才华最出众的，而是那些善于利用每一个时机去发掘开拓的人。"与其计较昨日或等待明天，不如珍惜现在，沉住气，踏踏实实做好手边每一件事。

1871年春天，蒙特瑞综合医院的一个医学学生偶然拿起一本书，看到了书上的一句话，就是这句话，改变了这个年轻人的一生。它使这个原来只知道担心自己的期末考试成绩、自己将来的生活何去何从的年轻医学院学生，最后成为他那一代最有名的医学家。他创建了举世闻名的约翰·霍普金斯学院，被聘为牛津大学医学院的钦定讲座教授，还被英国国王册封为爵士。死后，他的一生用厚达1466页的两大卷书才记述完。

他就是威廉·奥斯勒爵士，而那句改变他一生的话就是他在1871年看到的由汤冯士·卡莱里所写的那句："人的一生最重要的不是期望模糊的未来，而是重视手边清楚的现在。"

42年之后，在一个郁金香盛开的温暖的春夜，威廉·奥斯勒爵士在耶鲁大学作了一场演讲。他告诉那些大学生，在别人眼里，曾经当过四年大学教授，写过一本畅销书的他，拥有的应该是"一个特殊的头脑"，可是，他的好朋友们都知道，他其实也是个普通人，他所取得的一切，只是因为他注重了今天。

人的一生中，总是会被许多过去或未来的人或事分散精力，然而，不论是在过去的废墟里搜寻再多的回忆，还是在未来的梦中播下再多的种子，也不会有丰收的喜悦。只有在今天的田野上播种，才会有收获的希望，因为只有现在属于我们，只有现在会带给我们一切。我们不知道自己的生命到底有多长，但我们却可以安排当下的生活。只要把握好现在，我们的人生就一定不会失色。卓根·朱达是哥本哈根大学的学生，他就是这样做的。

有一年暑假，卓根去当导游。由于他周道地为顾客做了许多额外的服务，因此几个芝加哥来的游客就邀请他去美国观光，旅行路线包括在前往芝加哥的途中，到华盛顿特区做一天的游览。卓根抵达华盛顿以后就住进威乐饭店，他在那里的账单已经预付过了。这时真是乐不可支，外套口袋里放着飞往芝加哥的机票，裤袋里则装着护照和钱。

后来这个青年突然遇到晴天霹雳。当他准备就寝时，才发现皮夹不翼而飞，于是他立刻跑到柜台那里，“我们会尽量想办法。”经理说。第二天早上，仍然找不到，卓根的零用钱连两块钱都不到。自己孤零零一个人待在异国他乡应该怎么办呢？打电报给芝加哥的朋友向他们求援？还是到丹麦大使馆去报告遗失护照？还是坐在警察局里干等？他突然对自己说：“不行，这些事我一件也不能做。我要好好看看华盛顿。说不定我以后没有机会再来，但是现在仍有宝贵的一天待在这个城市里。好在今天晚上还有机票到芝加哥去，一定有时间解决护照和钱的问题。我跟以前的我还是同一个人，那时我很快乐，现在也应该快乐呀。我不能白白浪费时间，现在正是享受的好时候。”

于是他立刻动身，徒步参观了白宫和国会山，并且参观了几座大博物馆，还爬到华盛顿纪念馆的顶端。他去不成原先想去的阿灵顿和许多别的地方，但他能看到的，他都看得更仔细。他买了花生和糖果，一点一点地吃，以免挨饿。等他回到丹麦以后，这趟美国之旅最使他怀念的就是在华盛顿漫步的那一天。

卓根没有让那美好的一天白白溜走，因为他知道“现在”就是最好的时候，在“现在”还没有变成“昨天我本来可以……”之前就把它抓住。

曾经有两位哲人游说于穷乡僻壤之中，对前来听教的人说了一句流传千古的话：“不要为明天的事烦恼，明天自有明天的事。只要全力以赴地过好今天就行了。”在这个世界上，有许多事情是我们所难以预料的。你左右不了变化无常的天气，却可以调整自己的心情；我们不能控制机遇，却可以掌握自己；我们无法预知未来，却可以把握现在。

时间并不能像金钱一样让我们随意储存起来，以备不时之需。我们所能使用的只有被给予的那一瞬间——现在。所谓“今日”，正是“昨日”计划中的“明日”；而这个宝贵的“今日”，不久将消失到遥远的彼方。对于我们每个人来讲，得以生存的只有现在——过去早已逝去，而未来尚未来临。昨天，是张作废的支票；明天，是尚未兑现的期票；只有今天，才是现金，具有流通的价值。所以，不要老是惦记明天的事，也不要总是懊悔昨天发生的事，沉住气，把你的精神集中在今天。

·沉住气，方法总比问题多·

想办法是解决困难的唯一办法，而且，只要努力寻找，就势必会有办法。很多时候，那些能力优秀的人总能够找到适当的解决问题的办法，而那些表现恶劣的人通常只是头痛困扰、推卸责任，四处寻觅能够勉强站住脚的推诿理由。由此可见，问题总是能解决的，关键是我们面对困难时持何种态度。

成功的内涵不在于如何去做，真正决定一切的是你如何去想。

一个人会做出什么样的行动，取决于这个人在想什么，这就是所谓的“思维决定行动”。

能够成为一个团队或者企业的坚实力量的人，必然是一个善于发掘、勤于思索的人，只有这样的人，才能够找到做好一件工作的最佳途径。

美国总统罗斯福曾经说过：“找办法是解决困难的唯一办法，而且，只要努力寻找，就肯定会有办法。”他8岁的时候，牙齿暴露在外又不齐整，经常成为别人的笑料，这使得他在人际交往中畏畏缩缩，内向自闭。在课堂上，每当老师向他提问，他总是怯怯地、有些颤抖地站在那里，从牙缝里吐出一些无人能够听懂的、模糊不清的答案，只有老师让他坐下的时候，他才如遇大赦般松一口气。

相反的是，罗斯福从没有因此认为自己是可怜的，也未曾自暴自弃，他坚信，能够拯救自己的始终只有自己，不以这些缺陷作为逃避的借口，也不会自怨自艾，因为借口只会让自己变得疏松懈怠，只有直面缺陷才能够坚持奋斗。他尝试着去努力改正自己的缺陷，无法改正的地方就反其道而行之，从另一角度来加以利用。渐渐地，他学会在演说中巧妙地使自己沙哑的声音和暴露于外的牙齿成为自己获得成功不可或缺的条件，而不是导致失败的缺陷。在他的努力下，他后来就任了美国总统，并深受人民爱戴。

就如同罗斯福的人生一样，每个人都或多或少地会遇到一些障碍和曲折，我

们不应该望而生畏，反而要勇敢地去面对，积极地去寻求解决的办法，努力克服这些前进中的阻碍。

在生活中，如果想尽力做到优秀出色，不循旧路、创新思维是必须的，只有这样才能够避免被灰尘蒙蔽。对待工作中可能遇到的问题时，要竭尽全力地去尝试任何可能的解决办法。

传说中，在法国一个偏僻的小镇里有一眼十分灵验的水泉，经常会出现各种奇迹，能够使任何疾病痊愈。有一天，一个少了一条腿的退伍军人拄着拐杖，一瘸一拐地走过镇上的马路。镇民们同情地看着他，说："可怜的人啊，难道他是想向上帝祈求能有一双健全的腿吗？"退伍军人听到了这句话，转身对镇民们说："不，我并不想向上帝祈求有一条新腿，而是希望上帝能够告诉我，帮助我，解答我的疑惑，让我知道怎样在没有一条腿之后生活。"这个故事经常被爱达斯石油公司的总裁用来教育自己的员工，他觉得只有那些在缺失了一条腿之后，还能有用积极的心态争取把路走好的员工才会成为公司的脊梁，困难对于这些人来说并不是不可攻克的敌人，因为他们"总有克服困难的办法"。

有一位就职于美国某石油公司的青年，他每天的任务就是巡视和确认石油罐盖有没有被自动焊接好。一般的焊接技术通常都是将石油罐放在输送带上，当移动到旋转台的时候，焊接剂会自动滴下来，沿着盖子回转一周，但是，这种技术需要耗费很多焊接剂，尽管公司一直尝试改造，却因其太过困难而作罢。这位青年没有灰心泄气，他并不认为无法找到解决的途径，于是，他每天工作的时候都观察罐子的旋转，并努力思考改进的方法。

通过细致的观察，他发现，每次的焊接工作都需要滴落39滴焊接剂。这个发现忽然激发了他的一个设想：如果能够减少焊接剂的滴数，是否就能够节省一些消耗呢？于是，他开始在这个切入点上进行研究，终于研制出了37滴型焊接机，但这种焊接机所焊接的石油罐会偶尔漏油。这个结果没有使他灰心气馁，他很快又投身于新的解决办法的探求中去，最后，成功地研制出了38滴型焊接机，取得了相当完美的结果。由此，公司对他评价很高，迅速将这种机器投入生产，采用了新的焊接方式。在很多人看来，也许节省一滴焊接剂并不是什么不得了的事情，可正是这样的"一滴"，每年都给公司带来了5亿美元的新利润。这位青年，就是后来的石油大王约翰·戴维森·洛克菲勒，他掌握了全美95%的制油业实权。

现代心理学的研究表明，在通常情况下，大多数人的智力都处于半开发的状

态，而在兴奋或者激动的状态下才会有一些出乎意料的智力表现。因此，我们的潜在能力是否能被激发，取决于我们在面对困难、阻碍时是否能够积极思考对策的态度。面对阻碍时，成功的人会沉住气，不急不躁，努力营造出动脑思考、寻求办法的积极氛围，而失败的人，往往败在自己没有付出努力寻求出路。

·小处着手，细节成就完美·

有句耳熟能详的谚语说过，“大处着眼、小处着手”。但是，现实生活中，人们往往专注于前半句的“大处着眼”，却忽视了后半句的“小处着手”。毕竟，小处着手是一个需要忍耐和毅力的过程，常常让人心生厌倦，相比之下，大处着眼所看到的是对美好明天的憧憬，比小处着手愉悦得多。因此，很多人不知道如何小处着手地向愿景迈进，只是一味从大处着眼的角度订立愿景。所以，我们需要往前跨一步，跳出“大处着眼、小处着手”的思维模式，坚持做到“小处着眼、小处着手”。

一只新组装好的小钟和两只旧钟放在了一起。两只旧钟一分一秒、不紧不慢地走着，发出“滴答”“滴答”的声音。其中，一只旧钟对新来的小钟说道：“你也一起来开始工作吧。当你走完三千二百万次之后，我担心你恐怕会吃不消。”

小钟感到十分惊讶：“三千二百万次！我怎么可能干成这么大的事？绝对办不到。”

“别听信他胡说八道。”另一只旧钟说，“你只需要每秒滴答摆一下就行了，不用担心。”

小钟将信将疑地说：“怎么可能会有这样简单的事情呢？倘若真的如此的话，我就试一试吧。”

时光飞速地流淌着，一年过去了，小钟只是每秒钟很轻松地“滴答”摆一下，不知不觉中也摆了三千二百万次。

小钟每秒摆一下，持之以恒，看起来不能完成的事情就在这样平凡的过程中默默无闻地完成了——走完了三千二百万次。这样思考的话，只要我们不畏惧艰苦的过程，全力以赴，坚持“细微之处见精神”，成功也并非难事。

做好一件工作，重要的在于做好其中的细节。为了使目标不至于过分遥远，我们需要养成小处着眼的思考模式，这样，在小处着手的时候也会觉得踏实一点。能够从小处着眼，从某种程度上说，就能够降低忽略从小处着手的可能性。

另一种说法是，小处着眼是做好细节的推动力，尽管未必就能够取得成功，但却远甚于那些连细节都无法做好的人。“治大国，若烹小鲜。”这是老子的名言，也是“小处着眼、小处着手”的意义所在，只有这样，那些远大愿景才会成为现实。

一位年轻的修女在进入修道院后，就一直在从事编织挂毯的工作。过了几周，一天，她忽然感叹道：“我一直在用黄色的丝线编织，然后打结，接着剪断。这些简直都是不明所以的任务，毫无道理可言，太浪费精力了。我实在无法干下去了。”

一位老修女在另一边织挂毯，她说道：“孩子，虽然你只是织出很小的一部分，但却是非常重要的组成部分，这样的工作并非浪费精力。”

于是，老修女带着她来到了隔壁的工作室。年轻的修女盯着面前那幅摊开的挂毯，不知不觉地看呆了。她用黄线所织出来的那部分是圣婴头上的光环，和其他的部分一起，组成了一幅非常美丽的三王来朝图。原来，这项看起来毫无意义、浪费精力的工作竟如此伟大。

年轻的修女从这幅美丽的挂毯中忽然领悟到了这些琐碎细节的意义，她带着希望回到了工作室，毫无怨言地继续完成自己的工作。因为这样的“小处着眼”，她不会再怠慢那些细枝末节的工作步骤了，进一步领悟到了“小处着手”的重要性。

“小处着眼、小处着手”是全心尽力做好细节的基础，只有做好了细节，才能够谈得上做好整件工作。所以，“小处着眼、小处着手”的心态是工作必须的，全力以赴做好工作细节，才有希望做好整件工作。

看过杂技的人都知道，台上的每一个演员在表演时必须要专注于每一个跳跃，每一次翻转，正是这种细节处的绝对精准才保证了节目的成功。在竞争日益激烈、残酷的今天，任何细微的东西都可能成为“成大事”或者“乱大谋”的决定性因素。沉住气，专注于细节，让专注的艺术发挥到如军队纪律一般的精准，才能让事情达到预期的效果。

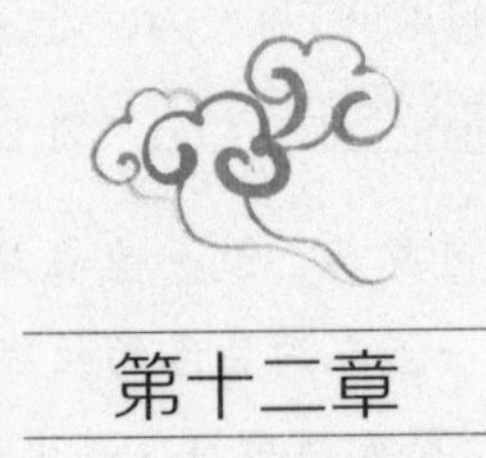

第十二章

沉住气，才能做情绪的主人

卓越的成功者过得充实、自信、快乐，平庸的失败者过得空虚、窘迫、颓废。善于控制自己的情绪的人，能在绝望的时候看到希望，能在黑暗的时候看到光明，所以他们心中永远拥有积极向上、不断奋斗的动力；而失败者并不是真的像他们所抱怨的那样缺少机会，或者是资历浅薄，甚至是上天不公。其实，他们之所以失败，就是因为他们没有很好地掌控自己的情绪。

·舒解情绪，防止乐极生悲·

突然的狂喜，很可能导致“气缓”，即心气涣散，血运无力而淤滞，便出现心悸、心痛、失眠、健忘等一类病症。成语“得意忘形”，即说明由于大喜而神不藏，不能控制形体活动。清代医学家喻昌写的《寓意草》里记载了这样一个案例：“昔有新贵人，马上洋洋得意，未及回寓，一笑而逝。”《岳飞传》中牛皋因打败了金兀术，兴奋过度，大笑三声，气不得续，当即倒地身亡。2006 年中秋佳节，64 岁的梁伯因为几个外出工作的儿女都回家欢庆中秋，喜庆之余几杯酒落肚，到晚上 11 时许，他突然出现心前区痛、大汗淋漓，急送市中医院内科抢救治疗。诊断为急性心肌梗塞并心律失常、心力衰竭。此时，梁伯已四肢冰冷，呼吸困难，全身重度发绀，处于心源性休克。医生及时制定了严密的救治方案，经过一系列积极抢救，梁伯的病情才逐渐稳定下来。

但医生、护士还来不及擦干脸上的汗水，听到有人急呼：“医生救命！”随即看见，有一位姓江的病人因急症送进内科来了。原来，江亚婆家也是儿孙欢聚一堂，但素有高血压、心肌病的江亚婆，面对这喜庆情景一时难以自持，以致引发心脏病、心力衰竭。入院时心率仅 30 ~ 40 次 / 分，四肢冰冷，神志不清。内科

医生沉着镇定，给予抗心律失常、提高心率、保护心肌和抗心衰的治疗，结合中药振奋心阳益气养阴，病情很快得到控制。这两个病例提醒人们，大喜、狂喜不利于健康。过度兴奋，也会把人推向绝境。而且，对于时常经受巨大压力的人来说，过度兴奋比过度悲恸离“绝境”更近！这是因为人的心理承受能力，同人的生理免疫能力有相似之处。经常出现的巨大压力，如同经常性的病菌入侵，使心理的抗御力如同人体里的白细胞那样经常处于备战与迎战的活跃状态，故心理虽受压抑但仍能保持正常生存的状态，不至于一下子崩溃。

过度兴奋则不同，对于心理经常承受巨压的人来说，与形成的被压抑的心理反差是那么的巨大，使心理状态犹如从高压舱一下子获得减压，难免引起灾难性后果。那些挣扎太久、立即要达到竞争优势终点的人，经过多年奋争、屡屡遭难而终于昏厥在领奖台上的人，那些企盼达到最终目标而变得疯癫的人，那些负重多年不得解脱而一旦获得解脱竟不能正常生活的人……都是从过度兴奋这一条道路走向绝境的。

为了防范上述悲剧的发生，防止过度兴奋，同防止过分悲恸同等重要。这就要求我们学会释放心理压力。为了释放心中的狂喜，可以借助于山川的明媚、朋友的温情乃至心灵自设的“拳击台”，有些心理承受能力较差而智慧高超的人，或者由于体质虚弱而一时无法调和心理巨变因素的人，常常使用保守的方式来应对突降的幸运所可能引发的过度兴奋，这不失为一种明智之举。

德国作家亨利·曼在他的《亨利四世》一书中写道：“没有比兴奋更接近绝望的了……”这是很耐人寻味的。在成败频率出现越来越高的社会中，这样的提示颇具警示意义。

·生气等于慢性自杀·

现代人都知道气大伤身，而且我们的老祖宗很早就明白生气是最原始的疾病根源之一，不但浪费身体的血气能量，更是人体患各种疾病的原因所在。在《黄帝内经》灵枢篇中，就有相关记载：“夫百病之所始生者，必起于燥湿寒暑风雨，阴阳喜怒，饮食起居。”

长期生气会在人的身上留下痕迹，从外表就能看出来，比如一个人长期脾气火暴，经常处于发怒状态，那他多数会秃顶。头顶中线拱起形成尖顶的头形者是生气比较严重的，而额头两侧形成双尖的M字形的微秃者，也是脾气急躁的典型。

生气为什么会造成秃顶呢？中医认为，人发脾气时，气会往上冲，直冲头顶，所以会造成头顶发热，久而久之就会形成秃顶。严重的暴怒，有时会造成肝内出血，更严重的还有可能会吐血，吐出来的是肝里的血，程度轻一点的，则出血留在肝内，一段时间就形成血瘤。这些听起来虽然可怕，但千真万确。

有些人经常生闷气，这会使得气在胸腹腔中形成中医所谓“横逆”的气滞。生闷气的妇女会增加患小叶增生和乳癌的几率。

还有一种人经常处于内心憋着一股窝囊气的状态，他们外表修养很好，在别人眼里从来都是好脾气的人，但心里经常处于生气或着急的状态。这容易造成十二指肠溃疡或胃溃疡，严重的会造成胃出血。这样的人，额头特别高，而且额头上方往往呈半圆形的前秃。

有些人经常感觉腹部胀痛，很多情况下以为是肠胃的原因，其实是因为其气血较差，一生气，气就会往下，从而使得腹部胀痛。

中医认为，怒伤肝，肝伤了更容易生气，而生气会造成肝热，肝热又会让人很容易生气。两者会互为因果而形成恶性循环。因此，不要长期透支体力，要注意调养血气，这样才能使人的脾气变得比较平和。

身体虚弱的人，有时候一生气就会有生命危险。例如，痰比较多的病人，一生气就会使痰上涌，造成严重的气喘，很容易窒息死亡。

由此可见，生气会使身体出现许多问题，因此，日常生活中一定不要生气。所谓的不生气并不是把气闷住，而是修养身心，开阔心胸，使得面对人生不如意时，能有更宽广的心胸包容他人的过错，根本没有生气的念头。如果生活或工作的环境让人无法不生气，那么可以考虑换个环境。

如果实在无法控制生气，那么如何在生气后将伤害降到最低呢？最简单的方法，就是生了气后，立刻按摩脚背上的太冲穴（在足背第一、二跖趾关节后方凹陷中），可以让上升的肝气往下疏泄，这时这个穴位会很痛，必须反复按摩，直到这个穴位不再疼痛为止。或者吃些可以疏泄肝气的食物，如陈皮、山药等，也很有帮助。最简单的消气办法则是用热水泡脚，水温控制在40℃～42℃度左右，泡的时间则因人而异，最好泡到肩背出汗。

把心胸打开，想想有什么事值得你大动肝火地生气呢？生气就是用别人的过错来惩罚自己，这是多么愚蠢的行为啊！有些人因为生气而把命都丢了，比如《三国演义》中的周瑜，与其说他是气死的，还不如说他是“笨”死的。因此，就算有天大的让你恼火的事，为了健康，也要以广阔的心胸去消灭心中的怒火。

·坏情绪会危及生命·

健康是一位人人喜欢的美丽天使，疾病则是一个人人讨厌的幽灵。要远离疾病，首先要懂得健康之道、养生之道；要获得健康，又必须要全面探讨病因病根，掌握正确的祛病之法。疾病是人生最主要的烦恼之一，反过来，很多疾病又根源于人们内心的烦恼情绪。因此，消除疾病的根本方法即在于断除人生的烦恼，过一种真正快乐的生活。人是身、心、灵三方面的结合，缺一不可，健康也是如此。

在坏情绪中，恐惧情绪的危害是很大的，恐惧是人们企图摆脱、逃避某种危险情境而又苦于无助的情绪，它往往是缺少处理或摆脱可怕情境的力量和知识造成的。人们在恐惧状态下，精神和身体如同被冻结了一般，不能听任意识的调用。

当一个人处于恐惧的情绪下，往往会出现血管收缩忽急忽缓、战栗、心脏猛跳、脸色变白，心脏以外各处皆呈血亏现象，俗谓“胆战心惊”、“腿灌了铅”。如果刺激过度，使神经高度紧张，思想完全绝望，好像天要塌下来了，结果必然是精神全面崩溃。

心理的恐惧对老年人的健康损害更大。老年人长时间忧愁、烦闷、不安会加快自身的衰老和死亡速度，从而影响家人的生活。因急性肺炎，65 岁的老王住院治疗了一段时间，但出院后总感觉肺部隐痛，于是怀疑自己得了不治之症。尽管家人一再告诉说他得的只是普通肺炎，静养一段时间就可痊愈，但他认为是家人故意隐瞒病情，整日焦虑不安、忧心忡忡，肺部不适症状也因此越来越严重。吴老太 68 岁，本来生活得好好的，可最近由于哥哥患肝炎去世而惧怕肝炎到了惶惶不可终日的程度。她手不敢碰墙，见到痰盂、桌椅等就绕开走；怕邻居来串门，邻居走后，她都要用消毒液擦洗人家坐过、碰过的地方。专家透露，目前死亡的肿瘤病人有三成是被活活“吓”死的。而 70% ~ 80% 的肿瘤病人（其中老年人比例最大）有心理障碍，主要表现为抑郁、焦虑、烦躁、恐惧等。老年人要想健康长寿，应顺其自然，正确看待死亡，不可自寻烦恼，胡乱猜疑。

恐惧情绪不仅危害人体健康，还影响我们的办事效率，比如，在运动场上，运动员越是害怕成绩不好，就越可能出现失误；在考场上，考生越是怕考不好被人耻笑或被父母训斥、打骂，便越是思维迟钝、束手无策。

恐惧情绪不利于事业发展和身心健康，一个人究竟需不需要恐惧呢？需要！适度的恐惧是必需的，如果一个人失去了恐惧情绪，那他就可以随心所欲、胆大妄为、无法无天。这种有恃无恐的心理，是一切罪恶的根由。

据心理学家研究，所谓“初生牛犊不怕虎”，婴儿除了失去拥抱和大的响声之外，别无他惧。人们的许多恐惧心理都是后天习得的，所以也是可以克服的。

有恐惧症的人只要下定决心，不断学习科学知识，调整心态，勇于实践，就一定可以消除心中的恐惧感。

· 思念让生命不堪重负 ·

“红豆生南国，春来发几枝。愿君多采撷，此物最相思。”从古到今，相思困扰过多少人！然而，少有人想过这会不会是一种病。

造物主总喜欢捉弄人，使一厢情愿的事经常发生。于是，就有了相思的另一种形式——单相思。哪个少女不怀春，哪个少男不钟情？单相思一般都是正常的，但也有一些“单恋”过了头，结果变成了病态。

北宋哲宗绍圣年间，刚正不阿、直言敢谏的苏轼被贬到今惠州市的白鹤峰，他买田地数亩，盖草屋几间。白天，他在草屋旁开荒种田；晚上，就在油灯下读书或吟诗造句。

每当夜幕降临之时，便有一位妙龄女子悄悄来到苏轼窗前，偷听他吟诗作赋，常常站到夜深人静，露水打湿鞋袜。苏轼很快发现了这位不速之客，一天晚上，正当少女偷偷到来之时，苏轼轻轻推开窗户，想和她交谈。谁知，窗子一开，少女像一只受惊的小鸟，撒腿便跑，消失在夜幕之中。

白鹤峰一带没有几户人家，没多久苏轼便了解到这位少女是此地温都监的女儿，名叫超超，年方二八，生得清雅俊秀，知书达理，尤爱苏学士的诗歌词赋，常常手不释卷，如醉如痴。她打定主意，非苏学士这样的才子不嫁。自从苏轼被贬至惠州之后，她一直寻找机会与苏学士见面。因此便借着夜幕的掩护，不顾风冷霜凄，站在窗外听苏学士吟诗，在她看来，这是莫大的享受。

苏轼十分感动，他暗想：“我苏轼何德何能，让才女如此青睐。”他打定主意，要成全这位才貌双全的都监之女。苏轼认识一位王姓读书人，生得风流倜傥，饱读诗书，抱负不凡。苏轼便为两人牵了红线。温都监父女都非常高兴。从此，温超超闭门读书，或者做做女红针线，静候佳音。

谁知，祸从天降。正当苏轼一家人在惠州初步安顿下来时，哲宗又下圣旨，再贬苏轼为琼州别驾昌化军安置。琼州远在海南，“冬无炭，夏无寒泉”，是一块

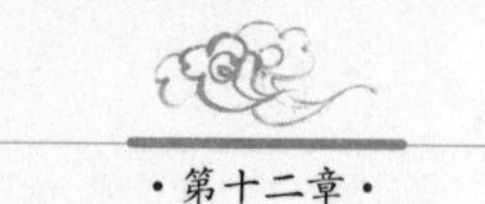

荒僻的不毛之地。衙役们催得急，苏轼只得把家属留在惠州，只身带着幼子苏过动身赴琼州。全家人送到江边，洒泪而别。苏轼想到自己这一去生还的机会极小，也不禁悲从中来。

苏轼突然被贬海南，对温超超简直是晴天霹雳。她觉得自己不仅错失了一门好姻缘，还永远失去了与苏学士往来的机会。从此她变得痴痴呆呆、郁郁寡欢，常常一个人跑到苏学士在白鹤峰的旧屋前一站就是半天。渐渐地，连寝食都废了，终于一病不起。临终时，她还让家人去白鹤峰看看苏学士回来没有，最终带着无限的遗憾离开了这个世界。家人遵照她的遗嘱，把她安葬在白鹤峰前一个沙丘旁，坟头向着海南，她希望自己死了，灵魂能看到苏学士从海南归来。

三年后，徽宗继位，大赦天下，苏轼才得以回到内地。苏轼再回惠州时，温超超的坟墓已长满了野草。站在超超墓前，苏轼百感交集，潸然泪下，他恨自己未能满足超超的心愿。他满怀愧疚，吟出一首词来：

缺月挂疏桐，漏断人初静。谁见幽人独往来，缥缈孤鸿影。

惊起却回头，有恨无人省。拣尽寒枝不肯栖，寂寞沙洲冷。

遇到一个很有魅力、令自己魂牵梦萦的人，是毕生的安慰，然而，得不到他，却是毕生的遗憾。除却巫山不是云，没有人比他更好，可是，他却永远不能属于自己，难道唯有抱着对他的记忆过一生吗？

相思实属人之常情。失恋的青年男女因相思而心情不佳、郁郁寡欢，沉默、注意力不集中、失眠、食量减少、消瘦，并不足为奇。这不会影响日常生活和工作，而且持续时间一般较短。随着时间的推移，痛苦会逐渐减少，或者有了新的恋爱对象，注意力发生转移，心理反应也就渐趋消失。但是，也有少数人情况会变得严重而发展成心理障碍，表现为情绪抑郁、言语减少、连续失眠、食欲丧失、消极厌世、兴趣消失，有的则表现为喜怒无常、激动、失去自我控制能力。这种心理障碍被称为反应性抑郁症，影响生活、学习和工作，且持续时间较长，危害性极大。

对于过度思虑的人来说，无休止的思考好似积攒在心头的“赘肉”，无法搬运、无处转移。你知道吗？我们的心灵也需要减肥，否则它会不堪重负。心灵减肥的过程其实是一个“放心”的过程，过度思恋，相当于你一不小心误入了思虑的泥沼，这时候，你最好赶快掉头往回跑，做一些轻松愉快的事情来分散自己的注意力，如读小说、听音乐、看电影、吃零食、与朋友聊天等。不要钻牛角尖，切忌陷入思维定式，要学一点“没心没肺”，给点儿阳光就灿烂。

·疑心太重自寻烦恼·

现实中，有些人总喜欢没完没了地猜疑他人，这无异于把自己封闭起来，没完没了地自寻烦恼。

俗话说："害人之心不可有，防人之心不可无。"正常的猜疑人皆有之，但多疑是猜疑的极端状态，是心理失衡的表现。

现实中，有些人处处表现出一种"防人之心"，时时表现出一种强烈的猜疑他人的戒备心理，他们整天疑心重重，处处神经过敏，很难相信他人，结果使自己的日子很不好过，他们透过"怀疑"的镜片看这个世界的一切，正常的一切在他们的眼中都变了颜色。

这样的人人际关系都很糟糕，没有知心朋友，自身虽十分苦恼却找不出原因。甚至有的人因为猜疑，夫妻离异、朋友反目。仔细想想，也怪不得他人，谁愿意和一个整天猜疑的人生活在一起呢?

他们搞不好人际关系的根本原因就在于他们不信任他人。俗话说："疑人不用，用人不疑。"假如一位领导对自己的下属总是疑这疑那，总认为他人要算计自己，常常曲解下属善意的、正常的言行，那么哪个下属愿意跟着他做事呢?

有太强戒备心理的人，总不肯对他人说心里话，因此他人就会感到这个人"不实在"、"不好捉摸"，自然就不太想与他交往。人与人之间的关系因为猜疑而不能开诚布公地相互交流，彼此之间缺乏温暖，变得麻木，变得冷漠凄凉。《红楼梦》中的林黛玉，就是个疑心病很重的人。她是位聪慧的女子，然而却把自己的天资也用于猜忌别人上面，处处猜测怀疑，杯弓蛇影，草木皆兵，既伤了自己的心，更伤了别人的心，最后失去朋友，失去人缘，导致人际关系恶化。

《红楼梦》第七回中写道，周瑞家受薛姨妈之托，将十二枝新鲜样法的宫花送给几位姑娘，她顺路将花先后送给迎春、探春、惜春和凤姐，最后送给黛玉。黛玉却问道："是单送我一个人，还是别的姑娘都有了呢？"周瑞家回答说："各位都有了，这两枝是姑娘的了。"黛玉听后冷笑道："我就知道，别人不挑剩下的也不给我。"周瑞家一下子被噎住，不知如何对答。区区小事，却无端怀疑，斤斤计较，说话尖刻，令人难以接受。不仅得罪了周瑞家的，而且还会引起薛姨妈和众姐妹的不满。平时她对周围的人也是处处猜忌。她的这种性格缺陷严重影响了她的人际交往，使大家对她都有戒心，有事瞒着她，有话也不敢对她说，对她实行孤立态势。所以说，心胸狭窄，猜忌别人，会使人际关系产生种种误解和隔阂，这是人际交往中的大忌，务必汲取教训。

关注自己的身体状况本来是件好事，然而凡事都要谨防“过犹不及”，有些人过分关注自己的身体状况，有点不舒服就怀疑自己是不是得了什么不治之症，到医院去检查，各项指标都正常。比如有一个人从一份医学杂志上看到肝炎可以遗传，吓得脸色立刻就变了。原来他父亲患有肝病，他觉得自己也有了这种病，到医院检查，却发现什么病都没有。

凡疑心太重的人，基本上都有敏感、多疑，以及主观、固执的性格特点，加上缺乏医学知识，又总是断章取义地去运用医学知识，在自我暗示的作用下，产生错觉。有的人虽然身体有点小毛病，但看得过于严重，整日忧心忡忡，也可能引发疑病心理。

当一个人产生了疑病心理或患有疑病症的时候，就会陷入无尽的烦恼中，不仅损害身心健康，还会因为无病乱投医而给自己增加经济负担。因此，有疑病心理的人一定要努力使自己相信医生和科学诊断，这样将有助于疑病心理弱化甚至消失。

要消除疑病心理，关键在于保持乐观向上的情绪状态，打消对疾病的恐惧。“心病还须心药治。”如果医生说的和医院检查的结果都不能让你相信，那么就应该去找心理医生聊聊，只有从心理上解决了问题，才能从根本上摆脱身体“疾病”的困扰。

有疑病心理的人，要多与朋友及亲人交流，见多识广才能心胸宽广，最好能学一些医学知识，而不是断章取义地用在自己身上，这才是解决问题的根本之道。

日本的一位学者说过:“怀疑是由思想的饱食过多而产生的消化不良症，治愈之方不在提供疑问的解答，而是在使之动手工作。”一个人生活的内容丰富了，就能从内心感觉到生活的无限美好，加上身边有许多朋友，没有空虚和寂寞的感觉，那么，他哪里还有怀疑的情绪呢?

·做情绪的调节师·

情绪可能会给我们带来伟大的成就，也可能带来惨痛的失败，我们必须了解、控制自己的情绪，千万不要让情绪左右了我们自己。能否很好地控制自己的情绪，取决于一个人的气度、涵养、胸怀、毅力。气度恢弘、心胸博大的人都能做到不以物喜，不以己悲。

激怒时要疏导、平静；过喜时要收敛、抑制；忧愁时宜释放、自解；思虑时应分散、消遣；悲伤时要转移、娱乐；恐惧时寻支持、帮助；惊慌时要镇定、沉着……情绪修炼好，心理才健康，心理健康了，身体自然就健康。被人津津乐道的“空嫂”吴尔愉是个控制情绪的高手。她的优雅美丽来自一份健康的心态。她认为，遇到心里不畅快，一定要与人沟通、释放不快。

如果一个人习惯用自己的优点和别人的缺点比，对什么都不满意，却对谁都不说，日积月累，不但她的心情很糟糕，就是她的皮肤也会粗糙，美貌当然会减半。所以，有不开心、不顺心的时候，一定要找一个倾诉的伙伴。不但自己能一吐为快，朋友也能从旁观者的角度给你建议，让你豁然开朗。

在工作中，吴尔愉更善于控制情绪，让工作成为好心情的一部分。飞机上常常遇见刁钻、挑剔的客人。她总是能够让他们满意而归。她的秘诀就是自己要控制好情绪，不要被急躁、忧愁、紧张等消极情绪所左右，换位思考，乐于沟通。

有一位患上皮肤病的客人在飞机上十分暴躁，其他空姐都被他惹得生起气来。此时吴尔愉却亲切地为他服务，并且让空姐们想想如果自己也得了皮肤病，是否会比他还暴躁。在她的劝导下，大家都细心照顾起这位乘客。

做情绪的调节师，人的情绪无非有两种：一是愉快情绪，二是不愉快情绪。无论是愉快情绪还是不愉快情绪，都要把握好它的“度”。否则，“愉快”过度了，即要乐极生悲。人有喜怒哀乐不同的情绪体验，不愉快的情绪必须释放，以求得心理上的平衡。但不能过分，不然既影响自己的生活，又加剧了人际矛盾，于身心健康无益。

当遇到意外的沟通情景时，就要学会运用理智和自制，控制自己的情绪，轻易发怒只会造成负面效果。

面临困境，不要让消极情绪占据你的头脑。保持乐观，将挫折视为鞭策你前进的动力，遇事多往好处想，多聆听自己的心声，给自己留一点时间，平心静气地想一想，努力在消极情绪中加入一些积极的思考。

累了，去散一会儿步。到野外郊游，到深山大川走走，散散心，极目绿野，回归自然，荡涤一下胸中的烦恼，清理一下浑浊的思绪，净化一下心灵尘埃，唤回失去的理智和信心。

唱一首歌。一首优美动听的抒情歌，一曲欢快轻松的舞曲或许会唤起你对美好过去的回忆，引发你对灿烂未来的憧憬。

读一本书。在书的世界遨游，将忧愁悲伤统统抛诸脑后，让你的心胸更开阔，气量更豁达。

看一部精彩的电影，穿一件漂亮的新衣，吃一点自己喜欢的零食……不知不觉间，你的心不再是情绪的垃圾场，你会发现，没有什么比被情绪左右更愚蠢的事了。

生活中许多事情都不能左右，但是我们可以左右我们的心情，不再做悲伤、愤怒、嫉妒、怀恨的奴隶，以一颗积极健康的心去面对生活中的每一天。

·走出情绪的死角·

正确认识情绪，对情绪反应仔细分析，因为，有时候情绪会把我们带进一个越走越窄的胡同，如果我们不仔细看后面，很可能会误以为已经无路可走。一个人在森林中徒步行走，他眼角的余光突然发现了一条长而弯曲的东西，他脑子里蓦地窜出蛇的样子，下意识地跳到了一块石头上。但他仔细察看这个东西后，紧张的心情释然了，原来那是一根青藤而不是蛇。这个人在刚看到青藤时的反应被称为应激反应，是大脑的情绪反应与智力反应的通路。在应激状态下，出现于大脑中的情绪与智力的通路是正常的、可以理解的。然而，有些人稍遇情绪波动就产生这种通路，产生感情冲动，以感情代替理智、以感情冲击理智。这类人很难调节自己的情绪。

苏珊娜最近的精神状态很糟糕，她不得不去咨询心理医生。

她第一次去见她的心理医生时，一开口就说："医生，我想你是帮不了我的，我实在是个很糟糕的人，老是把工作搞得一塌糊涂，肯定会被辞掉。就在昨天，老板跟我说我要调职了，他说是升职。要是我的工作表现真的好，干吗要把我调职呢？"

可是，慢慢地，在那些泄气话背后，苏珊娜说出了她的真实景况。原来她在两年前拿了个 MBA 学位，有一份薪水优厚的工作。这哪能算是一事无成呢？

针对苏珊娜的情况，心理医生要她以后把想到的话记下来，尤其在晚上失眠时想到的话。在他们第二次见面时，苏珊娜列下了这样的话："我其实并不怎么出色，我之所以能够冒出头来全是侥幸。""明天定会大祸临头，我从没主持过会议。""今天早上老板满脸怒容，我做错了什么呢？"

她承认说："就在一天里，我列下了 26 个消极思想，难怪我经常觉得疲倦，意志消沉。"苏珊娜直到自己把忧虑和烦恼的事念出来后，才发觉自己为了一些假想的灾祸浪费了太多的精力。

烦恼是一种不良情绪，忘掉自我，专心投入你当前要做的事情上，可以让你克服紧张情绪，保持一种泰然自若的心态。许多事情过后，你会发现那不过是庸人自扰，根本没有你原先想象的那么复杂、困难。何苦非要与自己过不 去呢？

世上本无事，庸人自扰之。有些时候，并不是烦恼在追着你跑，而是你追着它不放，就像故事中的苏珊娜一样。大凡终日烦恼的人，实际上并不是遭到了多大的不幸，而是自己的内心对生活的认识存在着片面性。因此，要学会摆脱烦恼。

真正聪明的人即使处在烦恼的环境中，也往往能够自己寻找快乐。谁都会有烦恼的事情，但是，如果总是为不期而至的意外烦恼不已，或悲观失望，结果让自己的生活变得更糟糕，这样做不是很愚蠢吗？我们既然不能改变既成事实，为什么不改变面对事实，尤其是对坏事的态度呢？

·“装”出来的好心情·

我们都知道“开心是一天，不开心也是一天”的道理，但“天天好心情”还真不是件容易事。喜怒哀乐乃人之常情，任何人都无法避免，但是长时间情绪低落会侵蚀你的身体，甚至影响你的健康；而好的心情则可以大大提高你的生活质量，也有助于你的身心健康。所以，一个人要想健康长寿，首先要摆脱坏情绪的纠缠，去发现体味生活中的美好，保持自己的好心情。

“心情不好吗？”“不好。”

那我们不妨试试“装”出好心情。在我们感到情绪低落时，“装”出好心情是放松身心、从消极转向积极的最有效的方法——我们通过“装”的扮演过程获得真实的好心情。最终，原本只是“装”出来的好心情会变成真实的感受从而让我们在不如意的时候能够快乐，遇到困境时能够有自信和意志力。

有句谚语：“一个小丑进城，胜过一打医生。”它的意思是说，小丑带给了大家欢笑。而好心情对身心健康的重要性胜过了医生对你的帮助。比方说，当你感到自己很压抑、没有任何动力和积极性的时候，不妨“装”着笑出来，你可以微微一笑、对着镜子做些鬼脸，还可以开怀大笑、吹吹口哨。无论怎样，你就是要“装”出自己心情很好的样子。这样，你会发现，不久之后心情真的好起来了。而且，这种方法还能帮助你减轻疲劳、舒缓紧张和忧虑。

李先生是一个事业有成的企业家。按理说他的人生很成功，应该没有什么让他忧虑的事情。但事实并非如此，他经常觉得心里恐慌，然后会陷入低落的

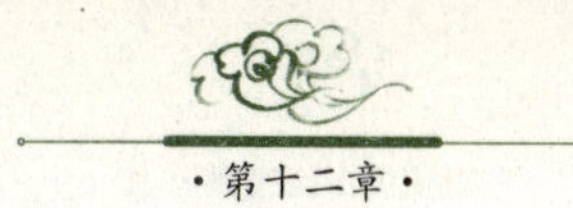

情绪中。

有一天，他又感到意气消沉。之前一旦出现这种情绪低落状况时，他通常采取的办法是避不见人，直到这种心情消散为止。但这天他要和上司举行一个重要会议，躲着不见人肯定行不通的了，那怎么办呢？他决定装出一副快乐的表情，让大家以为他根本就没有焦虑的事情。

于是，他在会议上笑容可掬，谈笑风生，装成心情愉快而又和蔼可亲的样子。令他惊奇的是，不久他发现自己果真不再抑郁不振了。

李先生认为这是一种很奇妙的感觉，在他无意识中，低落的情绪竟然自己就跑了。其实，“装”出好心情的例子有很多。不知你有没有这样的发现，当小孩子哭得眼泪汪汪的时候，大人们通常都会逗小孩子说：“噢，不哭，不哭，来，笑一个，乖乖笑一个吧。”结果很多小孩子就真的笑了。当然，刚开始的时候，他们可能很不情愿，只是勉强地笑了笑，但很快他们会随着这个勉强的笑慢慢变得开心起来。这就是“装”出好心情最常见的例子。当然，如果一个人装出很生气的样子，他也会因为这个角色扮演而陷入这种情绪的常见反应，心跳、呼吸变得急促。然后，这个人的情绪也会被“装”的愤怒所影响，容易变得心情不好。所以，当你心情不好、意志消沉的时候，赶快装个好心情吧。你只需用自己的表情和心情这些唾手可得的装扮道具，就能瞬间走出灰暗情绪的笼罩。

人的心情就像是天气，阴晴不定、变幻莫测。天天好心情固然是每个人都渴求的，但是瞬息万变的世界往往让人们不能如愿以偿。因为，人难免会遇到不顺眼的人、不顺心的事，坏心情也就随时会光临。如果你不想做一个受控于情绪的人，那么，从现在起，学着“装”出一份好心情，之后，你会发现，坏情绪就真的不见了。

·你为什么常常感到烦恼·

人活在世不可能事事尽如人意，遇到烦心的事也很正常。关键是看我们如何化解突如其来的坏情绪。吉姆没有任何睡眠的问题。事实上，他觉得要保持清醒很不容易。今天在公司停车场，他又一次呆坐在车里面，感觉被一整天的压力钉牢在座位上，他浑身感到异常的沉重，唯一有力气做的只是松开自己的安全带。然后他继续坐着，一动不动，没法推开车门出去工作。

如果他想想一天的工作安排也许能够站起来——以前这种想法总是能让他走

出去，让生活像球一样滚动起来。但是，今天却不行。每一次谈话，每一个会议，每一通需要回复的电话都让他感觉像在生生地吞咽着一个又一个的铁球，而随着每一次的吞咽，他的思绪便从日程安排转向了那些每天早晨都会反复问的问题：

“为什么我感觉这么糟糕？我已经得到了大多数男人想要的一切——相爱的妻子，健康的孩子们，稳定的工作，漂亮的房子……我到底怎么了？为什么我的思想老是集中不起来？而且，为什么总是这个样子？妻子和孩子们已经被我的自责感折磨得痛苦不堪。他们已经无法再忍受我了。如果我能够弄明白这一切，事情也许会变得不同。如果我能知道为什么自己感觉如此虚弱，也许就能够解决那些问题并且像其他人一样好好地生活。这一切是多么愚蠢啊。”

一位心理学家为了研究人的“烦恼”的来源，做了一个有趣的实验：

他让参加实验的志愿者们在周日的晚上把自己对未来一周的忧虑与烦恼写在一张纸上，并署上自己的名字，然后将纸条投入“烦恼箱”。

一周之后，心理学家打开了这个箱子，将所有的“烦恼”还给其所属的主人，并让志愿者们逐一核对自己的烦恼是否真的发生了。结果发现，其中90%的“烦恼”并未真正发生。随后，心理学家让他们把过去一周真正发生过的烦恼记录下来，又投入“烦恼箱”。

三周之后，心理学家再次把箱子打开，让志愿者重新核对自己写下的烦恼，这次，绝大多数人都表示，自己已经不再为三周之前的“烦恼”而烦恼了。

在这个实验中，我们都会发现：烦恼这东西原来是预想的很多，出现的却很少；自认为沉重到无法负担，转瞬也便如骤雨急停。人生的烦恼太多是自己寻来的，而且大多数人习惯把琐碎的小事放大。

“月有阴晴圆缺，人有悲欢离合”，自然的威力，人生的得失，都没有必要太过计较，太较真了就容易受其影响。人到世间上来，不是为苦恼而来的，所以不能天天板着面孔，伤心，烦恼，失意，这样的人生毫无乐趣可言，所以，我们应该为自己的人生创造一个乐观、积极、进取、欢笑、喜悦的心态，快乐地在人间做人，远离忧愁、悲伤、苦恼，如此地活在人间才有禅意，才有价值。茶几上摆放着十几个水杯，这些杯子材质不同、造型各异、品位悬殊。心理学家对实验者说：“你们如果口渴的话，就自己拿个杯子倒杯水喝吧！”

正值暑天，大家聊了一会儿就觉得口干舌燥，便纷纷起身去选杯子倒水。等到每个人面前都有了一杯水之后，心理学家突然问：“你们有没有发现你们选杯子时有个共同点？”

众人互相对视了几眼，都摇了摇头。

“你们看看茶几上被挑剩下的杯子，大多是劣质的塑料杯或纸杯。在可以选择的情况下，每个人都想拥有更好的东西，你们的心思就这样有意或无意地表露出来了。这样的心思并没有什么对错之分，但是你们当中大多数人在选择杯子去倒水的时候都忘记了，自己需要的是水，而不是水杯。水杯的优劣对水质的好坏影响并不大。”在生活中，类似的例子不在少数。我们往往很容易被一些鸡毛蒜皮的琐事牵绊，反而忘记了自己的初衷，难免自生烦恼。这正是“野花不种年年开，烦恼无根日日生”。作家吴淡如女士曾经在她的文章中提到过这样一组数据：

我们的烦恼中，有40%属于杞人忧天，那些事根本不会发生；30%是无论怎么烦恼也没有用的既定事实；另外12%是事实上并不存在的幻象；还有10%是日常生活中微不足道的小事。也就是说，我们的脑袋有92%的烦恼都是自寻烦恼，活该你烦恼。只有8%的烦恼勉强有些正面意义。

吴淡如问她的读者：“看了这些数据，你要不要删除你92%的烦恼？”是啊，看了这些数据，我们是否应该主动删除自己那92%的烦恼呢？

魔鬼不在心外，魔鬼就在自己的心中。古代的思想家王阳明也说：“擒山中之贼易，捉心中之贼难。”由此，星云大师告诫我们，自己的敌人就在自己心里，贪嗔痴疑慢、消极懈怠、忧愁烦恼，无一不是阻碍我们精进的心魔，能将其降伏者，也只有我们自己。

·紧张情绪，人体的“定时炸弹”·

紧张情绪会影响我们正常的思考，会导致我们发挥失常。

紧张的结果是心灵的超负荷运转，最后终将导致不幸的发生。现代人越来越容易感染负面的情绪，有时一个很小的打击也足以使我们绝望，导致一败涂地。何雨是家里的独生子。由于历史的原因，父亲个人的理想成了泡影，便将全部的期望都寄托在何雨的身上。他在父亲的灌输下形成的强烈的“出人头地”意识与其一般的智能和责任心形成了巨大的反差。

高考前，黑板上每天变化的高考日期倒计时和随时变化着的同学们的考试成绩一览表，加上父亲那期盼的目光，给何雨造成了巨大的心理压力。他出现食欲下降、恶心、心慌、心悸，惶惶不可终日的连锁反应。

当高考如约而至的时候，何雨突然心中一阵慌乱，大脑中一片空白。他压抑着紧张情绪，越压抑，心理越紧张，结果，他落榜了。面对这沉重的打击，他长

时间不能从失望、痛苦、无助的情绪中解脱出来。

当他第二次面对高考时，他变得更加紧张恐惧。由于紧张感达到了极点，他甚至想放弃第二次高考。在第一门考试时，考场出现了异常，在一时混乱的气氛中，何雨心中那巨大的紧张感突然消失了，第一门考试发挥了较好的水平，但从第二门考试开始，那种紧张的感受又袭上心头，从而影响了以下几门考试的成绩。他勉强考取了一所高等专科学校。但事情远远没有终结。在他几年的大学学习中和走向社会后，只要面对考试，紧张不安的情绪便会出现。

紧张是一种因某种强大压力所引起的，高度调动人体内部潜力以对付压力而出现的一种生理和心理上的应激变化。一般来说，在关键时刻，情绪的适度紧张不但不是坏事，而且还是必需的。

适度的紧张是有益的，但过度的紧张将会对人体产生抑制作用。过度紧张会使人动作失调，会使人行为紊乱，会降低效率。因为人们在过度的紧张情绪下，会使脑神经的兴奋和抑制过程失调，出现暂时性的不平衡。这时，人就会体验到一种难以自制的心慌、不安、激动和烦躁的情绪，从而出现一系列的行为紊乱、动作失调现象。

偶尔出现过度的紧张如能及时调整，不会对人体造成大的危害，但持续的情绪紧张状态对人体特别有害。有人把持续的情绪紧张称之为体内的“定时炸弹”。

第十三章

沉住气，苦难的尽头就是幸福的开始

如果说幸福是灵魂的巨大愉悦，这愉悦源自对生命的美好意义的强烈感受，那么，折磨之为折磨，在于它能够撼动生命的根基，打击了人对生命意义的信心，因而使人陷入巨大痛苦中。生命中所经历的一切，无论多么悲惨，如果没有震撼灵魂，就称不上是折磨。当你不断遭受折磨，你的灵魂也在折磨中不断升华，最终，你将在不断的进步中趋近完美的人生。

· 苦难是把双刃剑 ·

苦难可以激发生机，也可以扼杀生机；可以磨炼意志，也可以摧垮意志；可以启迪智慧，也可以蒙蔽智慧；可以高扬人格，也可以贬低人格。这完全取决于每个人本身。

苦难是一柄双刃剑，它能让强者更强，练就出色而几近完美的人格；但是同时它也能够将弱者一剑削平，从此倒下。

曾有这样一个"倒霉蛋"，他是个农民，做过木匠，干过泥瓦工，收过破烂，卖过煤球，在感情上受到过欺骗，还打过一场3年之久的官司。他曾经独自闯荡在一个又一个城市里，做着各种各样的活计，居无定所，四处漂泊，生活上也没有任何保障。看起来仍然像一个农民，但是他与乡里的农民有些不同，他虽然也日出而作，但是不日落而息——他热爱文学，写下了许多清澈纯净的诗歌，每每读到他的诗歌，都让人们为之感动，同时为之惊叹。

"你这么复杂的经历怎么会写出这么纯净的作品呢？"他的一个朋友这么问他，"有时候我读你的作品总有一种感觉，觉得只有初恋的人才能写得出。"

"那你认为我该写出什么样的作品呢？《罪与罚》吗？"他笑道。

“起码应当比这些作品更沉重和黯淡些。”

他笑了，说：“我是在农村长大的，农村家家都储粪种庄稼。小时候，每当碰到别人往地里送粪时，我都会掩鼻而过。那时我觉得很奇怪，这么臭、这么脏的东西，怎么就能使庄稼长得更壮实呢？后来，经历了这么多事，我却发现自己并没有学坏，也没有堕落，甚至连麻木也没有，就完全明白了粪便和庄稼的关系。

“粪便是脏臭的，如果你把它一直储在粪池里，它就会一直这么脏臭下去。但是一旦它遇到土地，它就和深厚的土地结合，就成了一种有益的肥料。对于一个人，苦难也是这样。如果把苦难只视为苦难，那它真的就只是苦难。但是如果你让它与你精神世界里最广阔的那片土地去结合，它就会成为一种宝贵的营养，让你在苦难中如凤凰涅槃，体会到特别的甘甜和美好。”

土地转化了粪便的性质，人的心灵则可以转化苦难的性质。在这转化中，每一场沧桑都成了他唇间的美酒，每一道沟坎都成了他诗句的源泉。他文字里那些明亮的妩媚原来是那么深情、隽永，因为其间的一笔一画都是他踏破苦难的履痕。

苦难是把双刃剑，它会割伤你，但也会帮助你。帕格尼尼，世界超级小提琴家。他是一位在苦难的琴弦下把生命之歌演奏到极致的人。4 岁时一场麻疹和强直性昏厥症让他险些就此躺进棺材。7 岁患上严重肺炎，只得大量放血治疗。46 岁因牙床长满脓疮，拔掉了大部分牙齿。其后又染上了可怕的眼疾。50 岁后，关节炎、喉结核、肠道炎等疾病折磨着他的身体与心灵。后来声带也坏了。他仅活到 57 岁，就口吐鲜血而亡。

身体的创伤不仅仅是他苦难的全部。他从 13 岁起，就在世界各地过着流浪的生活。他曾一度将自己禁闭，每天疯狂地练琴，几乎忘记了饥饿和死亡。像这样的一个人，这样一个悲惨的生命，却在琴弦上奏出了最美妙的音符。3 岁学琴，12 岁首场个人音乐会。他令无数人陶醉，令无数人疯狂！

乐评家称他是“操琴弓的魔术师”。歌德评价他：“在琴弦上展现了火一样的灵魂。”李斯特大喊：“天哪，在这四根琴弦中包含着多少苦难、痛苦与受到残害的生灵啊！”苦难净化心灵，悲剧使人崇高。也许上帝成就天才的方式，就是让他在苦难这所大学中进修。

弥尔顿、贝多芬、帕格尼尼——世界文艺史上的三大怪杰，一个成了瞎子，一个成了聋子，一个成了哑巴！这就是最好的例证。苦难，在这些不屈的人面前，会化为一种礼物，一种人格上的成熟与伟岸，一种意志上的顽强和坚韧，一种对人生和生活的深刻认识。然而，对更多人来说，苦难是噩梦，是灾难，甚至

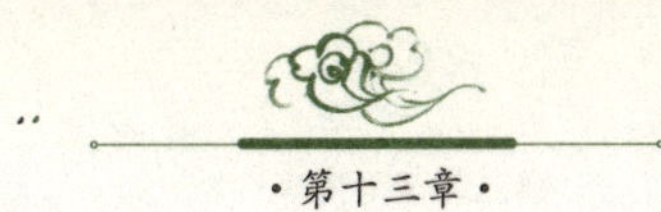

是毁灭性的打击。

其实对于每一个人，苦难都可以成为礼物或是灾难。你无须祈求上帝保佑，菩萨显灵。选择权就在你自己手里。一个人的尊严之处，就是不轻易被苦难压倒，不轻易因苦难放弃希望，不轻易让苦难占据自己蓬勃向上的心灵。

·重要的是你如何看·

重要的是你如何看待发生在你身上的事，而不是到底发生了什么。

如果一个人在46岁的时候，因意外事故被烧得不成人形，4年后又在一次坠机事故后腰部以下全部瘫痪，他会怎么办？再后来，你能想象他变成百万富翁、受人爱戴的公共演说家、洋洋得意的新郎及成功的企业家吗？你能想象他去泛舟、玩跳伞、在政坛角逐一席之地吗？米契尔全做到了，甚至有过之而无不及。在经历了两次可怕的意外事故后，他的脸因植皮而变成一块“彩色板”，手指没有了，双腿如此细小，无法行动，只能瘫痪在轮椅上。意外事故把他身上65%以上的皮肤都烧坏了，为此他动了16次手术。手术后，他无法拿起叉子，无法拨电话，也无法一个人上厕所。但以前曾是海军陆战队员的米契尔从不认为他被打败了，他说：“我完全可以掌握我自己的人生之船，我可以选择把目前的状况看成倒退或是一个起点。”6个月之后，他又能开飞机了。

米契尔为自己在科罗拉多州买了一幢维多利亚式的房子，还买了一架飞机及一家酒吧。后来他和两个朋友合资开了一家公司，专门生产以木材为燃料的炉子，这家公司后来变成佛蒙特州第二大私人公司。坠机意外发生后4年，米契尔所开的飞机在起飞时又摔回跑道，把他背部的12块脊椎骨全压得粉碎，腰部以下永远瘫痪。“我不解的是为何这些事老是发生在我身上，我到底是造了什么孽，要遭到这样的报应？”米契尔说。

米契尔仍不屈不挠，日夜努力使自己能达到最高限度的独立自主，他被选为科罗拉多州孤峰顶镇的镇长，以保护小镇的美景及环境，使之不因矿产的开采而遭受破坏。米契尔后来也竞选国会议员，他用一句“不只是另一张小白脸”的口号，将自己难看的脸转化成一笔有利的资产。

尽管面貌骇人、行动不便，米契尔却坠入爱河，并且完成了终身大事，也拿到了公共行政硕士学位，并继续着他的飞行活动、环保运动及公共演说。米契尔说：“我瘫痪之前可以做1万件事，现在我只能做9000件事，我可以把注意力放

在我无法再做好的1000件事上，或是把目光放在我还能做的9000件事上。告诉大家，我的人生曾遭受过两次重大的挫折，如果我能选择不把挫折拿来当成放弃努力的借口，那么，或许你们可以用一个新的角度来看待一些一直让你们裹足不前的经历。你可以退一步，想开一点，然后你就有机会说：‘或许那也没什么大不了的。’”

记住：“重要的是你如何看待发生在你身上的事，而不是到底发生了什么。”人生之路，不如意事常八九，一帆风顺者少，曲折坎坷者多，成功是由无数次失败构成的。在追求成功的过程中，还需正确面对失败。乐观和自我超越就是能否战胜自卑、走向自信的关键。正如美国通用电气公司创始人沃特所说：“通向成功的路，即把你失败的次数增加一倍。”但失败对人毕竟是一种“负性刺激”，会使人产生不愉快、沮丧、自卑。

面对挫折和失败，唯有乐观积极的持久心，才是正确的选择。其一，采用自我心理调适法，提高心理承受能力；其二，注意审视、完善策略；其三，用“局部成功”来激励自己；其四，做到坚韧不拔，不因挫折而放弃追求。

要战胜失败所带来的挫折感，就要善于挖掘、利用自身的资源。应该说当今社会已大大增加了这方面的发展机遇，只要敢于尝试，勇于拼搏，就一定会有所作为。虽然有时个体不能改变环境的安排，但谁也无法剥夺其作为“自我主人”的权利。屈原遭放逐乃作《离骚》；司马迁受宫刑乃成《史记》，就是因为他们无论什么时候都不气馁、不自卑，都有坚韧不拔的意志。有了这一点，就会挣脱困境的束缚，迎来光明的前景。

若每次失败之后都能有所领悟，把每一次失败都当作成功的前奏，那么就能化消极为积极，变自卑为自信。作为一个现代人，应具有迎接失败的心理准备。世界充满了成功的机遇，也充满了失败的风险，所以要树立持久心，以不断提高应付挫折与干扰的能力，调整自己，增强社会适应力，坚信失败乃成功之母。

成功之路难免坎坷和曲折，有些人把痛苦和不幸作为退却的借口，也有人在痛苦和不幸面前寻得复活和再生。只有勇敢地面对不幸和超越痛苦，永葆青春的朝气和活力，用理智去战胜不幸，用坚持去战胜失败，我们才能真正成为自己命运的主宰，成为掌握自身命运的强者。

其实失败就是强者和弱者的一块试金石，强者可以愈挫愈奋，弱者则是一蹶不振。想成功，就必须面对失败，必须在千万次失败面前站起来。

·超越人生的苦难·

苦难对于弱者是一个深渊，而对于天才来说则是一块垫脚石。

美国前总统克林顿并不算是天才人物，但他能登上美国总统的宝座，与他个人的勤奋和磨炼不无关系。

克林顿的童年很不幸。他出生前4个月，父亲就死于一次车祸。他母亲因无力养家，只好把出生不久的他托付给自己的父母抚养。童年的克林顿受到外公和舅舅的深刻影响。他自己说，他从外公那里学会了忍耐和平等待人，从舅舅那里学到了说到做到的男子汉气概。他7岁随母亲和继父迁往温泉城，不幸的是，双亲之间常因意见不合而发生激烈冲突，继父嗜酒成性，酒后经常虐待克林顿的母亲，小克林顿也经常遭其斥骂。这给从小就寄养在亲戚家的小克林顿的心灵蒙上了一层阴影。

坎坷的童年生活，使克林顿形成了尽力表现自己，争取别人喜欢的性格。他在中学时代非常活跃，一直积极参与班级和学生会活动，并且有较强的组织和社会活动能力。他是学校合唱队的主要成员，而且被乐队指挥定为首席吹奏手。

1963年夏，他在“中学模拟政府”的竞选中被选为参议员，应邀参观了首都华盛顿，这使他有机会看到了“真正的政治”。参观白宫时，他受到了肯尼迪总统的接见，不但同总统握了手，而且还和总统合影留念。

此次华盛顿之行是克林顿人生的转折点，使他的理想由当牧师、音乐家、记者或教师转向了从政，梦想成为肯尼迪第二。

有了目标和坚强的意志，克林顿此后30年的全部努力，都紧紧围绕这个目标。上大学时，他先读外交，后读法律——这些都是政治家必须具备的知识修养。离开学校后，他一步一个脚印，律师、议员、州长，最后达到了政治家的巅峰——总统。

人生来都希望在一个平和顺利的环境中成长，但上帝并不喜爱安逸的人们，他要挑选出最杰出的人物，于是他让这些人历经磨难，千锤百炼终于成金。

一个人若想有所成就，那么苦难就成为一道你必须超越的关卡。就像神话中所说的那样，那条鲤鱼必须跳过龙门，才能超越自我、化身为龙，人生又何尝不是如此！

·抓住机会，用苦难磨炼自己·

对于一个人来说，苦难确实是残酷的，但如果你能充分利用苦难这个机会来磨炼自己，苦难会馈赠给你很多。

生命不会是一帆风顺的，任何人都会遇到逆境。从某种意义上说，经历苦难是人生的不幸，但同时，如果你能够正视现实，从苦难中发现积极的意义，充分利用机会磨炼自己，你的人生将会得到不同寻常的升华。

我们可以看看下面这则故事：

由于经济破产和从小落下的残疾，人生对格尔来说已索然无味了。

在一个晴朗日子，格尔找到了牧师。牧师现在已疾病缠身，脑溢血彻底摧残了他的健康，并遗留下右侧偏瘫和失语等症，医生们断言他再也不能恢复说话能力了。然而仅在病后几周，他就努力学会了重新讲话和行走。

牧师耐心听完了格尔的倾诉。“是的，不幸的经历使你心灵充满创伤，你现在生活的主要内容就是叹息，并想从叹息中寻找安慰。”他闪烁的目光始终燃烧着格尔，“有些人不善于抛开痛苦，他们让痛苦缠绕一生直至幻灭。但有些人能利用悲哀的情感获得生命悲壮的感受，并从而对生活恢复信心。”

“让我给你看样东西。”他向窗外指去。那边矗立着一排高大的枫树，在枫树间悬吊着一些陈旧的粗绳索。他说：“60年前，这儿的庄园主种下这些树护卫牧场，他在树间牵拉了许多粗绳索。对于幼树嫩弱的生命，这太残酷了，这种创伤无疑是终身的。有些树面对残酷的现实，能与命运抗争；而另有一些树消极地诅咒命运，结果就完全不同了。”

他指着一棵被绳索损伤并已枯萎的老树：“为什么有些树毁掉了，而这一棵树已成为绳索的主宰而不是其牺牲品呢？”

眼前这棵粗壮的枫树看不出有什么疤痕，格尔所看到的是绳索穿过树干——几乎像钻了一个洞似的，真是一个奇迹。

“关于这些树，我想过许多。”牧师说，“只有体内强大的生命力才可能战胜像绳索带来的那样终身的创伤，而不是自己毁掉这宝贵的生命。”沉思了一会儿后，牧师说：“对于人，有很多解忧的方法。在痛苦的时候，找个朋友倾诉，找些活干；对待不幸，要有一个清醒而客观的全面认识，尽量抛掉那些怨恨的情感负担。有一点也许是最重要的，也是最困难的——你应尽一切努力愉悦自己，真正地爱自己，并抓住机会磨炼自己。”

在遇到挫折困苦时，我们不妨聪明一些，找方法让精神伤痛远离自己的心

灵，利用苦难来磨炼自己的意志。尽一切努力愉悦自己，真正地爱自己。我们的生命就会更丰盈，精神会更饱满，我们就可能会拥有一个辉煌壮美的人生。

·打开苦难的另一道门·

拿破仑说："我只有一个忠告——做你自己的主人。"

习惯抱怨生活太苦的人，是不是也能说一句这样的豪言壮语："我已经经历了那么多的磨难，眼下的这一点痛又算得了什么？！"

我们在埋怨自己生活多磨难的同时，不妨想想下面这位老人的人生经历，或许还有更多多灾多难的人们，与他们相比我们的困难和挫折算什么呢？自强起来，生命就会站立不倒。

德国有一位名叫班纳德的人，在风风雨雨的50年间，他遭受了200多次磨难的洗礼，从而成为世界上最倒霉的人，但这些也使他成为世界上最坚强的人。

他出生后14个月，摔伤了后背；之后又从楼梯上掉下来摔残了一只脚；再后来爬树时又摔伤了四肢；一次骑车时，忽然一阵不知从何处而来的大风，把他吹了个人仰车翻，膝盖又受了重伤；13岁时掉进了下水道，差点窒息；一次，一辆汽车失控，把他的头撞了一个大洞，血如泉涌；又有一辆垃圾车，倒垃圾时将他埋在了下面；还有一次他在理发屋中坐着，突然一辆飞驰的汽车撞了进来……

他一生倒霉无数，在最为晦气的一年中，竟遇到了17次意外。

但更令人惊奇的是，老人至今仍旧健康地活着，心中充满着自信，因为他经历了200多次磨难的洗礼，他还怕什么呢？

"自古雄才多磨难，从来纨绔少伟男"，人们最出色的工作往往是在挫折逆境中做出的。我们要有一个辩证的挫折观，经常保持自信和乐观的态度。挫折和教训使我们变得聪明和成熟，正是失败本身才最终造就了成功。我们要悦纳自己和他人他事，要能容忍挫折，学会自我宽慰，心怀坦荡、情绪乐观、满怀信心地去争取成功。

如果能在挫折中坚持下去，挫折实在是人生不可多得的一笔财富。有人说，不要做在树林中安睡的鸟儿，而要做在雷鸣般的瀑布边也能安睡的鸟儿，就是这个道理。逆境并不可怕，只要我们学会去适应，那么挫折带来的逆境，反而会给我们以进取的精神和百折不挠的毅力。

挫折让我们更能体会到成功的喜悦，没有挫折我们不懂得珍惜，没有挫折的人生是不完美的。

世事常变化，人生多艰辛。在漫长的人生之旅中，尽管人们期盼能一帆风顺，但在现实生活中，却往往令人不期然地遭遇逆境。

逆境是理想的幻灭、事业的挫败；是人生的暗夜、征程的低谷。就像寒潮往往伴随着大风一样，逆境往往是通过名誉与地位的下降、金钱与物资的损失、身体与家庭的变故而表现出来的。逆境是人们的理想与现实的严重背离，是人们的过去与现在的巨大反差。

每个人都会遇到逆境，以为逆境是人生不可承受的打击的人，必不能挺过这一关，可能会因此而颓废下去；而以为逆境只不过是人生的一个小坎儿的人，就会想尽一切办法去找到一条可迈过去的路。这种人，多迈过几个小坎儿的，就会不怕大坎儿，就能成大事。

传说上帝造物之初，本打算让猫与老虎两师徒一道做万兽之王。上帝为考察它们的才能，放出了几只老鼠，老虎全力以赴，很干脆地就将老鼠捉住吃掉了。猫却认为这是大材小用，上帝小看了自己，心中不平，于是很不用心，捉住了老鼠再放开，玩弄了半天才把老鼠杀死。

考察的结果是：上帝认为猫太无能，不可做兽王，就让它身躯变小，专捉老鼠；而虎能全力以赴，做事认真，因此可以去统治山林，做百兽之王。

这则寓言告诉我们：世事艰辛，不如意者十有八九，不必因不平而泄气，也不必因逆境而烦恼，只要自己努力，机会总会有的。

面对逆境，不同的人有着不同的观点和态度。就悲观者而言，逆境是生存的炼狱，是前途的深渊；就乐观的人而言，逆境是人生的良师，是前进的阶梯。逆境如霜雪，它既可以凋叶摧草，也可使菊香梅艳；逆境似激流，它既可以溺人殒命，也能够济舟远航。逆境具有双重性，就看人怎样正确地去认识和把握。

古往今来，凡立大志、成大功者，往往都饱经磨难，备尝艰辛。逆境成就了“天将降大任”者。如果我们不想在逆境中沉沦，那么我们便应直面逆境，奋起抗争，只要我们能以坚韧不拔的意志奋力拼搏，就一定能冲出逆境。

·人生没有承受不了的事·

人的潜力是惊人的，很多时候，你认为你承受不了的事，往往却能够不费气力地承受下来。人生没有承受不了的事，相信你自己。

你还在为即将到来或正发生在自己身上的不幸而担忧吗？其实，这些困难并不像你想象的那样可怕。只要你勇敢面对，你就能够承受得了。等你适应了那样的不幸以后，你就可以从不幸中找到幸运的种子了。

帕克在一家汽车公司上班。很不幸，一次机器故障导致他的右眼被击伤，抢救后还是没有能保住，医生摘除了他的右眼球。帕克原本是一个十分乐观的人，但现在却成了一个沉默寡言的人。他害怕上街，因为总是有那么多人看他的眼睛。

他的休假一次次被延长，妻子艾丽丝负担起了家庭的所有开支，而且她在晚上又兼了一个职。她很在乎这个家，她爱着自己的丈夫，想让全家过得和以前一样。艾丽丝认为丈夫心中的阴影总会消除的，那只是时间问题。

但糟糕的是，帕克的另一只眼睛的视力也受到了影响。在一个阳光灿烂的早晨，帕克问妻子谁在院子里踢球时，艾丽丝惊讶地看着丈夫和正在踢球的儿子。在以前，儿子即使到更远的地方，他也能看到。艾丽丝什么也没有说，只是走近丈夫，轻轻地抱住他的头。

帕克说："亲爱的，我知道以后会发生什么，我已经意识到了。"艾丽丝的泪就流下来了。其实，艾丽丝早就知道这种后果，只是她怕丈夫受不了打击而要求医生不要告诉他。帕克知道自己要失明后，反而镇静多了，连艾丽丝自己也感到奇怪。艾丽丝知道帕克能见到光明的日子已经不多了，她想为丈夫留下点什么。她每天把自己和儿子打扮得漂漂亮亮，还经常去美容院。在帕克面前，不论她心里多么悲伤，她总是努力微笑。几个月后，帕克说："艾丽丝，我发现你新买的套裙那么旧了！"艾丽丝说："是吗？"她奔到一个他看不到的角落，低声哭了。她那件套裙的颜色在太阳底下绚丽夺目。她想，还能为丈夫留下什么呢？第二天，家里来了一个油漆匠，艾丽丝想把家具和墙壁粉刷一遍，让帕克的心中永远有一个新家。油漆匠工作很认真，一边干活还一边吹着口哨。干了一个星期，终于把所有的家具和墙壁刷好了，他也知道了帕克的情况。油漆匠对帕克说："对不起，我干得很慢。"帕克说："你天天那么开心，我也为此感到高兴。"算工钱的时候，油漆匠少算了100元。艾丽丝和帕克说："你少算了工钱。"油漆匠说："我已经多拿了，一个等待失明的人还那么平静，你告诉了我什么叫勇气。"但帕克却坚持要多给油漆匠100元，帕克说："我也知道了原来残疾人也可以自食其力，并生活得很快乐。"油漆匠只有一只手。哀莫大于心死，只要自己还持有一颗乐观、充满希望的心，身体的残缺又有什么影响呢？

要学会享受生活，只要还拥有生活的勇气，那么你的人生仍然是五彩缤纷

的。人的潜力是无穷的，世界上没有任何事情能够将人的心完全压制。只要相信自己，人生就没有承受不了的事。至于受老板的责骂、受客户的折磨这种小事，你还会在乎吗?

·黑暗，只是光明的前兆·

不要诅咒目前的黑暗，你所要做的就是做好准备，去迎接光明，因为黑暗只是光明的前兆。

莎士比亚在他的名著《哈姆雷特》中有这样一句经典台词:“光明和黑暗只在一线间。”一个人身处黑暗之中，你的心灵千万不要因黑暗而熄灭，而是要充满希望，因为黑暗只是光明来临的前兆而已。

清代有一个年轻书生，自幼勤奋好学，无奈贫困的小村里没有一个好老师。书生的父母决定变卖家产，让孩子外出求学。

一天，天色已晚，书生饥肠辘辘准备翻过山头找户人家借住一宿。走着走着，树林里忽然蹿出一个拦路抢劫的土匪。书生立即拼命往前逃跑，无奈体力不支再加上土匪的穷追不舍，眼看着书生就要被追上了，正在走投无路时，书生一急钻进了一个山洞里。土匪见状，不肯罢休，他也追进山洞里。洞里一片漆黑，在洞的深处，书生终究未能逃过土匪的追逐，他被土匪逮住了。一顿毒打自然不能免掉，身上的所有钱财及衣物，甚至包括一把准备为夜间照明用的火把，都被土匪一掳而去了。土匪给他留下的只有一条薄命。

完事之后，书生和土匪两个人各自分头寻找着洞的出口，这山洞极深极黑，且洞中有洞，纵横交错。

土匪将抢来的火把点燃，他能轻而易举地看清脚下的石块，能看清周围的石壁，因而他不会碰壁，不会被石块绊倒，但是，他走来走去，就是走不出这个洞，最终，恶人有恶报，他迷失在山洞之中，力竭而死。

书生失去了火把，没有了照明，他在黑暗中摸索行走得十分艰辛，他不时碰壁，不时被石块绊倒，跌得鼻青脸肿，但是，正因为他置身于一片黑暗之中，所以他的眼睛能够敏锐地感受到洞里透进来的一点点微光，他迎着这缕微光摸索爬行，最终逃离了山洞。

如果没有黑暗，怎么可能发现光明呢?黑暗并不可怕，它只是光明到来之前的预兆。在黑暗中摸索前行，充满对光明的渴望，才是最良好的心态。如果你害

怕黑暗，因黑暗而绝望，你将被无边的黑暗所淹没。相反，若你一直在心中点一盏长明灯，光明很快就会降临。

·厄运不会长久·

厄运的最大弱点就是它不会长久，因此，当你正遭受厄运的打击时，一定要相信，幸福很快就会来临。

一位名人说过："没有永久的幸福，也没有永久的不幸。"厄运虽然令人忧愁、令人不快，甚至打击一个人几年、十几年，但厄运也有它的"致命弱点"，那就是它不会持久存在。

那些在生活中遭受接二连三打击的人，不要总是哀叹自己"命运不济"，你一定要相信：厄运不久就会远走，转运的一天迟早会到来。

宾夕法尼亚州匹兹堡有一个女人，她已经35岁了，过着平静、舒适的中产阶层的家庭生活。但是，她突然连遭四重厄运的打击：丈夫在一次事故中丧生，留下两个小孩。没过多久，一个女儿被烤面包的油脂烫伤了脸，医生告诉她孩子脸上的伤疤终生难消，女人为此伤透了心；她在一家小商店找了份工作，可没过多久，这家商店就关门倒闭了；丈夫给她留下一份小额保险，但是她耽误了最后一次保费的续交期，因此保险公司拒绝支付保费。

碰到一连串不幸事件后，女人近于绝望。她左思右想，为了自救，她决定再做一次努力，尽力拿到保险补偿。在此之前，她一直与保险公司的下级员工打交道。当她想面见经理时，一位多管闲事的接待员告诉她经理出去了。她站在办公室门口无所适从，就在这时，接待员离开了办公桌。机遇来了。她毫不犹豫地走进里面的办公室，结果，看见经理独自一人在那里。经理很有礼貌地问候了她，她受到了鼓励，沉着镇静地讲述了索赔时碰到的难题。经理派人取来她的档案，经过再三思索，决定以德为先，给予赔偿，虽然从法律上讲公司没有承担赔偿的义务，工作人员按照经理的决定为她办了赔偿手续。

但是，由此引发的好运并没有到此中止。经理尚未结婚，对这位年轻寡妇一见倾心。他给她打了电话，几星期后，他为寡妇推荐了一位医生，医生为她的女儿整容，脸上的伤疤被清除干净；经理通过在一家大百货公司工作的朋友给寡妇安排了一份工作，这份工作比以前那份工作好多了；不久，经理向她求婚。几个月后，他们结为夫妻，而且婚姻生活相当美满。

这个故事很好地阐释了“厄运”的寿命，厄运不会长久，幸福随时都会来临。

易卜生说：“不因幸运而故步自封，不因厄运而一蹶不振。真正的强者，善于从顺境中找到阴影，从逆境中找到光亮，时时校准自己前进的目标。”

任何时候，都不要因厄运而气馁，厄运不会时时伴随你，阴云之后的阳光很快就会来临。

·为自己点一盏心灯·

无论何时，都要在自己心中点一盏灯，只要心灯不灭，就有成功的希望。

真正的智者，总是站在有光的地方。太阳很亮的时候，生命就在阳光下奔跑。当太阳熄灭，还会有那一轮高挂的明月。当月亮熄灭了，还有满天闪烁的星星。如果星星也熄灭了，那就为自己点一盏心灯吧。无论何时，只要心灯不灭，就有成功的希望。

紫霄未满月就被白发苍苍的奶奶抱回家。奶奶含辛茹苦把她养到小学毕业，狠心的父母才从外地返家。父母重男轻女，对女儿非常刻薄。她生病时，父母会变本加厉地迫害她，母亲对她说：“我看你就来气，你给我滚，又有河、又有老鼠药、又有绳子，有志气你就去死。”还残忍地塞给她一瓶“安定”。13岁的小姑娘没有哭，在她幼小的心灵里，萌生了强烈的愿望——她一定要活下去，并且还要活出一个人样来！

被母亲赶出家门，好心的奶奶用两条万字糕和一把眼泪，把她送到一片净土——尼姑庵。紫霄满怀感激地送别奶奶后，心里波翻浪涌，难道自己的生命就只能耗在这没有生气的尼姑庵吗？在尼姑庵，法名“静月”的紫霄得了胃病，但她从不叫痛，甚至在她不愿去化缘而被老尼姑惩罚时，她也不哭不闹。但是叛逆的个性正在潜滋暗长。在一个淅淅沥沥下着小雨的清晨，她揣上奶奶用鸡蛋换来的干粮和卖棺材得来的路费，踏上了西去的列车。几天后，她到了新疆，见到了久违的表哥和姑妈。在新疆，她重返课堂，度过了幸福的半年时光。在姑妈的建议下，她回安徽老家办户口迁移手续。回到老家，她发现再也回不了新疆了，父母要她顶替父亲去厂里上班。

她拿起了电焊枪，那年她才15岁。她没有向命运低头，因为她的心中还有梦。紫霄业余苦读，通过了写作、现代汉语和文学概论等学科的自学考试。第二年参加高考，她考取了安徽省中医学院。然而她知道因为家庭的原因自己无法实现自己的梦想，大学经常成为她夜梦的主题。

1988年底，紫霄的第一篇习作被《巢湖报》采用，她看到了生命的一线曙光，她要用缪斯的笔来拯救自己。多少个不眠之夜，她用稚拙的笔饱蘸浓情，抒写自己的苦难与不幸，倾诉自己的顽强与奋争。多篇作品寄了出去，耕耘换来了收获，那些心血凝聚的稿件多数被采用，还获得了各种奖项。1989年，她抱着自己的作品叩开了安徽省作协的门，成了其中的一员。

文学是神圣的，写作是清贫的。紫霄毅然放弃了从父亲手里接过的“铁饭碗”，开始了艰难的求学生涯。因为她知道，仅凭自己现在的底子，远远不能成大器。她到了北京，在鲁迅文学院进修。为生计所迫，生性腼腆的她当起了报童。骄阳似火，地面晒得冒烟，紫霄姑娘挥汗如雨，怯生生地叫卖。天有不测风云，在一次过街时，飞驰而过的自行车把她撞倒了。看着肿得像馒头大小的脚踝，紫霄的第一个反应是这报卖不成了。她没有丧失信心，用几天卖报赚来的微薄收入补足了欠交的学费，只休息了几天，她就又一次开始了半工半读的生活。命运之神垂怜她，让她结识了莫言、肖亦农、刘震云、宏甲等作家，有幸亲聆教诲，她感到莫大的满足。

为了节省开支，紫霄住在某空军招待所的一间堆放杂物的仓库里。晚上，这里就成了她的“工作室”，她的灯常常亮到黎明。礼拜天，她包揽了招待所上百床被褥的浆洗活。有一次她累昏在水池旁，幸遇两位女战士把她背回去，灌了两碗姜汤，她苏醒之后不久，便接着去洗。她的脸上和手上有了和她年龄不相称的粗糙和裂口。

紫霄后来的经历就要“顺利”得多。随文怀沙先生攻读古文、从军、写作、采访、成名，这一切似乎顺理成章，然而这一切又不平凡。她是一个坚强的女子，是一个不向困难俯首称臣的不屈的奇女子。她把困难视作生命的必修课，而她得了满分。

“一个人最大的危险是迷失自己，特别是在苦难接踵而至的时候……命运的天空被涂上一层阴霾的乌云，她始终高昂那颗不愿低下的头。因为她胸中有灯，它点燃了所有的黑暗。”一篇采访紫霄的专访在题词中写了这样的话，在主人公心中，那盏灯就是自己永远也未曾放弃过的希望。

一个人无论有多么不幸，有多么艰难，那盏灯一定会为你指引前进的方向。

第十四章

沉住气，三千越甲可吞吴

所谓："有志者、事竟成，破釜沉舟，百二秦关终属楚；苦心人、天不负，卧薪尝胆，三千越甲可吞吴。"说的就是要沉住气这个道理。但沉得住气是需要非凡的执着和定力的，寂寞的坚守，是"零落成泥碾作尘"的矢志不渝，是"吹尽黄沙始到金"的忠贞不悔，是"千磨万击还坚劲"的顽强不屈……"板凳要坐十年冷，话语不说半句空"，远离喧嚣，敬谢浮名，认认真真做事，扎扎实实地积累与突破，这样才能在人生路上走得稳、走得远。过于浮躁，急功近利，往往适得其反，劳而无功。

·日子难过，更要认真地过·

当你埋怨被苦日子折磨时，你是否想过，其实这境遇只是由于你不认真对待生活造成的呢？日子难过，更要认真地过。

有个学者说过："人生的棋局，只有到了死亡才会结束，只要生命还存在，就有挽回棋局的可能。"

生活拮据，日子难过，大部分人的生活都过得很辛苦。但是，在你埋怨苦日子折磨人的时候，不妨仔细想想，在这些难过的日子当中，你认真生活了几天？

地铁上，两个年纪40岁左右的女人在说话，一个说："这日子真的是没法过下去了，我真是再也受不了了。他居然跟我说要把房子卖了，你想想，把房子卖了我们住到哪里去啊？没想到跟了他这么多年，现在居然落到这样的田地。"

另一个说："那不行啊，就算是把房子卖了，这样下去也是坐吃山空，还是要想办法让他出去工作才行。"

"谁说不是呢？！可是他要是肯听我的就好了。现在他什么朋友都没有，什

么人也不愿意见，整天待在家里，孩子也怕他，他随时都会发火，我都烦死了。这样的日子难过死了，死了倒还痛快了。”

“唉……”

原来这个家里的男主人，下岗了之后也找过几个工作，但做了一段时间都不成功，意志愈加消沉。于是女主人对他越来越不满意，软的硬的都没什么用，于是家里开始硝烟弥漫，大吵小吵没有断过。

眼看着家里就女主人一个人上班以维持家用，她心里也着急，可是又不知道用什么方法来让老公重整旗鼓。男主人于是提出把房子卖了租房子住，于是又展开了新一轮的战争。

女人开始感叹，当初怎么嫁了这样的男人，还不如嫁给 ×××。她说：“这日子过不下去了！”

人生就是这样：苦多于乐！

美国教育学家乔治·桑塔亚纳说：“人生既不是一幅美景，也不是一席盛宴，而是一场苦难。”不幸的是，当你来到这世界那一天，没有人会送你一本生活指南，教你如何应付命运多舛的人生。也许青春时期的你曾经期待长大成人以后，人生会像一场热闹的派对，但在现实世界经历了几年风雨后，你会幡然醒悟，人生的道路原来布满荆棘。

无论你是老是少，都请不要奢望生活越过越顺遂，因为你会发现大家的日子都很难熬。再怎么才华横溢、家财万贯，照样逃离不了挫折、困顿。人人都要经历某种程度的压力和痛苦，而且难保不会遇上疾病、天灾、意外、死亡及其他不幸，谁都无法做到完全免疫，就算成功人士也会承认这是个需要辛苦打拼的世界。精神分析学家荣格主张：人类需要逆境，逆境是迈向身心健康的必要条件。他认为遭遇困境能帮助我们获得完整的人格与健全的心灵。

人的一生总有许多波折，要是你觉得事事如意，大概是误闯了某条单行道。也许你曾拥有一段诸事顺利的日子，于是志得意满的你开始以为你已看穿人生是怎么回事，一切如鱼得水，悠游自在。可惜就在你相信自己蒙天赐之福时，却发生了好运化为乌有的意外。

美国作家诺瑞丝拥有一套轻松面对生活的法则：人生比你想象中好过，只要接受困难、量力而为、咬紧牙关就过去了。你跨出的每一步，都能助你完成学习之旅。面临生活考验时，耐力越高，通过的考验也越多。所以要放松心情，靠意志力和自信心冲破难关。

保持积极的人生观，可以帮助你了解逆境其实很少危害生命，只会引起不同

程度的愤慨，何况一定的压力也有好处。舒适安逸的生活无法带给人快乐与满足，人生若是少了有待克服的障碍、有待解决的问题、有待追求的目标、有待完成的使命，便毫无成就感可言了。

人生是一场学习的过程，接二连三的打击则是最好的生活导师。享乐与顺境无法锻炼人格，逆境却可以。一旦征服了难关，遇到再糟的情况也不会惊慌。人生有甘也有苦，物质环境的优劣与生活困厄的程度毫无瓜葛，重要的是我们对环境采取何种反应。接受好花不常开的事实，日子会优哉许多。记住这句话：人生苦多于乐，不必太在乎。

·铸就坚忍的品格·

世界上最强大、最有可能取得成功的人，就是坚忍不拔的人。

生活陷入困顿，人生陷入低谷，这个时候你在想些什么？就打算这样过一辈子吗？

世界上最强大、最有可能取得成功的人，就是那些坚忍不拔的人。无论你现在的境况如何，都要保持坚忍不拔、百折不挠的精神。

莎莉·拉斐尔是美国著名的电视节目主持人，曾经两度获奖，在美国、加拿大和英国每天有800万观众收看她的节目。可是她在30年的职业生涯中，却曾被辞退18次。

刚开始，美国的无线电台都认定女性主持不能吸引观众，因此没有一家愿意雇佣她。她便迁到波多黎各，苦练西班牙语。有一次，多米尼亚共和国发生暴乱事件，她想去采访，可通讯社拒绝她的申请，于是她自己凑足旅费飞到那里，采访后将报道卖给电台。

1981年她被一家纽约电台辞退，无事可做的时候，她有了一个节目构想。虽然很多广播公司觉得她的构想不错，但碍于她是女性，所以最终还是放弃了她的构想，最后她终于说服了一家公司，受到了雇佣，但她只能在政治台主持节目。尽管她对政治不熟，但还是勇敢尝试。1982年夏，她的节目终于开播。她充分发挥自己的长处，畅谈7月4日美国国庆对自己的意义，还请观众打来电话互动交流。令人意想不到的是，节目很成功，观众非常喜欢她的主持方式，所以她很快成名了。

当别人问她成功的经验时，她发自内心地说：“我被人辞退了18次，本来大有可能被这些遭遇所吓退，做不成我想做的事情。结果相反，我让它们鞭策我前进。”

正是这种不屈不挠的性格使莎莉在逆境中避免了一蹶不振、默默无闻的一生，走向了成功。

任何成功的人在达到成功之前，没有不遭遇失败的。爱迪生在经历了一万多次失败后才发明了灯泡；而乔纳斯·沙克也是在试用了无数介质之后，才培养出小儿麻痹疫苗。

“你应把挫折当作是使你发现你思想的特质，以及你的思想和你明确的目标之间关系的测试机会。”如果你真能理解这句话，它就能调整你对逆境的反应，并且能使你继续为目标努力，挫折绝对不等于失败，除非你自己这么认为。

爱默生说过：“我们的力量来自我们的软弱，直到我们被戳、被刺，甚至被伤害到疼痛的程度时，才会唤醒包藏着神秘力量的愤怒。伟大的人物总是愿意被当成小人物看待，当他坐在占有优势的椅子中时会昏昏睡去，当他被摇醒、被折磨、被击败时，便有机会可以学习一些东西了；此时他必须运用自己的智慧，发挥他的刚毅精神，他会了解事实真相，从他的无知中学习经验，治疗好他的自负精神病。最后，他会调整自己并且学到真正的技巧。”

因此，无论经历怎样的失败和挫折，你都要从精神上去战胜它，别把它当一回事，甩甩手从头再来，成功终究会来临。

·人生没有真正的难题·

是问题就一定有答案，你必须努力寻找，并把这个信念永存心底。

生活中，我们每时每刻都会遇到各种各样的问题，这些问题时刻折磨着我们的神经，使我们疲于应付，甚至在遇到很大的困难时，我们往往认为自己再也支撑不下去了。这时候，一定要坚信，人生没有解决不了的问题。

某大学的数学教师每天给他的一个学生出3道数学题，作为课外作业给他回家后去做，第二天早晨再交上来。

有一天，这个学生回家后，才发现教师今天给了他4道题，而且最后一道似乎颇有些难度。他想：从前每天的3道题，他都很顺利地完成了，从未出现过任何差错，早该增加点分量了。

于是，他志在必得，满怀信心地投入到解题的思路中……天亮时分，他终于把这道题给解决了。但他还是感到一些内疚和自责，认为辜负了老师多日的栽培——一道题竟然做了几个小时。

谁知，当他把这4道已解的题一并交给老师时，老师惊呆了——原来，最后那道题竟是一道在数学界流传百年而无人能解的难题，老师把它抄在纸上，也只是出于好奇心。结果，不经意竟把它与另外3道普通题混在一起，交给了这个学生。这个学生却在不明实情的前提下意外地把它给攻克了。

假如这个学生知道这道题的来历，他还会在一夜之间将它攻克么？

·世上没有“不可能”·

如果你总是认为某件事是“不可能”的，那说明你一定没有去努力争取，因为这世上本来就没有“不可能”。

拿破仑·希尔年轻时买下一本字典，然后剪掉了“不可能”这个词，从此他有了一本没有“不可能”的字典，而他也成了成功学大师。其实，把“不可能”从字典里剪掉，只是一个形象的比喻，关键是要从你的心中把这个观念铲除掉。并且，在我们的观念中排除它，想法中排除它，态度中去掉它、抛弃它，不再为它提供理由，不再为它寻找借口，把这个字和这个观念永远地抛弃，而用光辉灿烂的“可能”来替代它。

比如汤姆·邓普西，他就是将“不可能”变为“可能”的典型。

汤姆·邓普西生下来的时候，只有半只左脚和一只畸形的右手。父母从来不让他因为自己的残疾而感到不安。结果是任何男孩能做的事他也能做，如果童子军团行军5千米，汤姆也同样能走完5千米。

后来他想玩橄榄球，他发现，他能把球踢得比任何在一起玩的男孩子更远。他要人为他专门设计一只鞋子，参加了踢球测验，并且得到了冲锋队的一份合约。但是教练却尽量婉转地告诉他，说他“不具有做职业橄榄球员的条件”，促请他去试试其他的事业。最后他申请加入新奥尔良圣徒队，并且请求给他一次机会。教练虽然心存怀疑，但是看到这个男孩这么自信，对他有了好感，因此就收了他。两个星期之后，教练对他的好感更深，因为他在一次友谊赛中将球踢出55码远。这种情形使他获得了专为圣徒队踢球的工作，而且在那一赛季中为他所在的队踢得了99分。

然后到了最伟大的时刻，球场上坐满了6.6万名球迷。圣徒队比分落后，球是在28码线上，比赛只剩下了几秒钟，球队把球推进到45码线上，但是完全可以说没有时间了。“汤姆，进场踢球！”教练大声说。当汤姆进场的时候，他知道他的队距离得分线有63码远，也就是说他要踢出63码远，在正式比赛中踢得最远的纪录是55码，是由巴尔第摩雄马队毕特·瑞奇踢出来的。但是，邓普西心里认为他能踢出那么远，而且是完全有可能的，他这么想着，加上教练又在场外为他加油，他充满了信心。

正好，球传接得很好，邓普西一脚全力踢在球身上，球笔直地前进。6.6万名球迷屏住气观看，接着终端得分线上的裁判举起了双手，表示得了3分，球在球门横杆之上几厘米的地方越过，圣徒队以19：17获胜。球迷狂呼乱叫——为踢得最远的一球而兴奋，这是只有半只脚和一只畸形的手的球员踢出来的！

“真是难以相信！”有人大声叫，但是邓普西只是微笑。他想起他的父母，他们一直告诉他的是他能做什么，而不是他不能做什么。他之所以创造出这么了不起的纪录，正如他自己说的：“他们从来没有告诉我，我有什么不能做的。”

再强调一遍，永远也不要消极地认定什么事情是不可能的，首先你要认为你能，再去尝试、再尝试，要知道，世上没有什么是不可能的。

·把不幸当作机遇·

遇到不幸时，不要总是习惯于把自己放在一个弱者的地位上，等待着别人的同情，然后等着别人来拯救你，这样的话，只会让你一直处于遭人唾弃、鄙视的地位不能翻身。只有自强自立，把不幸当作一次机遇，你才能走出不幸的泥潭。

别林斯基说：“不幸是一所最好的大学。”自知者明，自强者胜。自强者可以征服山，就是跋山涉水也在所不惜；弱者就是面对一张薄纸，也不愿伸手戳破，去达到自己的目的。谁的一生都有挫折，自强者自然把挫折当玩具，戏之笑之，淡然视之，强者自强；而弱者把挫折当大山，多是惧之怕之，闭目待之，终是弱者更弱。调整你的心态，把不幸当作机遇，你就能战胜不幸，取得成功。

加拿大第一位连任两届总理的让·克雷蒂安小的时候，说话口吃，曾因疾病导致左脸局部麻痹，嘴角畸形，讲话时嘴巴总是向一边歪，而且还有一只耳朵失聪。

听一位有名的医学专家说，嘴里含着小石子讲话可以矫正口吃，克雷蒂安就整日在嘴里含着一块小石子练习讲话，以致嘴巴和舌头都被石子磨烂了。母亲看

后心疼得直流眼泪，她抱着儿子说：“克雷蒂安，不要练了，妈妈会一辈子陪着你。”克雷蒂安一边替妈妈擦着眼泪，一边坚强地说：“妈妈，听说每一只漂亮的蝴蝶，都是自己冲破束缚它的茧之后才变成的。我一定要讲好话，做一只漂亮的蝴蝶。”

功夫不负有心人，经过长久的磨炼，克雷蒂安终于能够流利地讲话了。他勤奋、善良，中学毕业时，他不仅取得了优异的成绩，而且还获得了极好的人缘。

1993 年 10 月，克雷蒂安参加全国总理大选时，他的对手大力攻击、嘲笑他的脸部缺陷，对手曾极不道德、带有人格侮辱地说：“你们要这样的人来当你们的总理吗？”然而，对手的这种恶意攻击招致大部分选民的愤怒和谴责。当人们知道克雷蒂安的成长经历后，都给予他极大的同情和尊敬。在竞争演说中，克雷蒂安诚恳地对选民说：“我要带领国家和人民成为一只美丽的蝴蝶。”最后他以极高的票数当选为加拿大总理，并在 1997 年成功地获得连任，被加拿大人民亲切地称为“蝴蝶总理”。

人不能因为不幸的来临而畏缩不前，轻言放弃。而应该把它当作一次机遇，抓住它，发挥它的积极作用，你就可以获得不幸给予你的馈赠。

开启宝藏之门的钥匙就在自己的手中，轻言放弃，这些宝藏就永无见天之日。也许你现在并不如意，但永远不能放弃的是成功的决心和斗志，更为关键的是你能不能正确地意识到什么是自己最擅长的，尽管因为现实的某些原因处于困境之中，但总要设法找到自己的宝藏，并努力去开采它。

成功人士都是不惧怕困境的，他们总是把一次次不幸当作一次次机遇。面对长期的困境，他们或默默耕耘，或摇旗呐喊。他们凭着一副熬不垮的神经，一腔无所畏惧的勇气，振作精神，发奋苦干，以图早日突破困境的牢笼。目不能二视，耳不能二听，手不能二事。全神贯注于你所期望的目标，你就一定能够如愿以偿。如果你是个缺乏耐性、不能坚持，做什么事都半途而废，要别人替你收拾残局的人，你应当在行动之前细心思索，不可贸然开始工作，免得骑虎难下。“水滴石穿，绳锯木断”，水和石比，绳和木比，硬度显然相差太远，然而只要你不轻言放弃，把不幸当作机遇看待，全力做好一件事，天长日久，石头也会被水滴穿，木头也会被绳锯断。人做事也是这样，只要全神贯注地做一件事，就可以把事情做得比较完美，甚至做到完美无缺。

·向折磨说一声“我能行”·

挫折并不保证你会得到完全绽开的成功的花朵，它只提供成功的种子。饱受挫折折磨的人，必须自己努力去寻找这颗种子，并且以明确的目标给它养分并栽培它，否则它不可能开花、结果。

面对挫折，只有自强者才能战胜困难、超越自我。而如果一味地想着等待别人来帮忙，只能落得失败的下场。遭遇不顺利的事情时，坐等他人的帮助是一种极其愚蠢的做法，只有靠自己的努力才能解决问题，向折磨说一声“我能行”。记住：永远可以依赖的人只有自己！

一个农民只上了几年学，家里就没钱继续供他上学了。他辍学回家，帮父亲耕种二亩薄田。在他18岁时，父亲去世了，家庭的重担全部压在了他的肩上。他要照顾身体不佳的母亲，还有一位瘫痪在床的祖母。

改革开放后，农田承包到户。他把一块水洼挖成池塘，想养鱼。但村里的干部告诉他，水田不能养鱼，只能种庄稼，他只好又把水塘填平。这件事成了一个笑话，在别人看来，他是一个想发财但又非常愚蠢的人。

听说养鸡能赚钱，他向亲戚借了300元钱，养起了鸡。但是一场大雨后，鸡得了鸡瘟，几天内全部死光。300元对别人来说可能不算什么，对一个只靠二亩薄田生活的家庭而言，可谓天文数字。他的母亲受不了这个刺激，忧劳成疾而死。

他后来酿过酒，捕过鱼，甚至还在石矿的悬崖上帮人打过炮眼……可都没有赚到钱。

36岁的时候，他还没有娶到媳妇，即使是离异的有孩子的女人也看不上他，因为他只有一间土屋，房子随时有可能在一场大雨后倒塌。娶不上老婆的男人，在农村是没有人看得起的。

但他还是没有放弃，不久他就四处借钱买了一辆手扶拖拉机。不料，上路不到半个月，这辆拖拉机就载着他冲入一条河里。他断了一条腿，成了瘸子。而那拖拉机，被人捞起来，已经支离破碎，他只能拆开它，当作废铁卖。

几乎所有的人都说他这辈子完了。

但是多年后他成了一家公司的老总，手中有上亿元的资产。现在，许多人都知道他苦难的过去和富有传奇色彩的创业经历。许多媒体采访过他，许多报告文学描述过他。曾经有记者这样采访他——

记者问：“在苦难的日子里，你凭借什么一次又一次毫不退缩？”

他坐在宽大豪华的老板台后面，喝完了手里的一杯水。然后，他把玻璃杯子握在手里，反问记者："如果我松手，这只杯子会怎样？"

记者说："摔在地上，碎了。"

"那我们试试看。"他说。

他手一松，杯子掉到地上发出清脆的声音，但并没有破碎，而是完好无损。他说："即使有10个人在场，10个人都会认为这只杯子必碎无疑。但是，这只杯子不是普通的玻璃杯，而是用玻璃钢制作的。"

是啊！这样的人，即使只有一口气，他也会努力去拉住成功的手，除非上苍剥夺了他的生命……

我们在埋怨自己生活多磨难的同时，不妨想想这位故事主角的人生经历，或许还有更多多灾多难的人们，与他们相比，我们的困难和挫折算什么呢？向折磨说一声"我能行"，自强起来，生命就会屹立不倒！

· 冲出自己编织的心理牢笼 ·

世界上最难攻破的不是那些坚固的城堡和城池，而是自己为自己编织的心理牢笼，要想走上成功的道路，摆脱不顺的现状，必须冲出自己编织的心理牢笼。

很多时候，一个人没有获得成功，在境况不算差的时候，依然不能走向成功的道路。原因往往很简单，那就是他们陷入了自己所编织的心理牢笼中不能自拔。

因此，如果你渴望成功，在任何时候，都不要被自己所编织的心理牢笼困住。

一个人在他20多岁时被人陷害，在牢房里待了10年。后来冤案告破，他终于走出了监狱。出狱后，他开始了几年如一日的反复控诉、咒骂："我真不幸，在最年轻有为的时候竟遭受冤屈，在监狱度过本应最美好的一段时光。那样的监狱简直不是人居住的地方，狭窄得连转身都困难，唯一的细小窗口里几乎看不到阳光，冬天寒冷难忍，夏天蚊虫叮咬……真不明白，上帝为什么不惩罚那个陷害我的家伙，即使将他千刀万剐，也难以解我心头之恨啊！"

75岁那年，在贫病交加中，他终于卧床不起。弥留之际，牧师来到了他的床边，说："可怜的孩子，去天堂之前，忏悔你在人世间的一切罪恶吧……"

牧师的话音刚落，病床上的他声嘶力竭地叫喊起来："我没有什么需要忏悔，我需要的是诅咒，诅咒那些施予我不幸命运的人……”

牧师问：“您因受冤屈在监狱待了多少年？离开监狱后又生活了多少年？”他恶狠狠地将数字告诉了牧师。

牧师长叹了一口气：“可怜的人，您真是世上最不幸的人，对您的不幸，我真的感到万分同情和悲痛！他人囚禁了您区区10年，而当您走出监牢本应获取永久自由的时候，您却用心底里的仇恨、抱怨、诅咒囚禁了自己整整40年！”

一位公司职员，一天觉得自己好像生病了，就去图书馆借了本医学手册，看该怎样治自己的病。他一口气读完了该读的内容，然后又继续读下去。当他读完介绍霍乱的内容时，方才明白，自己患霍乱已经几个月了。他被吓住了，呆呆地坐了好几分钟。

后来，他很想知道自己还患有什么病，就依次读完了整本医学手册。这下可明白了，除了膝盖积水症外，自己身上什么病都有！

他非常紧张，在屋子里来回踱步。他认为：“医学院的学生们，用不着去医院实习了，我这个人就是一个各种病例都齐备的医院，他们只要对我进行诊断治疗，然后就可以得到毕业证书了。”

他迫不及待地想弄清楚自己到底还能活多久！于是，他就搞了一次自我诊断：先动手找脉搏，起初连脉搏也没有了！后来他才突然发现，脉搏一分钟跳140次！接着，他又去找自己的心脏，但无论如何也找不到！他感到万分恐惧，最后他认为，心脏总会在它应在的地方，只不过自己没找到罢了……

他往图书馆走时，觉得自己是个幸福的人；而当他走出图书馆时，却被自己营造的心理牢笼所监禁，完全变成了一个全身都有病的老头。

他去找自己的私人医生，一进医生的家门，他就说：“亲爱的朋友！我不给你讲我有哪些病，只说一下没有什么病，我的命不会长了！我只是没有得膝盖积水症。”

医生给他做了诊断，坐在桌边，在纸上写了些字就递给了他。他顾不上看处方，就塞进口袋，立刻去取药。赶到药店，他匆匆把处方递给药剂师，药剂师看了一眼，就退给他说：“这是药店，不是食品店，也不是饭店。”

他很惊奇地望了药剂师一眼，拿回处方一看，原来上面写的是：“煎牛排一份，啤酒一瓶，6小时一次；走1000米路程，每天早上一次。”他照这样做了，一直健康地活到现在。

这位职员幸亏治疗及时，否则一定会被自己营造的心理牢笼所囚禁，最后非得病不可。

现实生活里，有不少人喜欢用自己不懂的事情塞满自己的脑袋，把一些不相干的事与自己联系在一起，造成了心理障碍。殊不知，不懂的事，就是不理解，不理解的东西是自己无法占有的。如果盲目地相信某些毫无根据的感觉，使自己失去理智的判断能力，最后被囚禁的就是自己。

人的心理牢笼千奇百怪、五花八门，但它们都有一个共同的特点，那就是这些所谓的心理牢笼都是人自己营造的。别人对自己不好，就充满仇恨、诅咒；自己做错了一点事情，就老是责备自己的过失；有些人总是唠叨自己的坎坷往事和不平待遇；有些人念念不忘生活和疾病所带来的痛苦……时间一长，个人就会不知不觉地把自己囚禁在“心狱”之中，就像故事中的那个可怜的人一样，至死都没有觉悟，哪还有时间去追求成功呢?

一个渴望有所成就的人，必须走出自己的“心狱”。

·失意不可失志·

每个人都会有失意事，包括事业上的失意、情感上的失意、家庭上的失意。

失意事本就是一种痛苦，搁在心里不找人倾诉更是痛苦。据说，把失意事摆在心里还会造成心理的疾病，所以找人倾诉也是好的。可是根据前人的经验，失意事还是不要轻易吐露比较好。

吐露失意事，不管是主动吐露或被动吐露，都有很多副作用。

（1）无意中塑造了自己无能、软弱的形象。虽然每个人都会有失意事，但如果你在吐露失意事时，别人正在得意，那么别人会直觉地认为你是个无能或能力不足的人，要不然为什么失意？嘴巴虽然不说出来，但心里多少会这样想。而且失意事一讲，有时会因情绪失控而一发不可收拾，造成别人的尴尬，这才是最糟糕的一件事。如果你的失意情绪引来别人的安慰，温暖固然温暖矣，但你却因此而变成一个“无助的孩子”，别人的评语是:“唉，真可怜！”

（2）别人对你的印象分数会打折扣。很多人凭印象来给别人打分数，一般来说，自信、坚定的人，他所获得的印象分数会比较高，如果他还是个事业有成的人，那么更会获得尊敬，这是人性，没什么道理好说。如果你的失意让别人知道了，他们会下意识地在分数表上给你扣分，本来你是 80 分，这样一下子就不及格了，而他们对你的态度也会很自然地转变，由尊敬、热情而变得不屑、冷淡。

（3）形成失败者的形象。你的失意事如果说得次数太多，或是经听者的传

播，让你的朋友都知道了，那么别人会为你贴上一个标签："失败者！" 当别人谈到你时，便会想到这些事。在现实的社会里，失败者只能创造机会，别人是吝于给你机会的。尤其传言很可怕，明明小失意也会被传成大失败，这都会对你的未来人生造成或大或小的阻碍，谁管你是怎么失意的，而失意的实情又是如何呢？

并不是说失意事要闷在心里，但要谈你的失意事必须看时机、对象。吐露失意事需要注意两点：

1. 只能对好朋友说

好朋友了解你，你的坚强、软弱，优点、缺点他都知道，跟这种朋友说才能"确保安全"。至于初见面的人、普通朋友，一句也不可说。

2. 只能在得意时说

失意时谈失意事，别人会认为你是弱者；得意时谈失意事，别人会认为你是勇者，并由衷地从心里涌出对你的"敬意"。而你由失意而得意的历程，他们甚至还会当成励志的教材，这又比一辈子平顺、得意的人"神气"。

·不要被困难吓倒·

每个人心中都应有两盏灯光，一盏是希望的灯光；一盏是勇气的灯光。有了这两盏灯光，我们就不怕海上的黑暗和波涛的险恶了。

如果你要选择成功，那么，你同时要选择坚强。因为一次成功总是伴随着许多失败，而这些失败从不怜惜弱者。没有铁一般的意志，你就不会看到成功的曙光。生活告诉我们，怯懦者往往被灾难打垮、吓退，坚强者则大步向前。

据说有一个英国人，生来就没有手和脚，竟能如常人一般生活。有一个人因为好奇，特地拜访他，看他怎样行动，怎样吃东西。那个英国人睿智的思想、动人的谈吐，使那个客人十分惊异，甚至完全忘掉了他是个残疾人了。

巴尔扎克曾说过："挫折和不幸是人的晋身之阶。"悲惨的事情和痛苦的境况是一所培养成功者的学校，它可以使人神志清醒，遇事慎重，改变举止轻浮、冒失逞能的恶习。上帝之所以将如此之多的苦难降临到世上，就是想让苦难成为智慧的训练场、耐力的磨炼所、桂冠的代价和荣耀的通道。

所以，苦难是人生的试金石。要想取得巨大的成功，就要先懂得承受苦难。在你承受得住无数的苦难相加的重量之后，才能承受成功的重量。

当你碰到困难时，不要把它想象成不可克服的障碍。因为，在这个世界上没

有任何困难是不可克服的，只要你敢于扼住命运的咽喉。贝多芬28岁便失去了听觉，耳朵聋到听不见一个音节的程度，但他为世界留下了雄壮的《第九交响曲》。托马斯·爱迪生是聋子，他要听到自己发明的留声机唱片的声音，只能用牙齿咬住留声机盒子的边缘，使头盖骨骨头受到震动而感觉到声响。不屈不挠的美国科学家弗罗斯特教授奋斗25年，硬是用数学方法推算出太空星群以及银河系的活动变化。但他是个盲人，看不见他热爱了终生的天空。塞缪尔·约翰生的视力衰弱，但他顽强地编纂了全世界第一本真正伟大的《英语词典》。达尔文被病魔缠身40年，可是他从未间断过改变了整个世界观念的科学预想的探索。爱默生一生多病，但是他留下了美国文学第一流的诗文集。

如果上帝已经开始用苦难磨砺你，那么，能否通过这次考验，就看你是不是能扼住命运的咽喉，走出一条绚丽的人生之路了。

与苦难搏击，会激发你身上无穷的潜力，锻炼你的胆识，磨炼你的意志。也许，身处苦难之时，你会倍感痛苦与无奈，但当你走过困苦之后，你会更加深刻地明白：正是那份苦难给了你人格上的成熟和伟岸，给了你面对一切无所畏惧的勇气。

苦难，在不屈的人们面前会化成一种礼物，这份珍贵的礼物会成为真正滋润你生命的甘泉，让你在人生的任何时刻都不会轻易被击倒！

· 挫折是强者的起点 ·

挫折是弱者的绊脚石，却是强者成功的起点。要想成功，就必须做生命的强者。

连遭厄运的人应当牢记：不论在生活中碰到怎样的厄运，都不意味着你命里注定永无出头之日。只要你顺势而为，运气时时都会光临，不间断地连遭厄运毕竟比较少见。生活中的机遇并非一成不变地向我们走来，它们像脉冲一样有起有伏，有得有失。每当人们坐在一起相互安慰时，总是说黑暗过后必有黎明，这才是隐匿在生活中的真谛。一个生命的强者，会把各种挫折和厄运当作另一个起点。

生活一次又一次表明，只要一个人全力以赴、奋斗不息，与背运的屠刀拼死相搏，时运终究会逆转，他终究会抵达安全的彼岸。莎士比亚说："与其责难机遇，不如责难自己。"这就是人生的基本课程。我们只要仔细回顾一下生活中坏

运变为好运的大量实例，就会发现，挫折和厄运仅仅是强者成功的起点罢了。

在某个地方有一家很大的农户，其户主被称为耶路撒冷附近最慈善的农夫。每年拉比都会到他家访问，而每次他都毫不吝惜地捐献财物。

这个农夫经营着一块很大的农田。可是有一年，先是受到风暴的袭击，整个果园被破坏了。随后，又遇上一阵传染病，他饲养的牛、羊、马全部死光了。债主们蜂拥而至，把他所有的财产扣押了起来。最后，他只剩下一块小小的土地。

这位农夫的太太却对丈夫说："我们时常为教师建造学校，维持教堂，为穷人和老人捐献钱，今年拿不出钱来捐献，实在遗憾。"

夫妇俩觉得让拉比们空跑一趟，于心不安，便决定把最后剩下的那块地卖掉一半，捐献给拉比们。拉比们非常惊讶，在这样的状况下，还能收到他们的捐款。

有一天，农夫在剩下的半块土地上犁地，耕牛突然滑倒了，他手忙脚乱地扶起耕牛时，却在牛脚下挖出个宝物。他把宝物卖了之后，又可以和过去一样经营果园农田了。

第二年，拉比们再次来到这里，他们以为这个农夫还和以前一样贫穷，所以又找到这块地上来。附近的人告诉他们："他已经不住在这里了，前面那所高大的房子，就是他的家。"

拉比们走进大房子，农夫向他们说明了自己在这一年所发生的事，并总结道：只要不惧怕困难，并保持感恩的心，必定会赢得一切的。

这位农夫的经历告诉我们，面对挫折，绝不能害怕、胆怯。去做那些你害怕的事情，害怕自然会消失。狼如果因为遭遇过挫折而胆怯害怕，这个种群就不可能继续生存下去。

人生如行船，有顺风顺水的时候，自然也有逆风大浪的时候。这就要看掌舵的船夫是不是高明了，高明的船夫会巧妙地利用逆风，将逆风也作为行船的动力。

人生、事业的发展也一样。如果你能始终以一种积极的心态去对待你人生中可能遇到的"逆风大浪"，并对其加以合理的利用，将被动转化为主动，那么，你就是人生征途上高明的舵手。

第十五章

沉住气，拿得起更要放得下

沉住气，就是要低调沉稳，不争功、不诿过，不逞强好胜，不斤斤计较，宠辱不惊，去留无意。反之，如果你认为自己处处胜人一筹、高人一等，就会有失谦逊之德、平易之美。所以，一个人不管在什么情况下，都要放下自己的身段，低调做人、高调做事，这不仅是体面生存和尊严立世的根本，也是赢得人生、成就事业的最佳心态。

·身在红尘，骄傲需要弯下腰来·

有一位将军，在大军撤退时总是断后，回到京城后，人们都称赞他很勇敢，将军却说："并非吾勇，马不进也。"将军把自己断后的无畏行为说成是由于马走得太慢。其实，在人们心目中，"马走得太慢"不会折损将军的英雄形象。

那些深谙做人之道的人，大多是在社会群体中能够摆正自己位置的人，而把自己看得比别人高一等的人，一定是世界上最愚蠢的人。

一个人太自负，就很容易陷入一种莫名其妙的自我陶醉之中，变得自高自大起来。他会无视所有人对他的不满和提醒，终日沉浸在自我满足之中，对一切功名利禄都要捷足先登。这样的人反而永远也得不到人们对他的理解和尊重。

有时我们的烦恼正是来自于我们那颗狂妄自大的心。狂妄自大的人自以为是，头脑容易发热，他们往往充满梦想，只相信自己的智慧和能力，坚信只有自己才是正确的；他们从来不接受别人的意见和劝告，认为采纳了别人的意见就等于是对自己的否定和贬低。这些人其实是典型的外强中干，他们的固执恰恰证明了他们并不是真正的强者，正因为心虚，所以他们才不愿服输。

实际上，人们尊敬的是那些脚踏实地的人，而不是自吹自擂的炫耀专家。有一个成语叫“虚怀若谷”，意思是说，胸怀要像山谷一样虚空。这是形容谦虚的一种很恰当的说法。只有空，你才能容得下东西，而虚荣，除了你自己之外，容不下任何东西。

居里夫人因取得了巨大的科学成就而天下闻名，她一生获得过各种奖金，各种奖章 16 枚，各种名誉头衔 117 个，但她对此都全不在意。

有一天，她的一位女朋友来访，忽然发现她的小女儿正在玩一枚金质奖章，而那枚金质奖章正是大名鼎鼎的英国皇家学会刚刚颁给她的，她不禁大吃一惊，忙问：“居里夫人，能够得到一枚英国皇家学会的奖章，是极高的荣誉，你怎么能给孩子玩呢？”

居里夫人笑了笑说：“我是想让孩子从小就知道，荣誉就像玩具，只能玩玩而已，绝不能永远守着它，否则将一事无成。”

1921 年，居里夫人应邀访问美国，美国妇女为了表示崇拜之情，主动捐赠 1 克镭给她，要知道，1 克镭的价值是在百万美元以上的。

这是她急需的。虽然她是镭的母亲——发明者和所有者（她却放弃为此申请专利），但她却买不起昂贵的镭。

在赠送仪式之前，当她看到《赠送证明书》上写着“赠给居里夫人”的字样时，她不高兴了。她声明说：“这个证书还需要修改。美国人民赠送给我的这 1 克镭永远属于科学，但是假如就这样规定，这 1 克镭就成了我的私人财产，这怎么行呢？”

主办者在惊愕之余，打心眼里佩服这位大科学家的高尚人品，马上请来一位律师，把证书修改后，居里夫人才在《赠送证明书》上签字。

我们看体育比赛，知道一个运动员要跳高，就必须先蹲下，没有人可以直着双腿而跳得高的。一个运动员在田径比赛时，特别是短距离比赛时，要跑得快，就必须先弯下腰，向前倾斜力度很大，因为这样会跑得更快。

大凡成功的人在遇到瓶颈时，他会以退为进，退也是一种谦虚。俗话说：“天外有天，人外有人。”保持一颗谦逊的心，你更能时刻前进；跨越虚荣的樊篱，你才能平静地选择自己的生活，把握好自己前进的方向。

在生活中我们经常会遇到这样一种人，他们总喜欢指出别人的缺点，说人家这儿做得不合适，那儿也做得不够，似乎自己什么都行，对什么都可以说出一个大道理来。其实，这只是一种虚荣的表现，他们之所以摆出一副“万事通”的面孔来，就是怕被别人藐视，用这种习惯来显耀自己，以此来达到提高自己的地位，可是这样做的结果只会让人敬而远之，遭人厌恶。

真正的大人物，拥有人生大格局的人是那种成就了不平凡的事业却仍然像平凡人一样生活着的人。他们从来都是虚怀若谷的，他们不会因为自己腰缠万贯而盛气凌人，他们从来不会见人就喋喋不休地诉说自己是如何成功和发迹的，他们也从不痛恨自己周围的人是“居心叵测之人”，他们“不以物喜，不以己悲”，平和地做着自己该做的事情。

·敢于低头是魄力，更是能力·

如果把我们的人生比作爬山，有的人在山脚刚刚起步，有的人正向山腰跋涉，有的人已攀上顶峰。但此时，不管你处在什么位置，请记住：要把自己放在山的最低处，即使“会当凌绝顶”，也要懂得适时低头，因为，在你所经历的漫长人生旅途中，难免有碰头的时候。敢于低头、适时认输是成大事者的一种人生态度和格局，他们在后退一步中潜心修炼，从而获得比咄咄逼人者更多的成功机会。低头并不是自卑，认输也不是怯弱，当你明白了低头认输的智慧，当你从困惑中走出来时，你会发现，适时的低头，其实是一种难得的境界。

富兰克林年轻时曾去拜访一位前辈。年轻气盛的他，昂首挺胸，迈着大步，一进门就撞在门框上。迎接他的前辈见此情景，笑着说：“很疼吧？可这是你今天来访的最大收获。一个人活在世上，就必须时刻记住低头。”

有人问过苏格拉底：“你是天下最有学问的人，那么你说天与地之间的高度是多少？”苏格拉底毫不迟疑地说：“三尺！”那人不以为然：“我们每个人都有五尺高，天与地之间只有三尺，那还不把天戳个窟窿？”苏格拉底笑着说：“所以，凡是高度超过三尺的人，要长立于天地之间，就要懂得低头啊。”

很多人在年轻时大都不谙世事，只会冲撞，不懂低头，结果总是碰壁，吃了不少苦头。这是大多数人的通病，不足为奇，重要的是在碰壁后，你要“吃一堑长一智”，慢慢学会低头，才能踏上通畅的人生之路。如果你总也不肯低头，就会处处碰壁，四面楚歌，甚至抱恨终生。

学会低头、懂得低头和敢于低头对我们来说是非常重要的，尤其是在社会竞争激烈的今天，生命的负载过多，人生的负载太沉，低一低头，可以卸去多余的沉重；面对自身的不足，低一低头，就可以赢得别人的谅解和信任，除去不必要的纠纷。

要学会低头，就必须懂得低头是一种智慧，它需要求同存异、应时顺势、谦恭温良。要懂得低头，就必须理解低头是一种境界。在处理人与人之间的矛盾时，懂得低头，那是君子怀仁的风度，是创造和谐社会的必备品格；在处理人与社会的矛盾时，懂得低头，那是闪光的理性人生，是取得共赢的光明之路；在处理人与自然的矛盾时，懂得低头，那是避免盲目蛮干的镇静剂，是实现人与自然和谐共处的有效途径。

要敢于低头，就必须知道低头需要勇气。面对别人的批评时，我们要勇敢地承担责任，接受教训；面对强大的敌人和困难时，我们同样需要避其锋芒，保存实力，以图再战。

不是所有人都能学会低头、懂得低头和敢于低头。现实生活中，总有那么一些人缺乏低头的勇气，结果不是碰壁，就是触网。其实，低一低头，多给自己一次机会，岂不是更好？

低头是一种智慧，低头是一种能力，它不会使你的人生格局变小，相反，会使你的人生格局越来越大。有时，稍微低一下头，你的人生之路会走得更精彩。

·自满导致毁灭，谦虚打造未来·

俄国的列夫·托尔斯泰做了一个很有意思的比方：“一个人就好像一个分数，他的实际才能好比分子，而他对自己的估价好比分母，分母越大，则分数的值越小。”真正的谦虚，是自己毫无成见，思想完全解放，不受任何束缚，对一切事物都能做到具体问题具体分析，采取实事求是的态度，正确对待；对于来自任何方面的意见，都能听得进去，并加以考虑。这样的人能做到在成绩面前不居功，不重名利；在困难面前敢于迎难而上，主动进取。他们的谦虚并不是卑己尊人，而是对自己的一种尊重。

有一次，孔子带领众弟子去参观鲁桓公的庙宇，发现了一种叫作“溢满”的容器，这种圆形容器倾斜而不易放平。孔子不解地问守庙人，守庙人说：“这是君王放置在座位右边的一种器具。当它空着的时候就会倾斜，装入一半水时就正立着，灌满了就翻倒过来。”

于是孔子就回头叫一个弟子往容器内灌水，果然是在水灌满的时候容器就翻倒过来了。孔子感慨地说：“不错！哪有满而不翻的道理呢！”针对这种现象，孔子又趁机向弟子们讲述了一番做人的道理，即做人一定要谦虚，不能骄傲自满，

要像大地一样低调沉稳，承载万物；像大海一样虚怀若谷，容纳百川。

当一个人觉得自己不需要提高的时候，就好像被灌满的容器一样，马上就要倾倒了，自满是一个人成长路上最大的阻碍。我们应当做的就是保持一颗谦虚的心，唤醒自己内心深处对学习的渴望，在工作中不断提升自我，用持续的成长，带给自己持续的成功。

有一个年轻人，由于工作出色，很受董事长的重视，不少人隐隐看出来，他已经被董事长作为接班人在培养。

面对工作上的成就和董事长的支持，这个年轻人变得很高傲，自以为是，对不同意见总是无法接受，导致和其他人的关系急剧恶化，而他并没有察觉到。有一次，董事长在大庭广众之下狠狠批评了他一通。对这突然的打击，年轻人很受不了，甚至当场就哭了。晚上回家后，他准备写辞职信。

但冲动过后，他冷静下来，认真反思自己的行为。最终他想通了，认为董事长对他的批评是对的，在公司里，任何人都没有成绩、都没有过去，一切都只从现在开始，为将来努力。于是年轻人将辞职报告撕毁，写了一份检讨书。

从辞职书到检讨书，年轻人的态度终于由骄傲变得谦虚。一个人不管自己有多丰富的知识，取得多大的成绩，或是有了何等显赫的地位，都要谦虚谨慎，不能自视过高。应心胸宽广，博采众长，不断地丰富自己的知识，增强自己的本领，进而更深刻地认识自己，获得更大的成功。如能这样，则于己、于人、于社会都有益处。

意大利的达·芬奇在《笔记》中感叹道："微少的知识使人骄傲，丰富的知识则使人谦逊，所以空心的谷穗高傲地举头向天，而充实的谷穗低头向着大地，向着它们的母亲。"其实，人们不应为自己已有的知识和成绩感到骄傲，容器的容量是有限的，假如人能够保持谦虚的心态，则人的心胸可以扩展到无限。人们如能谦虚处世，无疑可以掌握更多的知识，取得更大的成绩。做大事者往往能够审时度势，低头挺住，办成自己的事。

·放低自己才能飞得更高·

只有从起点起步才能到达成功的彼岸，现实社会中，每个人要想成就一番事业，都会忍受内心的光荣梦想与现实生活的反差，并在忍受中一点点地去适应，去放低自己那高傲的心。

“不骄方能师人之长。”一个人要获得智慧和经验，必须把自己放低。放低自己并不是放低自己的理想，放低自己的抱负。放低自己是为达到目的而变换的思考方式，是一种从零、从小、从低做起的心态。一句话：放低自己不是最终目的，而是为了飞得更高。

一个在现实中处处碰壁的年轻人跋山涉水来到法门寺，对住持释圆和尚说：“我一心一意要学习绘画，但至今没有找到一个称心如意的老师。许多人都是徒有虚名，有的画技甚至还不如我。”

释圆听后淡淡一笑说：“老僧虽然不懂绘画，但也颇爱这门艺术。既然施主画技不比那些名家逊色，就烦请施主为老僧留下一幅墨宝吧。”

年轻人问：“画什么呢？”

释圆说：“贫僧喜欢茶道，施主可否为我画一个茶杯和一个茶壶呢？”

年轻人听了，心想：这还不容易？于是铺开宣纸，寥寥数笔，就画成了一个倾斜的茶壶和一个造型古朴的茶杯。更栩栩如生的是茶壶的壶嘴正徐徐流出一道茶水来，仿佛要注入那茶杯中去。年轻人问：“这幅画您满意吗？”

释圆摇了摇头说道：“你画得是不错，只是将茶壶和茶杯的位置放错了，应该是茶杯在上，茶壶在下呀。”

年轻人听了，笑道：“大师为何如此糊涂，哪有茶杯往茶壶里注水的？”

释圆听了，说：“原来你懂得这个道理啊！你渴望自己的杯子里注入那些丹青高手的香茗，你就不能把自己的杯子放得太高，人只有把自己放低，才能吸纳别人的智慧和经验。”

年轻人恍然大悟，从此虚心学习，终于学有所成。

释圆的一句“把自己放低”，不仅形象地说明了求知为学之道，也说明了为人处世之道。只有放低自己，懂得给自己留有余地才能收获更多，走得更远，飞得更高。

放低自己，是心态问题，也是对自己人生价值的估量问题。从一定意义上来说，放低自己，就是不要把自己看得太重要，太有能耐，太高明。或者说，放低自己就是低调做人，这不但少了别人的中伤和嫉妒，也为自己向更高目标迈进扫清了障碍。这既是一种自知之明，也显示了一种豁达大度。

美国著名政治家帕金斯 30 岁那年就任芝加哥大学校长，有人怀疑他那么年轻能不能胜任大学校长的职位，他知道后只说了一句：“一个 30 岁的人所知道的

是那么少，需要依赖他的助手兼代理校长的地方是那么的多。”就这短短一句话，使那些原来怀疑他的人一下子放心了。

许多人往往喜欢尽量表现出自己比别人强，或者努力地证明自己是有特殊才干的人，然而一个真正有能力的领袖是不会自吹自擂的，而是像帕金斯那样自谦，所谓“自谦则人必服，自夸则人必疑”就是这个道理。

明代思想家吕坤说：“气忌盛，心忌满，才忌露。”想要成就大事，就需要沉住气，放低姿态。当你放低自己的时候，未来才能容纳你。西方有一位哲人说过：想要达到最高处，必须从最低处开始。海把自己放低，才能够容纳百川之水，从而成就自己；人把自己放低些，真诚地对待每一个人，宽容地面对每一件事，世界就会变成欢乐的海洋，幸福的港湾。

·保持低姿态更易成功·

俗话说，人往高处走，水往低处流。人们通常会一味地往高处走，而忘乎所以，浮躁肤浅。这时，就需要一种逆向思维，有时，放低自己的位置、保持一种低姿态反而能看到不一样的风景，也能为将来的奋起储蓄能量。

在处世中，保持低姿态，能让对方觉得有面子，感到光彩。这样一来，对方与你的关系便走近了一步。最终，得到好处、被人尊重的，还是你自己。可以说，低姿态正是胜利者的姿态，低姿态正是成功者的姿态。

因此，为了把事办成，不妨常以低姿态出现在别人面前，使别人感到安全时，你自己也是安全的。

在秦始皇陵兵马俑博物馆，有一尊被称为“镇馆之宝”的跪射俑。它被誉为兵马俑中的精华，中国古代雕塑艺术的杰作。陕西省就是以跪射俑作为标志的。

它左腿蹲曲，右膝跪地，右足竖起，足尖抵地。上身微左侧，双目炯炯，凝视左前方。两手在身体右侧一上一下作持弓弩状。

如今，秦兵马俑坑已经出土，清理各种陶俑1000多尊，除跪射俑外，皆有不同程度的损坏，需要人工修复。而这尊跪射俑是保存最完整的，仔细观察，就连衣纹、发丝都还清晰可见。

这究竟为何呢？

专家告诉我们，这得益于它的低姿态。首先，跪射俑身高只有1.2米，而普通立姿兵马俑的身高都在1.8至1.97米之间。天塌下来有高个子顶着，兵马俑坑

都是地下坑道式土木结构建筑，当棚顶塌陷、土木俱下时，高大的立姿俑首当其冲，低姿的跪射俑受损害就小一些。其次，跪射俑作蹲跪姿，右膝、右足、左足三个支点呈等腰三角形支撑着上体，重心在下，增强了稳定性。

处世也是如此，保持低姿态，避开无谓的纷争，就能避开意外的伤害，更好地发展自己。

如果你想把事做成，不妨以一种低姿态出现在对方面前，表现得谦虚、平和、朴实、憨厚，甚至愚笨、毕恭毕敬，使对方感到自己受尊重，比你聪明，在谈事时也就会放松自己的警惕性，觉得自己用不着花费太多精力去对付一个“傻瓜”了。

赫蒙是美国著名的矿冶工程师，毕业于美国的耶鲁大学，在德国的佛莱堡大学拿到了硕士学位。可是当赫蒙带齐了所有的文凭去找美国西部的大矿主赫斯特的时候，却遇到了麻烦。

那位大矿主是个脾气古怪又很固执的人，他自己没有文凭，所以就不相信有文凭的人，更不喜欢那些文质彬彬又专爱讲理论的工程师。当赫蒙前去应聘并递上文凭时，满以为老板会乐不可支，没想到赫斯特很不礼貌地对赫蒙说：“我之所以不想用你，就是因为你曾经是德国佛莱堡大学的硕士，你的脑子里装满了一大堆没有用的理论，我可不需要什么文绉绉的工程师。”

聪明的赫蒙听了不但没有生气，相反，他心平气和地回答说：“假如你答应不告诉我父亲的话，我要告诉你一个秘密。”赫斯特表示同意，于是赫蒙小声对赫斯特说：“其实我在德国的佛莱堡并没有学到什么，那三年就好像是稀里糊涂地混过来一样。”想不到赫斯特听了笑嘻嘻地说：“好，那明天你就来上班吧。”就这样，赫蒙在一个非常顽固的人面前通过了面试。

赫蒙把自己的身份降低，就赢得了大矿主的心。低姿态不仅是种手段，而且是种态度。你越充分地运用这种方法，你就越有可能赢得别人的心。

其实，你以低姿态出现只是一种表面现象，是为了让对方从心理上感到一种满足，使他愿意与你合作。实际上越是表面谦虚的人，反而是非常聪明的人。当你表现出大智若愚来，使对方陶醉在自我感觉良好的气氛中时，对方就会不由自主地配合你，从而达到你的目的。

·低调的人拥有更多的发展机会·

能够取得很大成就的人，都是做人的典范。在他们身上积聚的不仅有智慧，更重要的是为人处世的低调作风。

在现实生活中用“藏巧于拙，用晦而明，聪明不露，才华不逞”等韬略来隐蔽自己的行动，可以达到出奇制胜的目的。表现低调些，做事情过于张扬就会泄漏“事机”，就会让对手警觉，就会过早地把目标暴露出来，成为对手攻击和围剿的“靶子”。保护自己的最好方式就是不暴露，尽管这样做会有损失，却能避免很多不可预知的风险。

1998年，华为以80多亿元的年营业额，雄踞当时声名显赫的国产通信设备四巨头之首，势头正猛。而华为的首领任正非不但没有从此加入明星企业家的行列中，反而对各种采访、会议、评选唯恐避之不及，直接有利于华为形象宣传的活动甚至政府的活动也一概坚拒，并给华为高层下了死命令：除非重要客户或合作伙伴，其他活动一律免谈，谁来游说我就撤谁的职！整个华为由此上行下效，全体以近乎本能的封闭和防御姿态面对外界。

2002年的北京国际电信展上，华为总裁任正非正在公司展台前接待客户。一位上了年纪的男子走过来问他：“华为总裁任正非有没有来？”任正非问：“你找他有事吗？”那人回答：“也没什么事，就是想见见这位能带领华为走到今天的传奇人物究竟是个什么样子。”任正非说：“实在不凑巧，他今天没有过来，但我一定会把你的意思转达给他。”

有一次，有人去华为办事，晕头转向地换了一圈名片，坐定之后才发现自己手里居然有一张是任正非的，急忙环顾左右，早已不见踪影。有人在出差去美国的飞机上，与一位和气的老者天南地北地聊了一路，事后才被告知那就是任正非，于是懊悔不迭。这些多少有点传奇的故事，说明想认识任正非的人太多，而真能认识任正非的人却很少。

正是由于任正非的专注做事、低调做人，才使得他有更多的时间和精力打理公司。他每年花大量时间游历全球，在各个发达市场与发展中市场中寻觅机会，在通信设备国际列强间合纵连横，寻觅可用的力量与资源，引领着华为这艘电信行业的巨舰稳健前行。

低调、沉静、务实的“任氏风格”已经融入华为的企业文化之中，这种精神成为华为稳健发展的基石。在工作中，我们也需要这种低调、务实的工作作风。

反之，一味出风头，露锋芒不仅阻碍你的进步，也会使你失去更多的发展机会。

王飞是北京某协会的一名普通职员，平时总认为自己有热情、能力超群。某日该协会组织了一次国际论坛，有多国学者参加。为了能让论坛取得圆满成功，协会领导仔细安排了工作，使每个人都有自己的事儿可干。王飞负责的是宾馆安排事务，并没有接洽的职责要求。但当国外来宾到来的时候，王飞认为这是一个自我表现的机会。因为他认为自己的英语比较流利，而接待外宾的小林却显得很一般，于是他便用热情的“中国英语”与外宾打招呼，交谈，并不停地拍对方肩膀以示“鼓励”与“赞扬”，外宾被弄得很尴尬，但又不好吱声，他们不理解对方为何让这个人来接待。

协会的一位领导看到了王飞“忙碌”的身影，赶快把他叫了过来：“小王，你过来一下。这边有个事需要你帮忙。”小王被支开以后，大家都松了一口气。

论坛是圆满成功了，但今后协会从上到下对王飞有了“全新”的看法。领导认为他“越权”，同事则背地里觉得他“好显摆”。从此王飞的人际关系一落千丈，当然在协会大展身手的机会也就很少了。

放低姿态才能够走得更远，成就更大。像故事中的王飞一样，举止轻浮，一味喜欢出风头，是很难取得别人的认可与合作的。

不论你想要取得什么样的成就，低调都是必要的品质。只有低调才能够赢得别人的团结，才能够清醒思考，正确行动；只有低调才能够不断学习，不断超越。实际上，不把自己太当回事，坦诚而平淡地生活，是不会有人把你看成是卑微、怯懦和无能的。如果你老是把自己当作珍珠，乐此不疲地向众人展示自己的智慧和竞争力，那么就时时都有被埋没的危险。

·最大的智慧是知道自己无知·

有人问苏格拉底是不是生来就是超人，他回答说：“我并不是什么超人，我和平常人一样。有一点不同的是，我知道自己无知。”这就是一种谦逊。无怪乎，古罗马政治家和哲学家西塞罗会说：“没有什么能比谦虚和容忍更适合一位伟人。”

一颗谦逊的心是自觉成长的开始，就是说，在我们承认自己并不知道一切之前，不会学到新东西。许多年轻人都有这种通病，他们只学到一点点，却自以为已经学到一切，他们把心封闭起来，自以为是万事通。

哲学家卡莱尔说：“人生最大的缺点，就是茫然不知自己还有缺点。”因为人

们只知道自我陶醉，自以为是、唯我独尊，就会遭到别人的排斥，使自己处于不利地位。

老子曾用“水”来叙述处世的哲学：“上善若水，水善利万物而不争。”意思是说，上善的人，就好比水一样，水总是利万物的，而且水最不善争。水总是往下流，处在众人最厌恶的地方，注入最卑微之处，站在卑下的地方去支持一切。它与天道一样恩泽万物，所以水没有形状，在圆形的器皿中它是圆形，放入方形的容器则是方形。它可以是液体，也可以是气体、固体。这正是我们必须学习的“谦逊”。

谦逊永远是一个人建功立业、开创人生大格局的前提和基础。不论你从事何种职业，担任什么职务，只有谦虚谨慎，才能保持不断进取的精神，才能增长更多的知识和才干。因为谦虚谨慎的品格能够帮助你看到自己与别人的差距。永不自满、不断前进可以使人能冷静地倾听他人的意见和批评，进而完善自己，而骄傲自大、满足现状、停步不前、主观武断的人会使工作受到损失，甚至会使事业半途而废。

肖恩是一个刚刚毕业的大学生，不但相貌英俊，而且热情开朗。他决定找一份与人交往的工作，以发挥自己的长处。很快，他就得到一个好机会——一家五星级宾馆正在招聘前台工作人员。

肖恩决定去试试。于是第二天清早，他就去了那家宾馆。主持面试的经理接待了他。看得出来，经理对肖恩俊朗的外表和富有感染力的表现相当满意。他拿定主意，只要肖恩符合这项工作的几个关键指标的要求，他就留下这个小伙子。

他让肖恩坐在自己对面，开门见山地说：“我们宾馆经常接待外宾，所有前台人员必须会说四国语言，这一指标你能达到吗？”

“我大学学的是外语，精通法语、德语、日语和阿拉伯语。我的外语成绩是相当优秀的，有时我提出的问题，教授们都支支吾吾答不上来。”肖恩回答说。事实上，肖恩的外语成绩并不突出，他是为了获取经理的信赖而标榜自己。显然，他低估了经理的智商。事实上，在肖恩提交自己的求职简历时，公司已经收集了有关的详细信息，其中包括肖恩的大学成绩单。

听了肖恩的回答，经理笑了一下，但显然不是赏识的笑容。接着他又问道：“做一名合格的前台人员，需要多方面的知识和能力，你……”经理的话还没说完，肖恩就抢先说：“我想我是不成问题的。我的接受能力和反应能力在我所认识的人中是最快的，做前台绝对会很出色。”

听完他的回答，经理站了起来，并且严肃地对他说：“对于你今天的表现，我感到很遗憾，因为你没能实事求是地说明自己的能力。你的外语成绩并不优秀，平均成绩只有70分，而且法语还连续两个学期不及格；你的反应能力也很平庸，几次班上的活动你都险些出丑。年轻人，在你想要夸夸其谈时，最好给自己一个警告。因为每夸夸其谈一次，诚实和谦逊都要被减去10分。”

在我们的生活中，像肖恩这样的人并不少见。很多人只知吹嘘自己曾经取得的辉煌，夸耀自己的能力、学识，以为这样就可以博得别人的好感和赞扬，赢得别人的信任，但事实上，他们越是吹嘘自己，越会被人厌烦；越夸耀自己的能力，越受人怀疑。

俄国作家契诃夫曾说：“人应该谦虚，不要让自己的名字像水塘上的气泡那样一闪就过去了。”即使拥有广博的知识、高超的技能、卓越的智慧，但没有谦虚的态度的话，他就不可能取得灿烂夺目的成就。永远记住：“伟人多谦逊，小人多骄傲，太阳穿一件朴素的光衣，白云却镶上了华而不实的裙裾。”

·敢于承认自己不如人·

中国人常说：“人活一张脸，树活一层皮。”“面子”在我们的传统道德观念中的地位可见一斑。可以说，中国社会对人的约束主要就是廉耻和脸面，然而若因此就固执地以“面子”为重，养成死要面子的人生态度却不是件好事。

执着，让我们赢得了通往成功的门票，而固执，让我们在死守自己强势死不认输时，却输掉了整个人生。所以，正确剖析自己，敢于承认技不如人，放下不值钱的面子，走出面子围城，这不是软弱，而是人生的智慧。

有一个人做生意失败了，但是他仍然极力维持原有的排场，唯恐别人看出他的失意。为了能重新振作起来，他经常请人吃饭，拉拢关系。宴会时，他租用私家车去接宾客，并请了两个钟点工扮作女佣，佳肴一道道地端上，他以严厉的眼光制止自己久已不知肉味的孩子抢菜。

虽然前一瓶酒尚未喝完，他已打开柜中最后一瓶XO。当那些心里有数的客人酒足饭饱告辞离去时，每一个人都热情地致谢，并露出同情的眼光，却没有一个人主动提出帮助。

希望博得他人的认可是一种无可厚非的正常心理，然而，人们在获得了一定

的认可后总是希望获得更多的认可。所以，人的一生就常常会掉进为寻求他人的认可而活的爱慕虚荣的牢笼里面，可以说面子左右了他们的一切。

林语堂先生在《吾国吾民》中认为，统治中国的三女神是“面子、命运和恩典”。“讲面子”是中国社会普遍存在的一种民族心理，面子观念的驱动，反映了中国人尊重与自尊的情感和需要，但过分地爱面子如果任其演化下去，终将得不偿失。

有一个博士分到一家研究所，成为学历最高的一个人。

有一天他到单位后面的小池塘去钓鱼，正好正副所长在他的一左一右，也在钓鱼。他只是朝他们微微点了点头，这两个本科生，有啥好聊的呢？

不一会儿，正所长放下钓竿，伸伸懒腰，蹭蹭蹭从水面上如飞地走到对面上厕所。博士眼睛睁得都快掉下来了。水上漂？不会吧？这可是一个池塘啊。正所长上完厕所回来的时候，同样也是蹭蹭蹭地从水上“漂”回来了。怎么回事？博士生又不好去问，自己是博士生哪！

过了一阵，副所长也站起来，走几步，蹭蹭蹭地“漂”过水面上厕所。这下子博士更是差点昏倒：不会吧，到了一个江湖高手集中的地方？博士生也内急了。这个池塘两边有围墙，要到对面厕所非得绕10分钟的路，而回单位上又太远，怎么办？博士生也不愿意问两位所长，憋了半天后，也起身往水里跨：我就不信本科生能过的水面，我博士生不能过。只听“咚”的一声，博士生栽到了水里。

两位所长将他拉了出来，问他为什么要下水，他问：“为什么你们可以走过去呢？”两所长相视一笑：“这池塘里有两排木桩子，由于这两天下雨涨水正好在水面下。我们都知道这木桩的位置，所以可以踩着桩子过去。你怎么不问一声呢？”

上面的这个例子再经典不过了，一个人过于爱惜面子，难免会流于迂腐。“面子”是“金玉在外，败絮其中”的虚浮表现，刻意地张扬面子，或让“面子”成为横亘在生活之路上的障碍，终有一天会吃到苦头。因此，无论是人际关系方面还是在事业上，我们都不要因为小小的面子，为自己的生活带来不必要的麻烦和隐患。其实“面子观”是一种死守面子、唯面子为尊的价值观念和行事思想。“面子观”对我们行事做人有很大的束缚。因此，在不利的环境下我们要勇于说“不”，千万别过多地考虑“面子”，使自己陷入“面子观”的怪圈之中。

事实上，我们没必要为了面子而固执地使自己显得处处比别人强，仿佛自己什么都能做到。每个人都有缺陷，不要试图在每一方面都在人上。聪明的人，敢

于承认自己不如人，也敢于对自己不会做的事说不，所以他们自然能赢得一份适意的人生。

·用业绩证明自己而非锋芒毕露·

在人的一生中，构成自身根基的事不外乎两件：一件是做人，一件是做事。的确，做人之难，难于从躁动的情绪和欲望中稳定心态；成事之难，难于从纷乱的矛盾和利益的交织中理出头绪。而最能促进自己、发展自己和成就自己的人生之道便是：低调做人，高调做事。

低调做人，包括姿态上的低调、心态上的低调和行动上的低调。在工作和生活上的表现主要是不恃才自傲。

恃才自傲是许多人的通病，不可否认，有些人确实具有很高的天赋和能力，但在羽翼未丰之前必须经过一段时间的磨炼，心态才能放平，才能沉得住气，避免浮躁——这无论是对工作还是生活都是大有裨益的。

孙兴是某名牌大学毕业生，毕业后，他被一家大公司录用分配到了营销部当推销员。因为这家公司生产的健身器材很畅销，推销员都是按销售业绩计算收入，所以尽管孙兴是个新手，但他吃苦耐劳、聪颖好学，一年下来，得到的薪金比其他部门的员工多出好几倍，由此，他也就下定决心在营销部干下去。

时间长了，他渐渐发现了营销部里一些工作上的疏漏，管理的不规范，因此他除了不断加强与客户的联系外，还把心思用到了营销部的管理上，经常向经理提出一些意见，希望凭借自己的才能得到上司的赏识。孙兴发现营销部墙上的组织结构图表中有一名副经理，可他到营销部已近半年，却从未见过副经理。

随后，孙兴通过打听了解到，营销部经理的薪金高过副经理，副经理的薪金也高过推销员几倍，于是，他萌发了当营销部副经理一职的想法。想了就干，“初生牛犊不怕虎”嘛，有抱负又何惧众所周知？于是在一次营销部全体员工会议上，他坦陈了自己的想法，经理当众表扬并肯定了他。可没想到，自那次会议后，孙兴的处境却越来越被动了。他初来乍到，并不知道那个副经理之职，已有许多人在暗中等待和争夺，迟迟没有定下来的原因就在于此。而孙兴的到来，开始并未引起人们的关注，因他只是个新员工，羽翼未丰，但时间一长，他频频问及此事，又加之他有学历，人们便感到他的威胁了。这次他又公然地要争这个职位，大家越看他越可恶，一时间，控告他的材料堆满了经理的办公桌，什么孙兴

不讲内部规定踩了我客户的点；他泄漏了我们的价格底线；他抢了我正在谈判中的生意……这些控告中的任何一项都是一个推销员所承受不了的。于是，为了安定部里的情绪，不致影响营销任务，不久，孙兴也就“心不甘，情不愿”地离开了该公司。

孙兴的遭遇对于许多人来说，实在是一堂生动的教育课。是的，“志当存高远”，一个年轻人，志向就应该远大高尚。但是，如果自恃有远大抱负，就目空一切，咄咄逼人，那只会招来更多人的厌恶、鄙视和攻击。失去了别人的支持和帮助，再大的志向、再高的才能又有什么用呢？倒不如把这些高远的志向埋在心里，沉住气，低调做人，高调行事，这样一来，既避免了纷争，又便于立身、处世，实在是大有裨益。

那些锋芒毕露，沉不住气，一味夸夸其谈、卖弄张扬的人，其实是典型的外强中干，他们的傲慢恰恰证明了他们并不是真正的强者，正因为心虚，所以才急不可耐地要袒露自己，向世界宣告自己并非弱者，而是强者。

其实，真正有内涵、有实力的人却不这样，他们看上去往往不显山不露水，很是平凡，但其实胸怀大谋略、大胆识；他们对外不开罪于人，对内不放松自我的修炼与提升，这样的人，虽不要求鲜花和掌声，但他们所得到的，毫无疑问必然是鲜花和掌声。

保华现在是堪斯亚建筑工程公司的执行副总裁，几年前他是作为一名送水工被堪斯亚的一支建筑队招聘进来的。保华并不像其他的送水工那样把水桶搬进来之后就一面抱怨工资太少一面躲到墙角抽烟，他把每一个工人的水壶倒满水，并在工人休息时缠着他们讲解关于建筑的各项工作。很快，这个勤奋好学的人引起了建筑队长的注意。两周后，保华当上了计时员。

当上计时员的保华依然勤勤恳恳地工作，他总是早上第一个来，晚上最后一个离开。由于他对所有的建筑工作比如打地基、垒砖、刷泥浆等都非常熟悉，当建筑队的负责人不在时，工人们总喜欢问他。一次，负责人看到保华默默地把旧的红色法兰绒撕开包在日光灯上，以解决施工时没有足够的红灯照明的困难，负责人便决定让这个勤恳又能干的年轻人做自己的助理。

现在保华已经成为了公司的副总，但他依然很低调，特别专注于工作，从不说闲话，也不参与到任何纷争中去。他鼓励大家学习和运用新知识，还常常拟计划、画草图，向大家提出各种好的建议。只要给他时间，他可以把客户希望他做的所有事都做好。

保华没有什么惊世骇俗的才华，他只是一个穷苦的孩子，一个普普通通的送水工，但是凭着勤奋的美德，靠业绩出头，一步步成长为一个受人尊敬的人。

人往高处走，水往低处流。沉下心，用业绩证明自己而非锋芒毕露，这是一个人走向成功与卓越的正向逻辑。因此，开始时的低调卑微并不是低贱和耻辱，而是抵达尊贵的必要过程。

·春风得意时，别被胜利冲昏头脑·

踌躇满志、春风得意是许多人都向往的人生境界。但得意者绝对不能忘形，而应沉住气，保持平易谦和的姿态，只有这样，才能使你得到更大利益，获得更大成功。

老子曾经告诫世人："不自见，故明；不自是，故彰；不自伐，故有功；不自矜，故长。"这句话的大意是，一个人不自我表现，反而显得与众不同；一个不自以为是的人，会超出众人；一个不自夸的人会赢得成功；一个不自负的人会不断进步。骄傲并不是自尊或自信，而是过度的自我意识使然。一个人若种下骄傲的种子，他将很难再自我提升，曾经的成功就会成为他前进的绊脚石，甚至会令他走上万劫不复的深渊。

在20世纪60年代的小学课本上，选有《狮子和蚊子》这样一篇寓言，讲的是狮子与蚊子间的一场大战。按能力来说，蚊子与狮子无法比拟，但在实战中蚊子却胜利了。因为狮子捕不到它，它却在狮子的眼睛上、耳朵上叮得都是"包"，使狮子有力无处用，最后把自己抓得头破血流，只得认输。蚊子有了战胜狮子的辉煌战绩，的确风光。于是它得意忘形了，到处炫耀，最后一不小心，撞到蜘蛛网上，成了蜘蛛的美餐。

这里叙述的是动物，实则讲的是人的行为。如果你稍有成绩便沉不住气，骄傲自大、自以为是，你就会在自己与外界之间树起一道无形的"城墙"，你会看不到别人的闪光点，自以为是，止步不前。

人在顺境时最易忘乎所以、失去警惕，这样往往会栽跟头；人在逆境时则容易意志消沉、自暴自弃，失去前进的动力。所以，做人贵在以超然之心看待自己的得与失，要做到得意时不忘形，失意时不失态。

两只大雁与一只青蛙结成了朋友。秋天来了，大雁要飞回南方，三个朋友舍

不得分开。大雁对青蛙说："要是你也能飞上天多好呀，我们就可以经常在一起了。"青蛙灵机一动：它让两个大雁衔住一根树枝，然后它自己用嘴衔在树枝中间，三个朋友一起飞上了天。地上的青蛙们都羡慕地拍手叫绝。这时有人问：是谁这么聪明？那只青蛙生怕错过了表现自己的机会，于是大声说："这是我想出来的……"话还没说完，它便从空中掉下来了。

这个故事，教给我们一个做人的道理：得意时不要忘形，否则危机马上就到。

有些人因为顺境连连而甚感欣慰，愉悦之情不时流露在脸上。然而，不能只是高兴，应该想想怎么才能维持好运，永远成功。

所谓"成功常在辛苦日，败事多因得意时"。骄傲是一把利剑，有多少人因为自己的傲慢、一意孤行，而最终败走麦城。面对自己所取得的成绩应该自豪，再接再厉，但不能被这些成绩冲昏头脑，以致最后一败涂地。

美国汽车大王福特曾说："一个人如果自以为已经有了许多成就而止步不前，那么他的失败就在眼前了。许多人一开始奋斗得十分起劲，但前途稍露光明后便自鸣得意起来，于是失败立刻接踵而来。"

石油大王洛克菲勒也说过："当我的石油事业蒸蒸日上时，我每晚睡觉前总是拍拍自己的额头说：'别让自满的意念搅乱了自己的脑袋。'我觉得我的一生受这种自我教育的益处很多，因为经过这样的自省后，我那沾沾自喜、自鸣得意的情绪便平静下来了。"

一个人是否伟大，可以从他对自己的成就所持的评价和态度看出来。有位成功人士的话很值得借鉴："成功的路上没有止境，但永远存在险境；没有满足，却永远存在不足；在成功路上立足的最基本的要点就是：'学习，学习，再学习。'"人只有沉得住气，不断超越自己，才能有长足的发展。

第十六章

沉住气，可以有性格但别太个性

太有个性被人压，太没个性被人掐。有个性并不是什么错事，更不是坏事，每个人都在用独特的个性眼光来审视周围的世界。可是，当我们步入社会，太有个性就容易受到伤害，我们的过分个性、特立独行在别人看来就是一种傻，有时候还会变成利刺伤害别人，我们也会为自己过于个性化的行为或者思想付出代价。所以，沉住气，收敛自己的个性，别太有个性，也别太没个性。

·在别人的心中，自己并不是那么重要·

人有时候会摔得很惨，是因为太把自己当回事了，认为自己不出手这件事情就办不好，其实没有你地球照样转动。过高地看重自己的作用，就会成为最受不了打击的那一个，踏踏实实地做好每一件事情，以谦虚的姿态生活，才可能成为别人眼中的高人。

刘思衡因为工作的变动，到了一个全新的部门，这个部门似乎没有以前的部门好，于是他总是担心别人会有想法："怎么回事，是不是犯了错误？"虽然是正常的工作调动，但他还是担心别人会说些什么，于是待在家中好久没有露面。

有一天到大街上，遇到一个熟人，他说："你不做老总啦？调到哪儿去了？"刘思衡说："不做了，调北京办事处去了。"他说："好呀，祝贺你呢！"刘思衡笑笑："有时间去玩呀。"事后，刘思衡心里总有一种淡淡的感觉，害怕熟人是在笑话他。

过了不久，又碰到了那位熟人，他说："听说你不做老总了，调哪儿去了

呢？”刘思衡觉得：你这人怎么这样，这么不在意人，不是跟你说过了吗？但最后还是淡淡地说：“我调北京办事处去了，有时间去玩。”他好像恍然大悟，说：“对了对了，你说过的，对不起呀，我忘了。”听了他这话，刘思衡心里突然明朗起来，好像一下子悟出什么来了。是呀，自己整天担心别人说什么，整天把自己当回事，而别人早把自己忘了。于是，照旧同原来一样，和朋友们一起喝酒聊天，大家还是那么热情。

其实，所有的不堪和烦恼，都是自己杯弓蛇影的自恋和自虐而已，所有的担心和疑惑，都是自己的原因。事实上，在别人的心中，自己并不是那么重要！

生活中常常碰到一些事，比如说了什么不得体的话，被他人误会了什么，遇到了什么尴尬的事，等等，大可不必耿耿于怀，更不必找所有人解释，因为事情一旦过去，没有人还有耐心去理会曾经的一句闲话，一个小的过失和疏忽。你虽念念不忘，但别人早已忘记了，不要太把自己当回事了。其实，我们也可以问问自己，别人的一次失误或尴尬，真的会总在你的心头挥之不去，让你时时惦记吗？你对别人的衣食住行真的那么关心，甚或超过关心自己吗？

每个人自己的事都处理不完，没有多少人还会去关心与自己不太相关的事情，只要你不对别人造成伤害，不损害别人的利益，没有什么人会对你的失误或尴尬太在意的。也许第二天太阳升起的时候，别人什么事都没有了，只有你自己还在耿耿于怀。所以你要明白，在别人心中，你没有那么重要。

千万不要做一个自己没有实力却怪别人没眼光的人。如果你在什么地方受了冷落，不要怨气冲冲，你是个普通人，没有人会太在意你。所以，太在意别人的眼光，而去迎合别人，就活得没有自我。活着应该是为充实自己，而不是为了迎合别人。没有自我的人，总是考虑别人的看法，这是在为别人而活着，所以活得很累。

一个人上进心很强，一心一意想升官发财，可是从年轻熬到年老，却还只是个基层办事员。这个人为此极不快乐，感觉自己活得很失败，每次想起来就掉泪，有一天竟然号啕大哭起来。

一位新同事刚来办公室工作，觉得很奇怪，便问他到底因为什么难过。他说：“我怎么不难过？年轻的时候，我的上司爱好文学，我便学着做诗，学写文章，想不到刚觉得有点小成绩了，却又换了一位爱好科学的上司。我赶紧又改学数学，研究物理，不料上司嫌我学历太浅，不够老成，还是不重用我。后来换了现在这位上司，我自认文武兼备，人也老成了，谁知上司喜欢青年才俊，我……

我眼看年龄渐高，就要被迫退休了，一事无成，怎么不难过？”

没有自我的生活是苦不堪言的，没有自我的人生是索然无味的，丧失自我是悲哀的。要想拥有美好的生活，自己就要自强自立，拥有良好的生存能力。没有生存能力又缺乏自信的人，就会没有自我。一个人若失去自我，就没有做人的尊严，就不能获得别人的尊重。

有些人认为：老实点吧，会吃亏，被人轻视；表现出格吧，又引来责怪，遭受压制；甘愿瞎混吧，实在活得没劲；有所追求吧，每走一步都要加倍小心。家庭之间、同事之间、上下级之间、新老之间、男女之间……

天晓得怎么会生出那么多是是非非。你和新来的女同事有所接近，有人就会怀疑你居心不良；你到某领导办公室去了一趟，就会引起这样或那样的议论；你说话直言不讳，人家必然感觉你骄傲自满，目中无人；如果你工作第一，不管其他，人家就会说你不是死心眼太傻，就是有权欲野心……凡此种种飞短流长的议论和窃窃私语，可以说是无处不生，无孔不入。如果你的听觉视觉尚未失灵，再有意无意地卷入某种旋涡，那你的大脑很快就会塞满乱七八糟的东西，弄得你头昏眼花，心乱如麻，岂能不累呢？

其实，在别人眼中自己真的没有那么重要。今天他们谈论的是你，改天他们谈论的又是别人，自己只是别人口中的谈资而已。我们没有必要在乎别人的看法。想要讨好每个人是不现实的，也是没有必要的。与其把精力花在一味地去献媚别人，无时无刻地去顺从别人，还不如把主要精力放在踏踏实实做人上，兢兢业业做事，刻苦学习。

太在乎别人随意的评价，自己不努力自强，人生会苦海无边。别人公正的看法，应当作为我们的参考，以利修身养性；别人不公正的看法，不要把它放在心上，以免影响我们的心情。如此一来，我们就不会为别人的看法耿耿于怀，能够按照自己的意愿去生活、去追求属于自己的成功了。

放不下身份，只会让自己无路可走

有一位研究生，在校时成绩很好，大家都很看好他，认为他必将有一番了不起的成就。后来，他是有了成就，但既不是高官也不是老总，而是卖米线卖出了成就。

原来他是在毕业后不久，得知家乡附近的夜市有一个过桥米线的小摊要转让，他那时还没找到工作，就向家人“借钱”，把它盘了下来。因为他对烹饪很有兴趣，便自己当老板，卖起米线来。他的研究生身份曾招来很多不以为然的眼光，但却也为他招来不少生意。他自己倒从未对自己学非所用及高学低用产生过怀疑。

现在呢，他还在卖蚵仔米线，但也搞投资，钱赚得比一般人不知多多少倍。

“要放下身份，不要被面子所左右。”这是那位同学的口头禅和座右铭，“放下身份，路会越走越宽。”

那位同学如果不去卖蚵仔米线或许也会很有成就，但无论如何，他能放下研究生的身份，还是很令人佩服的。你不必学他非得去做类似的事情不可，但在必要的时候，实在也要有他的勇气。

人的“身份”是一种“自我认同”，并不是什么不好的事，但这种“自我认同”也是一种“自我限制”，也就是说：“因为我是这种人，所以我不能去做那种事。”而自我认同越强的人，自我限制也越厉害。千金小姐不愿意和她的女同桌吃饭，博士不愿意当基层业务员，高级主管不愿意主动去找下级职员，知识分子不愿意去做“不用知识”的工作……他们认为，如果那样做，就有损他的身份和面子。

在成功人士看来，如果你想在社会上走出一条路来，那么就要放下身份和面子，让自己回归到“普通人”。同时，也不要在乎别人的眼光和批评，做你认为值得做的事，走你认为值得走的路。舍弃面子的人能比别人早一步抓到好机会，也能比别人抓到更多的机会，因为他没有面子的顾虑。

俗话说：可怜之人必有可恨之处，对于那些宁愿吃低保，也要保住面子而不愿努力打拼挣钱的人，大家是最瞧不起的。

如果不放下“身份”，只会让路越走越窄。不是说有“身份”的人就不能有得意的人生，但我们相信，在非常时刻，如果还放不下身份，那么只会让自己无路可走。像博士如果找不到工作，又不愿意当业务员，那只有挨饿；如果能放下身份，那么路就越走越宽。

你如果想在社会上走出一条路来，那么就要放下身份，也就是：放下你的学历、家庭背景、身份和面子，让自己回归到一个普通人，甚至比普通人更为谦虚。同时，不要活在别人的评价里，做自己认为该做的事，走自己认为该走的路。

“放下身份”比放不下身份的人在竞争上多了几个优势：

能放下身份的人，他的思考富有高度的弹性，不会有刻板的观念，而能吸收

各种资讯，形成一个庞大而多样的资讯库，这将是他的本钱。

能放下身份的人能比别人早一步抓到好机会，也能比别人抓到更多的机会，因为他没有身份的顾虑。

有一则这样的故事：一个千金小姐随着婢女在饥荒中逃难，干粮吃尽后，婢女要小姐一起去乞讨，千金小姐说："我是小姐。"小姐不愿意去。结果呢？饿死了。

如果你在追求成功，你就要放下你的身份，不管以前的你多么高大、多么辉煌，都应该努力使自己心态平静，从零开始做准备，那样的话，你的路才会越走越宽。

·不要过于追求完美·

生活中，有很多人忙忙碌碌一辈子，可是到最后却一事无成，究其原因就在于他们做事非要等到所有条件都具备时，才肯动手去做，然而所有的事情没有一件是绝对完美的。所以，这些人也只有在等待完美中耗尽他永远无法完美的一生。在这个世界上，完美也是一件可怕的事物，如果你每做一件事要求务必完美无缺，便会因心理负担的增加而不快乐。当一个人要求别人完美时，自身的缺点便显现无遗。

完美是一座心中的宝塔，你可以在内心中向往它、塑造它、赞美它，但你切切不可把它当作一种现实存在，因为这样只会使你陷入无法自拔的矛盾之中。一个人只有经受住失败的悲哀才能到达成功的巅峰，亡羊补牢，犹未为晚。不必为了一件事未做到尽善尽美的程度而自怨自艾。

"断臂维纳斯"一直被认为是迄今发现的希腊女性雕像中最美的一尊。美丽的椭圆形面庞，希腊式挺直的鼻梁，平坦的前额和丰满的下巴，平静的面容，无不带给人美的感受。

她那微微扭转的姿势，和谐而优美的螺旋形上升体态，富有音乐的韵律感，充满了巨大的魅力。

作品中女神的腿被富有表现力的衣褶所覆盖，仅露出脚趾，显得厚重稳定，更衬托出了上身的秀美。她的表情和身姿是那样的庄严崇高而端庄，像一座纪念碑；然而又是那样优美，流露出女性的柔美和妩媚。

令人惋惜的是，这么美丽的雕像居然没有双臂。于是，修复原作的双臂成了

艺术家、历史学家最神秘也最感兴趣的课题。当时最典型的几种方案是：左手持苹果、搁在台座上，右手挽住下滑的腰布；双手拿着胜利花圈；右手捧鸽子，左手持苹果，并放在台座上让它啄食；右手抓住将要滑落的腰布，左手握着一束头发，正待入浴；与战神站在一起，右手握着他的右腕，左手搭在他的肩上……但是，只要有一种方案出现，就会有一种反驳的道理。最终得出的结论是，保持断臂反而是最完美的形象！

人生就像维纳斯的雕像一样，因为不圆满而变得富有深意。想要将每一种好处都占尽，到头来只会失去获得的快乐。面对已经有的进步，足以快慰，何必想着要拿个满分，毕竟一蹴而就的事情，是经不起推敲的。

完美只是心里的幻想，追求完美终将一无所获。

有一天，一位衣衫褴褛的老人来到这个小城。一看便知这老人是来自远方的人，他背着一个破旧不堪的包袱，脸上布满了风霜，鞋子因为长期行走，破了好几个洞。

老人的外表虽然狼狈，却有着一双炯炯有神的眼睛，不论是行走或躺卧，他总是仔细而专注地观察着来来往往的人。

老人的外貌与双眼组合成了一个极不统一的画面，吸引了所有人的目光，人们窃窃私语："这不是普通的人。"

于是，一些好奇的年轻人忍不住问他："您究竟为了什么而长途跋涉呢？"

老人说："我像你们这个年纪的时候，就发誓要寻找到一个完美的女人，娶她为妻。于是我从自己的家乡开始寻找，一个城市又一个城市，一个村落又一个村落，但一直到现在都没有找到一个完美的女人。"

"您找了多长时间呢？"一个年轻人问道。

"找了60多年了。"老人说。

"难道60多年来您都没有找到过完美的女人吗？会不会这个世界上根本就没有完美的女人呢？那您不是找到死也找不到吗？"

"有的！这个世界上真的有完美的女人，我在30年前曾经遇到过。"老人斩钉截铁地说。"那么，您为什么不娶她为妻呢？"

"在30年前的一个清晨，我遇到了一个最完美的女人，她的身上散发出的非凡光彩，就好像仙女下凡一般，她温柔而善解人意，她细腻而体贴，她善良而纯净，她天真而庄严，她……"

老人边说边陷进深深的回忆里。

年轻人更着急了："那么，您为何不娶她为妻呢？"

老人忧伤地流下眼泪："我立刻就向她求婚了，但是她不肯嫁给我。"

"为什么？为什么？"

"因为，因为她也在寻找最完美的男人！"

金无足赤，人无完人，苛求完美无异于追求痛苦。因此，何不以一个豁达的胸怀，拥抱自己的不完美，享受美好人生。

苛求完美是一种心理洁癖，容不得事物有半点瑕疵。实际上，世界上根本没有完美，正是有了缺憾，才使我们整个生命有了追求前进的动力，珍惜缺憾，它就是下一个完美。如果在学习或者专心做事的时候，有人打扰，你会感到格外愤怒；常常没有必要地对东西进行过多地检查，如检查门窗、开关、煤气、钱物、文件、表格、信件等；经常对自己或他人感到不满，因而经常挑剔自己或他人所做的任何事；不停地想某件事如果换另一种方式，也许更加理想；经常对自己的服装或居室布置感到不满意而时常变动它们。这些表现足以说明你是一个过于追求完美的人。每一个人在内心都有一种追求完美的冲动，当一个人对于现实世界的残缺体会越深时，他对完美的追求就会越强烈。这种强烈的追求会使人充满理想，但这种强烈的追求一旦破灭，也会使人充满绝望。

这个世界上没有任何一件事物是十全十美的，它们或多或少皆有瑕疵，人类亦同。我们只能尽最大的能力去使它更完美一些。智者告诉我们，凡事切勿过于苛求，如果采取一种务实的态度，你会活得更快乐！

·不计较别人的短处，不苛求他人·

每个人都有可取的一面，也有不足的地方。与人相处，如果总是苛求十全十美，那么永远也交不到真心的朋友。苛求会导致失去，追求完美也要适度。不苛求星星也光芒四射，只需它点缀黑暗天空；不苛求小草也撑起一片阴凉，只需它整天绿茵；不苛求一滴水也滋润整个麦田，只需它昭示着生命的存在。"不以物喜，不以己悲"，让一切自然地来，让一切淡淡地去，生命给了我们什么，就去享受什么，平淡也好，腾达也好，快乐和忧伤，抑或幸福与苦难，都坦然地去接受，用心去享受，因为每一点一滴都记录着自己的人生。

在这一点上，曾国藩早就有了自己的见解，他曾经说过："概天下无无暇之才，无隙之交。大过改之，微瑕涵之，则可。"意思是说，天下没有一点缺点也

没有的人，没有一点缝隙也没有的朋友。有了大的错误，要能够改正，剩下小的缺陷，人们给予包容，就可以了。为此，曾国藩总是能够宽容别人，谅解别人。

当年，曾国藩在长沙读书，有一位同学性情暴躁，对人很不友善。因为曾国藩的书桌是靠近窗户的，他就说："教室里的光线都是从窗户射进来的，你的桌子放在了窗前，把光线挡住了，这让我们怎么读书？"他命令曾国藩把桌子搬开。曾国藩也不与他争辩，搬着书桌就去了角落里。曾国藩喜欢夜读，每每到了深夜，还在用功。那位同学又看不惯了："这么晚了还不睡觉，打扰别人休息，第二天怎么上课啊？"曾国藩听了，不敢大声朗诵了，只在心里默读。一段时间之后，曾国藩中了举人，那人听了，就说："他把桌子搬到了角落，也把原本属于我的风水带去了角落，他是沾了我的光才考中举人的。"别人听他这么一说，都为曾国藩鸣不平，觉得那个同学欺人太甚。可是曾国藩毫不在意，还安慰别人说："他就是那样子的人，就让他说吧，我们不要与他计较。"

凡是成大事者，都有广阔的胸襟。他们在与别人相处的时候，不会计较别人的短处，而是以一颗平常心看待别人的长处，从中看到别人的优点，弥补自己的不足。如果眼睛只能看到别人的短处，那么这个人的眼里就只有不好和缺陷，而看不到别人美好的一面。在生活中，每个人都可能跟别人发生矛盾。如果一味地跟别人计较，就可能浪费自己很多精力。与其把自己的时间浪费在一些鸡毛蒜皮的小事上，不如就放开胸怀，给别人一次机会，也可以让自己有更多的精力去做更多有意义的事情，收获成功。

一位在山中茅屋修行的禅师，有一天趁夜色到林中散步，在皎洁的月光下，突然开悟。他喜悦地走回住处，眼见到自己的茅屋遭小偷光顾。找不到任何财物的小偷要离开的时候在门口遇见了禅师。原来，禅师怕惊动小偷，一直站在门口等待。他知道小偷一定找不到任何值钱的东西，就把自己的外衣脱掉拿在手上。

小偷遇见禅师，正感到惊愕的时候，禅师说："你走那么远的山路来探望我，总不能让你空手而回呀！夜凉了，你带着这件衣服走吧！"说着，就把衣服披在小偷身上，小偷不知所措，低着头溜走了。

禅师看着小偷的背影穿过明亮的月光消失在山林之中，不禁感慨地说："可怜的人呀！但愿我能送一轮明月给他。"

禅师目送小偷走了以后，回到茅屋赤身打坐，他看着窗外的明月，进入空境。

第二天，他睁开眼睛，看到他披在小偷身上的外衣被整齐地叠好，放在了门

口。禅师非常高兴，喃喃地说："我终于送了他一轮明月！"

面对盗贼，禅师既没有责骂，也没有告官，而是以宽容的心原谅了他，禅师的宽容和原谅终于换得了小偷的醒悟。可见，宽容比强硬的反抗更具有感召力。可是，我们与别人发生矛盾时，总想着与别人争出高低来，但是往往因为说话的态度不好，使得两个人吵起来，甚至大打出手。其实，牙齿哪有不碰到舌头的，很多事情忍耐一下，也就过去了。有些矛盾的产生，别人也不一定就故意的，我们给予他包容，他可能会主动认识到错误，也给自己减少了很多麻烦。

·做自己，而不是别人眼中的自己·

英国的一个城市公开招聘市长助理，条件必须是男人。当然，所说的男人并不仅仅从生理上界定，它指的是精神上的男人，每一个应考的人都理解。

经过了多次文化和综合素质的角逐，有一部分人获得了参加最后一项特殊的考试的权利，这也是最关键的一项。那天，他们轮流去一个办公室应考，这最后一关的考官就是市长本人。

第一个男人走进来，只见他高大魁梧，仪表堂堂。市长带他来到一个特别的房间，房间的地板上洒满了碎玻璃，尖锐锋利，望之令人心惊胆战。市长以万分威严的口气说："脱下你的鞋子！将里面桌子上的一份登记表取出来，填好交给我！"男人毫不犹豫地将鞋子脱掉，踩着尖锐的碎玻璃取出登记表，填好交给了市长。他强忍着钻心的痛，依然镇定自若，表情泰然，静静地望着市长。市长指着一个大厅淡淡地说："你可以去那里等候了。"男人非常激动。

市长带着第二个男人来到另一间特殊的屋子，屋子的门紧紧地关着。市长冷冷地说："里边有一张桌子，桌子上有一张登记表，你进去将表取出来填好交给我！"男人推门，门是锁着的。"用脑袋把门撞开！"市长命令道。男人不由分说，低头硬撞，一下、两下、三下……足足有半个小时，头破血流，门终于开了。他取出表认真地填好交给了市长，市长说："你可以去大厅等候了。"男人非常高兴。

就这样，一个接一个，那些身强体壮的男人都用自己的意志和勇气证明了自己。市长表情有些沉重。他带最后一个男人来到一个房间，市长指着站在房间里的一个瘦弱的老人对男人说："他手里有一张登记表，去把它拿过来填好交给我！不过他不会轻易给你的，你必须用你刚硬的铁拳将他打倒……"

男人严肃的目光射向市长："为什么？"

"不为什么，这是命令！"

"你简直是个疯子，我凭什么打人家？何况他是弱小的老人！"

市长又带他分别去了那个有破碎玻璃的房间和紧锁着的房间，同样遭到了他的反对和拒绝。

市长对他大发雷霆。男人气愤地转身就走，被市长叫住了。市长将这些应考的人都召集在一起，告诉他们只有最后一个男人考中了。

那些伤筋动骨的人都捂着自己的伤口审视着被宣布考中的人，当发现他身上的确一点伤也没有时都惊愕地张大了嘴巴，非常不服气，异口同声地问："为什么？"

市长说："你们都不是真正的男人。"

"为什么？"

市长语重心长地说："真正的男人懂得反抗，是敢于为正义和真理献身的人，而不是选择唯命是从，作出没有道理的牺牲的人。"

生活在别人的眼光里，总也找不到自己的路。

其实，同一个事物，每个人的眼光都有不同。面对不同的几何图形，有人看出了圆的光滑无棱，有人看出了三角形的直线组成，有人看出了半圆的方圆兼济，有人看出了不对称图形独到的美……

同是一个甜甜圈，悲观者看见一个空洞，而乐观者却品味到它的味道。

同是写赤壁，苏轼高歌"雄姿英发，羽扇纶巾，谈笑间樯橹灰飞烟灭"；杜牧却低吟"东风不与周郎便，铜雀春深锁二乔"。

同是"谁解其中味"的《红楼梦》，有人听到了封建制度的丧钟，有人看见了宝黛的深情，有人悟到了曹雪芹的用心良苦，也有人只津津乐道于故事本身……

苏轼曾说："横看成岭侧成峰，远近高低各不同。"人生是一个多棱镜，总是以它变幻莫测的每一面反照生活中的每一个人。不必介意别人的流言蜚语，不必担心自我思维的偏差，坚信自己的眼睛，坚信自己的判断，执着自我的感悟。用敏锐的视线去审视这个世界，用心去聆听、感受这个多彩的人生，给自己一个富有个性的回答。

道德是一个人要坚守的原则。当你外在的行动和内在的思想相称时，你是诚实的。当你抛弃你的真理去取悦他人时，你就放弃了诚实。没有什么比做真正的

自己更重要，而坚持自我的支柱莫过于一个人的尊严与操守，自尊、自信、正直。放弃那些迎合别人的无谓牺牲，那么你就拥有别人最真诚的敬意，才能成为一个光明磊落的成功的人。

你可以不成功，但不能不成长

“在人生的道路上，人们并不站在同一个场所——有的在山前，有的在海边，有的在平原，但是没有一个人能够站着不动，所有的人都得朝前走。”这是泰戈尔的名言。我们每个人都有自己的位置，也许低也许高，并不是所有的人都能有机会站在人生的最高顶点，但是“所有的人都得朝前走”，即不论是谁都要努力进取。我们不一定要创造丰功伟绩，但不论现在的成绩如何，我们都要不断超越现在，不断进取才有成功的机会，而安于现状、被安逸生活吞噬进取心的人，则永远没有体验人生风景的机会。

有一天，沼泽向在自己身边奔流而过的河流问道：“你整天川流不息，一定累得要命吧？你一会儿背着沉重的大船，一会儿负着长长的水筏，在我眼前奔流而过。小船、小划子更不用说了，它们多得数不完。你什么时候才能抛弃这种无聊的生活呢？像我这样安安逸逸地生活，你找得到吗？我是一个幸福的闲人，舒舒服服、悠悠闲闲地荡漾在柔和的泥岸之间，好比高贵的太太们窝在沙发的靠枕里一样。大船小船也罢，漂来的木头也罢，我这儿可没有这些无谓的纷扰，甚至小划子有多重我都不知道，至多偶尔有几片落叶漂浮在我的胸膛上，那是微风把它们送来和我一起休息的。一切风暴有树林挡住，一切烦恼我也沾染不上，我的命运是再好不过的了。周围的尘世不断地忙忙碌碌，我却躺在哲学的梦里养神休息。”

“哲学家，你既然懂得道理，可别忘了这条法则，”河流回答，“水只有流动才能保持新鲜，我成了伟大壮阔的河流就是因为我不躺在那儿做梦，而是按照这个法则川流不息。结果呢，我有源源不绝的水，又多又清的水，年复一年地给人们带来了幸福，因而赢得了光荣的名誉，或许我还要世世代代地川流不息下去。那时候，你的名字就不会有人知道了。”

多年以后，河流的话果然应验了，壮丽的河仍旧川流不息，沼泽却一年浅似一年。沼泽的表面浮着一层黏液，芦苇生出来了，而且生长得很快，沼泽最终干涸了。

这个故事告诉我们，一成不变能换取一时的安逸，却得不到丝毫成长，只会

慢慢退步，甚至慢慢衰亡。

成功的人往往都是一些不那么“安分守己”的人，他们绝对不会因取得一些小小的成绩而沾沾自喜。每一个渴望成功的人都要谨记：只有不断“砸烂”较差的，你才能完全没有包袱，创造出更好的，走上成功的殿堂，就像下面的故事中讲到的一样。

雕塑家有一个12岁的儿子。儿子要爸爸给他做几件玩具，雕塑家只是慈祥地笑笑，说：“你自己不能动手试试吗？”

为了制作自己的玩具，孩子开始注意父亲的工作，常常站在大台边观看父亲运用各种工具，然后模仿着运用于玩具制作。父亲也从来不向他讲解什么，放任自流。

一年后，孩子好像初步掌握了一些制作方法，玩具造得颇像个样子。这样，父亲偶尔会指点一二。但孩子脾气倔，从来不将父亲的话当回事，我行我素，自得其乐，父亲也不生气。

又一年，孩子的技艺显著提高，可以随心所欲地摆弄出各种人和动物形状。孩子常常将自己的“杰作”展示给别人看，引来诸多夸赞。但雕塑家总是淡淡地笑，好像并不在乎似的。

有一天，孩子存放在工作室的玩具全部不翼而飞，他十分惊疑！父亲说：“昨夜可能有小偷来过。”孩子没办法，只得重新制作。半年后，工作室再次被盗！又半年，工作室又失窃了。

孩子有些怀疑是父亲在捣鬼：为什么从不见父亲为失窃而吃惊、防范呢？偶然一天夜晚，儿子夜里没睡着，见工作室灯亮着，便溜到窗边窥视：父亲背着手，在雕塑作品前踱步、观看。好一会儿，父亲仿佛做出某种决定，一转身，拾起斧子，将自己大部分作品打得稀巴烂！接着，将这些碎土块堆到一起，放上水重新混合成泥巴。孩子疑惑地站在窗外。这时，他又看见父亲走到他的那批小玩具前。只见父亲拿起每件玩具端详片刻，然后，父亲将儿子所有的自制玩具扔到泥堆里搅和起来！当父亲回头的时候，儿子已站在他身后，瞪着愤怒的眼睛。父亲温和地抚摩儿子的脸蛋，说道：“这是因为，只有砸烂较差的，我们才能创造更好的。”

10年之后，父亲和儿子的作品多次同获国内外大奖。

人也只有在不断进取的状态下才能够永葆生命的活力。既然生命不息，那就应该不断进取，超越自我。奔腾不息的流水才能够永葆生命的新鲜与活力，对于积极进取的人来说，每天都是一个崭新的起点，因为进取心带来的激励存在于我

们人体内，它推动我们完善自我，追求完美的人生。

一个有事业进取心的人，可以把“梦”做得高些，虽然开始时是梦想，但只要不停地做，不轻易放弃，梦想终能成真。一旦我们每一个人有幸受这种伟大推动力的引导和驱使，生命就会成长、开花、结果。

胡巴特说：“这个世界愿对一件事情赠予大奖，包括金钱和荣誉，那就是‘进取心’。”进取心是存在于我们体内的一种神秘又伟大的力量。也许我们正处于人生起步，也许已经小有成就，抑或仍然平凡，无论我处于什么样的高度，也要时刻提醒自己，生活还在继续，要一直向前，而不该原地踏步，数着自己的脚印过活。经济不景气，金融危机，这一切使得竞争更加残酷。年轻人只有让自己能够迅速地成长，不断地学习、拼搏，知识面就会越广，得到的信息就越多，人生的视野就越来越开阔。

·成功没有标准答案，学会定义自己的成功·

有人说，有事业、有房、有车就是成功；有人认为，达到大部分人所达不到的高度就是成功；更有人说，当你渴望办成一件事，经过自己的努力办得很漂亮的时候就是成功。对于一些人来说只有暂时的成功，没有永远的成功，因为人的追求是无止境的，今天的成功对于明天来说可能算不上是成功。

其实，对于成功的界定就像是人们对于幸福的界定一样，没有一个标准答案，成功重在自己的感知。其实，一个人认为自己成功，是因为自己实现了想要实现的目的。那些根本没有设想过要做成的事情，结果做成了，往往不会产生成功的感觉。对于有些人来说，他所要实现的目标恰好是你所做成的事情，那么，他就会认为你是成功的，而你自己不会有这种感觉。所以说，成功对于每一个人来说有着不同的定义。

某农民因生活所迫，身带300元出门闯荡。他先在A市火车站帮旅客提行李包挣几个血汗钱，后来又靠收破烂维持生活。由于不熟悉城市生活，捡破烂也受到同行排挤。

在走投无路的情况下，他认识了一位玻璃商，他就帮玻璃商用自行车运送玻璃，开始一天有4元钱的收入，由于肯出力，工作认真，收入由40元涨到80元，他生活节俭，每天除吃喝外，还有60元钱的节余。经过一年的工作，他积累了近两万元。他用这笔小额资本，买了两辆板车，又雇用了一个穷哥们儿帮他

一起为玻璃商运送玻璃，第二年他有了5万元的净收入。收入多了，心里也想得多了。“别人能开玻璃店，我为什么就不能开呢？”于是他在一家商店旁边租了一间民房，经过一番装修，也开起了玻璃商店，经营玻璃生意。由于人肯干、勤快，待顾客热情，人们都喜欢在他的小店买货。

经过5年的不懈努力，他赢利数10万元。资本有了较大积累，小店变成了大店，现在赢利已达百万，他也成了远近闻名的百万富翁。

这个人成为百万富翁对于那些没有成为百万富翁的人来说，他是成功的；对于他自己来说，他在不断地走向成功；对于那些亿万富翁来说，他又不是成功的。所以，这样看来，成功是相对的，它根本就没有完全可以参照的标准。

一个人凭借自己的人际关系，或者家庭关系直接继承一个大的企业集团，而另一个人白手起家，通过自己辛辛苦苦的打拼创造了自己的企业集团，如果这两个人之间进行比较的话，哪一个更为成功？其实，因为起点的不同，这两个人之间是没有可比性的，因为他们的终点都是一样的，如果非要进行比较的话，只能拿哪一个更能经得住市场的考验来证明。但谁又能说他们不成功呢？

成功对于每一个人来说，意义是不一样的，我们不必非要以最好的或者最差的人为标准来定义自己的成功。对于成功的看法，我们应该视情况而定，当自己取得成绩开始骄傲的时候，可以拿更成功的人为参照物来压一压自己的骄傲。当失落或者有自卑感的时候，多拿那些不如自己的人为参照物，表扬自己，并继续奋斗。面对成功，每个人不可完全肯定或者否定自我，而要学会定义属于自己的成功。

李开复博士曾说：“多元化的成功才是真正的成功。”成功没有标准答案，很多时候达到成功的那一刻也是成就感消失的那一刻。更让人铭心刻骨的是追求成功的过程，因为在这个过程中经历了成长的痛与乐。从某种意义上来说，成长比成功更重要。经历成长的快乐和失败的痛苦，尤其是那些痛楚更能磨砺一个人的心智。心智成熟后，我们有更强大的内心面对我们的生活，无论是开心还是忧愁。当能够用强大的内心面对生活中的一切，相信只要有坚定的目标和信念，成功是迟早的事。

很多人活在别人对自己的期待中，努力做的事情都是为了达成别人对自己的期待。更多的人活在父母的期待中，因为想要报答父母的养育之恩，达到了他们的希望，就认为是成功了。不能说那不是成功，但是似乎失去了成功的意义和追求的价值。我们要追寻的是真正属于自己的成功。

·放飞自己，努力成长·

在成长的过程中，很多人因为遭受来自社会、家庭的议论、否定、批评和打击，奋发向上的热情便慢慢冷却，逐渐丧失了信心和勇气，对失败惶恐不安，变得懦弱、狭隘、自卑、孤僻、害怕承担责任、不思进取、不敢拼搏。事实上，他们不是输给了外界压力，而是输给了自己。很多时候，阻挡我们前进的不是别人，而是我们自己。因为怕跌倒，所以走得胆战心惊、亦步亦趋；因为怕受伤害，所以把自己裹得严严实实。殊不知，我们在封闭自己的同时，也封闭了自己的人生。

世界上最难攻破的不是那些坚固的城堡和城池，而是自己为自己编织的心理牢笼。因此，我们要想走上成功的道路，摆脱不顺的现状，就要勇敢地冲出心理牢笼。

有一条鱼在很小的时候被捕上了岸，渔人看它太小，而且很美丽，便把它当成礼物送给了女儿。

小女孩把它放在一个鱼缸里养了起来。每天，这条鱼游来游去总会碰到鱼缸的内壁，心里便有一种不愉快的感觉。

后来鱼越长越大，在鱼缸里转身都困难了，女孩便为它换了更大的鱼缸，它又可以游来游去了。可是每次碰到鱼缸的内壁，它畅快的心情便会暗淡下来。它有些讨厌这种原地转圈的生活了，索性静静地悬浮在水中，不游也不动，甚至连食物也不怎么吃了。

女孩看它很可怜，便把它放回了大海。

它在海中不停地游着，心中却一直快乐不起来。

一天它遇见了另一条鱼，那条鱼问它："你看起来好像闷闷不乐啊！"

它叹了口气说："啊，这个鱼缸太大了，我怎么也游不到它的边！"

我们是不是就像那条鱼呢？在鱼缸中待久了，心也变得像鱼缸一样小了，不敢有所突破，有一天到了一个更为广阔的空间，已变得狭小的心反倒无所适从了。

其实，心有多大，世界就有多大。如果不能打碎心中的四壁，你的翅膀就舒展不开，即使给你一片大海，你也找不到自由的感觉。

放飞自己，需要开放自己的胸怀。

开放，是一种心态，一种个性，一种气度，一种修养；是能正确地对待自

己、他人、社会和周围的一切；是对自己的专业和周围的世界都怀有强烈的兴趣，喜欢钻研和探索；是热爱创新，不墨守成规，不故步自封、不固执僵化；是乐于和别人分享快乐，并能抚慰别人的痛苦与哀伤；是谦虚，勇于承认自己的不足，并能乐观地接受他人的意见，而且非常喜欢和别人交流；是乐于承担责任和接受挑战；是具有极强的适应性，乐意接受新的思想和新的经验，能够迅速适应新的环境；是坚强，敢于面对任何的否定和挫折，不畏惧失败。

不打开自己，一个人就不可能学会新东西，更不可能进步和成长。开放的胸怀，是学习的前提，是沟通的基础，是提升自我的起点。在一个组织里，最成功的人就是拥有开放胸怀的人，他们进步最快，人缘最好，也容易获得成功的机会。

具有开阔胸怀的人，会主动听取别人的意见，改进自己的工作。比尔·盖茨经常对微软的员工说："客户的批评比赚钱更重要。从客户的批评中，我们可以更好地汲取失败的教训，将它转化为成功的动力。"比尔·盖茨本人就是一个心态非常开放的人，他鼓励公司里每个人畅所欲言，当别人和他有不同意见时，他会很虚心地去听。每次公开讲演之后，他都会问同事哪里讲得好，哪里讲得不好，下次应该怎样改进。这就是世界巨富的作风，也是他之所以能成为巨富的潜质。

开放的心自由自在，可以飞得又高又远；而封闭的心像一池死水，永远没有机会进步。如果你的心过于封闭，不能接纳别人的建议，就等于锁上一扇门，禁锢了你的心灵。要知道褊狭就像一把利刃，会切断许多机会及沟通的渠道。

花草因为有土壤和养分，才会茁壮成长，美丽绽放，人的心灵也需要不断接受新思想的洗礼和浇灌，否则智慧就会因为缺乏营养而枯萎死亡。

拥有开放的心，你才能充分利用成功的第一原则：一个人只有对自己的信念坚定不移，才能没有做不到的事情。打开你的心，让想象力自由翱翔，让你成功的希望越飞越高。

开放的人生来源于开放的思想，开放的思想来源于开放的眼界，开放的眼界来源于开放的行动，开放的行动来源于开放的知识。生活在一个不断开放的国度里，我们也要以开放的胸襟，用开放的思维，用开放的勇气，用开放的行动，为自己建设一个不断开放、不断进步的人生。

第十七章

沉住气，放长线才能钓大鱼

沉住气，虽说是个心态问题，其实也包含了做人做事的大智慧。做事知方圆，做人要通达。沉住气，不焦躁，一副和光同尘、宠辱不惊之状，反而更利于化解人际摩擦，创造和谐人际，集中精力引导事态向良性方向发展。

·为人之道：方中有圆，圆中有方·

方中有圆，圆中有方，是为人的因果律，又是大自然的法则。《易经》中说："天行健，君子以自强不息。"又："地势坤，君子以厚德载物。"在这里，圆，象征着运转不息、周而复始的天体；方，象征着广大旷远、宽厚沉稳的地象。

北京有个著名的天坛公园。公园分东、西、南、北四门，四四方方。园内主体建筑是祈年殿，整个大殿呈圆形：圆基座，圆柱体，浑圆顶。可谓外方内圆的典型建筑，天圆地方的匠心设计。

方中有圆，是指在纷纭变化的现象中能不忘本质；在表现个性的同时不忘共性；在静态中不忘动态；在坚持原则的同时不排除适当的灵活性；在遵守道德规范和礼仪、保持文化修养的同时又不失自己的天真和本色。

为人完全没有规矩，没有文化修养，固然有天然之美，但却失去了文化素养。而能在高度的道德、文化素养中体现出自己的出色，则是更高一个层次。所谓"唯大英雄能显本色"，这是从正面讲"方内容圆"。从反面讲，方内容圆是指不刻板，不钻牛角尖。在总体上、大方向上讲原则，讲规矩，但也不排除在特定的条件下灵活变通。

美国成人教育专家戴尔·卡耐基是处理人际关系的"老手"，然而早年时，他也曾犯过小错误。有一天晚上，卡耐基参加一个宴会。宴席中，坐在他右边的一位先生讲了一段幽默故事，并引用了一句话，意思是“谋事在人，成事在天”。那位健谈的先生提到，他所引用的那句话出自《圣经》。然而，卡耐基发现他说错了，他很肯定地知道出处，一点疑问也没有。

为了表现优越感，卡耐基很认真地纠正了过来。那位先生立刻反唇相讥：“什么？出自莎士比亚？不可能！绝对不可能！”那位先生一时下不来台，不禁有些恼怒。

当时卡耐基的老朋友法兰克·葛孟坐在他的身边。葛孟研究莎士比亚的著作已有多年，于是卡耐基就向他求证。葛孟在桌下踢了卡耐基一脚，然后说：“戴尔，你错了，这位先生是对的。这句话出自《圣经》。”

在回家的路上，卡耐基对葛孟说：“法兰克，你明明知道那句话出自莎士比亚。”“是的，当然。”葛孟回答，“在哈姆雷特第五幕第二场。可是亲爱的戴尔，我们是宴会上的客人，为什么要证明他错了？那样会使他喜欢你吗？他并没有征求你的意见，为什么不圆滑一些，保留他的脸面呢？”

一些无关紧要的小错误，放过去，无伤大局，那就没有必要去纠正它。这样做不仅是为了自己避免不必要的烦恼和人事纠纷，而且也顾及到了别人的名誉，不致给别人带来无谓的烦恼。这样做，并非只是明哲保身，更体现了你处世的度量。

而圆中有方，从人生的原则性和灵活性上讲，是指特定条件下的一种处世方法。尤其是在乱世、困境、险境之中，人不能事行直道，不得不小心谨慎，讲究权变。有时为了大的原则、大的利益而不得已牺牲或违背小的原则、小的利益。比如《论语》中孔子对管仲的评价。

管仲原来是辅佐公子纠的。公子纠和齐桓公是兄弟，也是政敌。齐桓公杀了公子纠，管仲不但没有为公子纠殉死，反而给齐桓公当了宰相。有人说管仲不仁，孔子说，管仲这个人是很了不起的。他帮齐桓公九合诸侯，没有使用武力，使天下得到了安定，老百姓如今还受到他的恩惠。如果没有管仲，我们今天很可能都成了野蛮人了。他为天下和国家做出了这么大的贡献，不是一个只知道自己上吊，倒在水沟里默默无闻，白白死去的普通老百姓所能比的。

管仲为齐桓公做事，对公子纠来说是不忠、不仁、不义，从个人处世的角度讲是圆而不方。但是，他为天下国家做出了贡献，为天下百姓尽了大忠、大仁、

大义，可以说是圆中有方，没有违背天下的大义、大原则。所以孔子不但没有否定他，还充分肯定了他的伟大功绩。

《庄子·天下篇》中说："矩虽然可以用来画方，但是矩本身却不是方的，所以说矩不可以为方；规虽然可以用来画圆，但规本身却不是圆的，所以说规也不可以为圆。"《算经》中说："方中有圆者，谓之圆方；圆中有方者，谓之方圆。"古人说明了可方可圆的道理。

可方可圆，是为人处世的最高境界。做人也要效法天地，像天那样生生不息，大公无私；像地那样厚朴笃实，宽厚待人。纵观世界历史，大凡能成就伟业者，无不是深谙做人之道。知道做人何时应该进，何时应该退，何时应该发脾气，何时应该深藏不露。那些成大事者，多是方圆通达，在危难时刻总能把做人的机智技巧运用得淋漓尽致的人。其实做人没有什么法则可循，但做人的戒律却一定不能违背。在为人处世中，有些人不管不顾、自私自利、刻薄尖锐，斤斤计较，这种人肯定是不受欢迎的，做人也是失败的。

·凡事要恰到好处·

没有谁可以孤立地生活在这个社会，就算是如今的"宅"一族，平日的生活也离不开与人接触。与人接触无外乎是为人处世，只要把握好适度的原则，就能宽心静气地行走在这人世间。把握好为人处世的度，这也是成就大业必要的条件之一。

孔子有弟子三千，其中优秀者七十二人，他能广收门徒不仅因为他在学识学问上给人指导，更因为在为人处世上能给人指点。孔子不仅是他的学徒们求学过程中的导师，更是人生的导师。在为人处事上，孔子能做到不越线，他能分辨做人做事的界限。

孔子的学生子贡曾经向孔子求学，问孔子："先生，您认为子夏和子张相比，在为人处事上，哪一个要好一些？"

孔子回答："子张做事情总是做过头，子夏做事有欠缺。"

子贡又追问道："老师，那您认为谁更好一些呢？"

孔子听后只回答了四个字："过犹不及。"

表面来看，似乎孔子认为做事做过头，不如做得不够火候。宁可达不到那个所谓的度，也不要越线。实际上，孔子的意思是无论是过度还是欠缺都不好，最妙的是要恰到好处。恰到好处说起来容易，做起来难。中国自古奉行中庸之道，中庸的思想就在于凡事要恰到好处，为人处世过犹不及。

对于人而言，不可能面面俱到，也不可能毫无优点，做人做事总有些时候过于执着。然而，要想成大业，要想出人头地就要学会辨识做事的度，把握好自己的内心。只有自己内心平静，遇事能沉住气冷静判断，才能做事恰到好处。

一天，子夏向孔子请教自己的同辈有什么过人之处。孔子回答道："颜回为人诚信，子贡思维敏捷，子路胆大过人，子张成熟稳重。这四个人在他们突出的领域都远远胜于我。"

听到孔子的回答，子夏十分诧异。他又问道："先生，既然这四个人超越了您，为什么他们还甘愿拜您为师，向您学习请教为人处世的方法呢？"

孔子听后微微一笑，缓缓地解答子夏的疑惑："在我的众多弟子中，这四个人确实格外优秀。颜回的诚实值得称赞，但有时候过分的诚实就是迂腐了。子贡思维敏捷，但不知道这世上太过锋芒毕露容易招人嫉妒，惹来灾祸。子路胆大过人，却不知道世上还有可惧怕之事，有时候过于莽撞反而要吃亏。子张成熟稳重，为人严肃，却不知道在与人交往中要保持适度的亲近，不然会让人敬而远之。正因为此，他们四人才会拜于我门下，学习如何为人处世。"

孔子的话道出了四位高徒追随他的原因。即便在各项德行中，他的门徒都有过人之处，却不知道过犹不及的危害，需要向孔子这位做事恰到好处的老师诚心诚意地学习。在如今的社会，我们很难像子路、颜回、子张等人追随一位伟大的老师，通过其言传身教潜移默化地改变自己，让自己变得完善。所以，要想分辨为人处世最适当的度，只能依靠自己。虽然，我们能够通过学习他人的成功经验来领悟做事为人之妙，但道理不如实践，自己的亲身体验往往最为有效。除此之外，我们还要懂得总结自己失败的原因，在人生路上边实践边完善自我。

就拿接人待物的"礼"字来说，中国自古有句名言叫"礼多人不怪"，然而这句话在如今的社会中却并不十分适用。礼貌待人是必需的，但过分热情同样会起到相反的效果，有时多礼变成无礼，会引起别人的不满。

有一个小伙子大学毕业后进入一家公司上班，初入职场的他希望自己能有个好人缘，所以遇到同事都十分热情，每次都打招呼，为人也很和气。发了工资后，小伙子更是觉得应该用实际行动来表明自己对同事和领导在工作上给予帮助的感激之情。于是，小伙子时不时请同事吃饭，逢年过节或者同事有喜，都自发

备上一些小礼物送给同事，除此之外，他还经常去领导家帮忙做家务，或者时常走动一下。小伙子觉得自己做得十分到位，心里也特别高兴。

谁知道没过多久，领导开始找他谈话，问他是不是对现在的位置有什么不满。原来，他的过分热情和厚道让领导和同事起了戒心，以为小伙子有所图谋。原本只是想和同事打成一片的小伙子，顿时哑口无言，只能吃闷亏。从此之后，小伙子意识到：“礼”也要做到恰如其分，才能发挥其特有的效果。

虽然人际交往讲求的就是“礼数”二字，然而过分的客套和热情都会让人心生疑惑，做得多了并不见得是件好事，反而会像上面的小伙子一样，被别人误会为急功近利之徒，还只能哑巴吃黄连，有苦说不出。中国自古奉行的中庸之道之中的“中”，说的就是要恰到好处。正如朱熹在解释“中庸”二字时说的一样，所谓中庸就是无过，无不及。

在一个需要与人交流的社会，无论做事做人都要沉住气，把持好心中的度，做到无过，无不及，恰到好处。如果能做到这一点，相信无论你面对怎样的困境和难题，都能在自身的努力和别人的帮助下，顺利过关。要想走向成功，也需要别人的助力，能够更好地与他人打交道，为人处世都能做到恰到好处，相信你一定能借力扶摇而上，成为一位成功人士。

·变通是一种智慧·

最恰当的人应该像是圆形方孔钱一般，外圆内方，圆中有方，方外有圆。只有这样才能在社会中占有一席之地，成就一番事业。犹如万花筒一样的社会，你永远无法看清别人的底牌，但是至少要能够根据适当的情景，做该做的事情，减少不必要的损失。

有人说做人应该宁直勿弯，要坚持自己的原则，顶天立地地活着。然而变通并不意味着失去自己的原则，甚至变通的目的是为了更好地坚持自己的原则。人们都喜欢甜言蜜语，即便良药苦口利于病，也没有谁会心甘情愿地喝下去。所以为了成功，为了达成自己的目的，要学会讲灵活，谈策略。著名的戴尔·卡耐基作为人际关系专家，他曾说过，一个人的成功百分之八十五依靠人际交往等软科学本领，只有百分之十五是依靠专业技术。由此可见，人际交往是否成功，对于一个人的成功有着重要的影响。

那些只懂得坚持自己原则的人更容易被扣上迂腐固执的标签，不懂得灵活变通，从而处处树敌，事事碰壁。并不是他们真的没有能拿得出的过硬本领，也不是他们智商低于那些成功人士。只是他们不懂得为人处世需要变通而已。21世纪的人才之争，比拼的不仅仅是人的智商和学识，更考验一个人的情商。怎样才能通过正确的处世之道建立广泛的人脉，懂得“圆”的艺术是每一个人都必须思考的问题。

去过寺庙的人很多，但是你可能没有注意到，通常一座大的寺庙中，迎客进门的总是笑眯眯的弥勒佛，他的背面是面无表情的韦陀。据传说，很久之前弥勒佛和韦陀掌管着各自的庙堂。弥勒佛天天笑容可掬，十分平易近人，所以他管理的庙堂，往来的人特别多，香火旺盛。不过，弥勒佛算账时丢三落四，不懂得如何管理账务，使得庙堂入不敷出。而一脸阴沉的韦陀却是管账的高手，他工作十分认真，却碍于一张阴沉的面孔，吓得人不敢入门，他管理的寺庙渐渐香火断绝，纵使韦陀再有能耐也变不出供奉来。后来佛祖发现了这个问题，他思来想去决心让两者待在同一个庙堂之中，这样既能保障香火旺盛，又能账目清晰，庙堂呈现欣欣向荣之象。

做人太过于圆滑像弥勒佛一样什么事情也不计较也不可以，整日阴沉着脸孔锱铢必较像韦陀一样也不可取。唯有集合二人的优点，合二为一，外圆内方才能受人欢迎和爱戴。

在社会之中，要想获得成功没有办法不与别人沟通、交流与合作，这就是所谓的处世。处世离不开人际关系四字，处世成功才能做人成功。要想建立成功必需的广泛人脉、赢得别人的支持，就少不了要与人保持良好的沟通，沉住气，奉行“外圆内方”的处世之道。做人心怀感恩之心，和谐相处，与他人广结善缘，才能成就事业。

·凡事避免正面冲突·

俗话说“不打不成交”，但古往今来又有几个好友是因为巨大的冲突结为莫逆的？与人正面冲突，不仅会引发误会，结下仇怨，还会对追求成功有害无益。人和人之间总会有矛盾存在，但更需要的是彼此互助。当矛盾激化，双方陷入冲突之中，彼此互助就好像是妄言一般可笑。所以在日常生活中凡事都要沉住气，三思而后行，尽量避免和别人正面接触。

在人际交往中，无论是以卵击石还是两虎相争，最终的结果都是有所损失，

所以何必因为一时的长短为自己的成功之路搬来一块巨大的路障。退一步海阔天空，多一个朋友总好过多一个敌人。可偏偏有人不懂得这样的道理，直到吃亏才意识到当时的意气之争有多可笑。

小王是位名牌大学的毕业生，年轻有为。他在信息公司工作才两年，就因在业务上的突出表现被调到公司的重要部门策划部。策划部不仅由老总直接领导，还是公司中培养领导的地方，许多部门经理都曾在这里历练一番，才被提升到经理的位置。小王当时认为自己成功的机遇就在眼前了，仿佛只要自己再努力一下，就能获得升迁的机会。

不过在策划部中有一个土霸王——老张。这个老张可是个厉害人物，他是当年公司创立时的元老之一，是整个策划部资格最老的人，连公司的老总也要卖他几分面子。这个老张仗着自己资格老、经验丰富排挤了许多年轻有为的人。不过小王却丝毫没把老张放在眼中，凭他一个大学毕业的高材生，又善于处理人际关系，怎么会在意作威作福的老张。所以在小王调入策划部的那天起，他就把老张视为自己的对手。部门开会讨论时，只要老张一开口，即便别人不吭声，他也敢提出反对意见。

小王眼见着自己在策划部的工作风生水起，工作能力也被同事认可了，他认为自己十有八九能取代老张的位置。可是他怎么也没料到后来发生的一切。

一天，老张领了一个人让小王帮忙安排工作，不放弃任何一个打击老张机会的小王，自然对那人冷嘲热讽一番，还鸡蛋里挑骨头刁难了很久。可第二天，他就接到了一张调令，小王的打算全部落空，他居然被调到了一个无关紧要的部门。这突如其来的一切，让小王有些不知所措。几经打听他才知道，原来当初老张带来让他安排工作的人居然是公司董事长的熟人。老张设了个局，故意不让他知道安排工作是董事长的主意，从而让自己失去了领导的信任。原本即将升迁的小王就这样失掉了自己的前程。

小王自以为高人一等能够取而代之，谁知道老张技高一筹，害得小工自己葬送了自己的前程。不论是否是你的竞争对手，都不要随意得罪他人，即便你的作为获得了其他人敬佩，但却全是无用之功，无法为你带来任何实际利益。倘若小王不先自以为是地向老张发起正面挑战，或许他就能把握住升迁的机会，又或许在小王与老张的正面冲突中，他能够沉住气，冷静应对理智思考，也就不会因此暴露自己的缺点和弱点，被有心之人利用。

不过，这世上没有那么多的或许，事情一旦发生，亡羊补牢也无济于事。我们在人际交往中，无法判断对方究竟是君子还是小人，也无法得知又有谁在暗中盯着自己准备算计，所以凡事小心为上。即便你比对手强大很多，也不要和对方发生正面冲突，没准那是别人刻意伪装的假象和布置的陷阱。要想成功，在人际关系中就要尽量地求同存异，保护好自己。即使遇到别人的挑衅也要沉住气，理智分析，相信这样一来你肯定能顺利地走向成功，迎来自己的辉煌。

·给别人留后路就是给自己留余地·

在我们周围，总有一些时时处处与他人争斗的人，在他们的不断攻击下，你可能会沉不住气，不由自主地陷入争斗的旋涡，并因此焦躁起来，一方面为了面子，一方面为了利益，一得了“理”，便不饶人，非逼对方鸣金收兵或竖白旗投降不可。然而“得理不饶人”虽然让你暂时吹响了胜利的号角，但这也很可能是下次争斗的前奏；对方失去的面子和利益，他当然要“讨”回来。在以后的工作或生活中他一定会加倍地反对你，与你为敌，这样下去的结果只能是两败俱伤。

为人处世时，不要将事情做绝了，给别人留有余地，实际上也是给自己留有余地。

故事一：一个人扛着锄头走上一个长长的独木桥，他边向前走边用锄头砸坏身后的桥，他不想给别人留下路。结果，走了不久，前面的桥被洪水冲断了，他想折回，但身后早已无路。于是，他被困在了桥上。

故事二：一个背着行囊的人爬上了一座岔路很多的山，他边走边用石头在路边留下记号，为别人也为自己。后来，他的面前出现了一道悬崖，但他靠着自己留的路标，安全地返回了原路。

同样是行路之人，为什么结果大相径庭？原因很简单——后者为他人更为自己留下了一条后路，而前者是自欺欺人、自食其果。其实，不管是行路还是做别的事，都应该留有余地，给别人留后路就是给自己留后路。

我们都知道，因为每个人的智慧、经验、价值观、生活背景不同，所以与人相处、争斗是难免的，不管是利益上的争斗，还是是非的争斗。而这种争斗在竞争激烈的市场经济中尤其明显。

百货公司的一位顾客，要求退换一件外衣。她已经把衣服带回家并且穿过了，只是她丈夫不喜欢。她解释说“绝没穿过”，并要求退换。

售货员检查了外衣，发现明显有干洗过的痕迹。但是，直截了当地向顾客说明这一点，顾客是绝不会轻易承认的，因为她已经说过“绝没穿过”，而且精心地伪装过。这样，双方可能会发生争执。于是，机敏的售货员说：“我很想知道是否你们家的某位成员把这件衣服错送到干洗店去。我记得不久前我也发生过同样的事情。我把一件刚买的衣服和其他衣服堆在一起，结果我丈夫没注意，把那件新衣服和一大堆脏衣服全塞进了洗衣机。我怀疑你是否也遇到这种事情——因为这件衣服的确看得出已经被洗过的痕迹。不信的话：你可以跟其他衣服比一比。”顾客看了看证据，知道无可辩驳，而售货员又已经为她的错误准备好了借口，给了她一个台阶下。于是，她顺水推舟，乖乖地收起衣服走了。

故事中的售货员之所以能顺利解决这起小事件，避免起纷争，关键就在于她事先替那位顾客找好了借口，留足了余地。

其实，面对处处与你竞争的人，最好以容纳百川的胸怀对待他。虽然“得理不饶人”是你的权利，但何妨“得理且饶人”。放对方一条生路，让他有个台阶下，为他留点面子和立足之地，对自己好处多多。

英国政治家和作家本杰明·迪斯累利说：“没有永恒的敌人，也没有永恒的朋友，只有永恒的利益。”无论竞争多么激烈的对手，竞争过后都有可能联合。因此，竞争总是存在的，而“见面”的机会也总是存在的，因此，无论何时，无论何种境地，我们都应该沉得住气，得饶人处且饶人，给未来的日子留下一个回旋的余地。

·做事先做人，拥有好人品·

做事先做人，这是亘古不变的道理。如何做人，不仅体现了一个人的智慧，也体现了一个人的修养。一个人不管多聪明，多能干，背景条件有多好，如果不懂得做人，人品很差，那么，他的事业将会遇到不小的阻碍。

只有先做人才能成大事，这是古训，先人早就强调了“做人为先”的重要性。中国儒家学派代表人物孔子的思想可以说是中国几千年文化底蕴的沉淀，他告诉我们“子欲为事，先为人圣”、“德才兼备，以德为首”、“德若水之源，才若水之波”。

我们从小到大，有关做人的道理耳熟能详。然而，品性优劣却人各有异，做事的结果也大相径庭，任何失败者的失败都不仅仅只是偶然；同样，任何成功者

的成功都有其必然性，其中重要的一个因素就是会做人，以及拥有良好的人品。

美国加州的数码影像有限公司需要招聘一名技术工程师，有一个叫史密斯的年轻人去面试，他在一间空旷的会议室里忐忑不安地等待着。不一会儿，有一个相貌平平、衣着朴素的老者进来了，史密斯站了起来。那位老者盯着史密斯看了半天，眼睛一眨也不眨。正在史密斯不知所措的时候，这位老人一把抓住史密斯的手说："我可找到你了，太感谢你了！上次要不是你，我可能就再也看不到我女儿了。"

"对不起，我不明白您的意思。"史密斯一脸迷惑地说道。

"上次，在中央公园里，就是你，就是你把我失足落水的女儿从湖里救上来的！"

老人肯定地说道。史密斯明白了事情的原委，原来他把自己错当成他女儿的救命恩人了："先生，您肯定认错人了！不是我救了您女儿！"

"是你，就是你，不会错的！"老人又一次肯定地说。

史密斯面对这个对他感激不已的老人只能做些无谓的解释："先生，真的不是我！您说的那个公园我至今还没去过呢！"

听了这句话，老人松开了手，失望地望着史密斯说："难道我认错人了？"

史密斯安慰老人："先生，别着急，慢慢找，一定可以找到救你女儿的恩人的！"

后来，史密斯接到了录取通知书。有一天，他又遇见了那个老人。史密斯关切地与他打招呼，并询问他："您女儿的救命恩人找到了吗？""没有，我一直没有找到他！"老人默默地走开了。

史密斯心里很沉重，对旁边的一位司机师傅说起了这件事。不料那司机哈哈大笑："他可怜吗？他是我们公司的总裁，他女儿落水的故事讲了好多遍了，事实上他根本没有女儿！"

"噢？"史密斯大惑不解。那位司机接着说："我们总裁就是通过这件事来选拔人才的。他说过有德之才才是可塑之才！"

史密斯兢兢业业地工作，不久就脱颖而出，成为公司市场开发部总经理，一年为公司赢得了3500万美元的利润。当总裁退休的时候，史密斯继承了总裁的位置，成为美国家喻户晓的财富巨人。后来，他谈到自己的成功经验时说："一个有才德的人，绝对会赢得别人永久的信任！"

世间技巧无穷，唯有德者可用其力；世间变幻莫测，唯有人品可立一生！这就是作为一个成功人士或希望成为一个成功人士应该具备的优秀品质：做事先做人。

故事中的史密斯面对老者的“错认”，他完全可以“将错就错”，反正这是一桩好事，况且又是老者主动认自己为女儿的救命恩人，自己完全可以接受这一美誉，此事也可能给自己的求职助一臂之力。然而，正直、诚实的史密斯却没有这样做，他一口否认了这个事实，由此也凭借高尚的德行征服了公司总裁，后来通过自己的努力最终脱颖而出，不断升迁，直至登上公司的最高位置。

由此可见，在追求成功的道路上，做人的重要性、道德的重要性、人品的重要性有多大。如果当初史密斯昧着良心将美誉揽到自己身上，也就不可能跨进数码影像有限公司了，更不可能成为公司的最高领导者。那样岂不是太令人遗憾了吗?

《左传》中说:“太上有立德，其次有立功，其次有立言，传之久远，此之谓不朽。”最上等的，是确立高尚的品德；次一等的，是建功立业；较次一等的，是著书立说。如果这些都能够长久地流传下去，就是不朽了。此处所说的“立德”，便是指会做人，拥有好人品。

良好的人品，是人生的桂冠和荣耀。它是一个人最宝贵的财产，它构成了人的地位和身份本身，它是一个人在信誉方面的全部财产。人品，使社会中的每一个职业都很荣耀，使社会中的每一个岗位都受到鼓舞。它比财富、能力更具威力，它使所有的荣誉都毫无偏见地得到保障。

品行不佳的人，在这个世界上会丧失很多机会。管理学上有一种“中庸”理论，意思是任何一个想要稳步发展的组织，都要划分出三个档次，首先是德才兼备，其次是德高才中，最后才是德才中等，唯一不可用的是有才无德的人，因为这样的人极其危险。正如《三国演义》中的吕布，能征善战，英勇无敌，但品格低下，先认丁原做义父然后杀丁原，后认董卓做义父然后杀董卓，最后被曹操抓起来，再也不敢用他，只得把他杀掉。

在人生道路上，不管你是用人还是为人处世，都要牢记“做事先做人，拥有好人品”这句箴言，沉住气，不要着急做大事，而要踏踏实实修炼自己的品格，只有这样，才能真正走上正确的人生之路。

·沉住气，学会运用博弈思维·

人的一生中，需要解决的事情有很多，有时会面临多个目标的抉择，如何确定哪个是最主要的目标，哪个是次要的，哪个是无关紧要的，这是一个十分复杂的问题。这个时候，就需要沉住气，静下心来，运用博弈的思维确定最主要的目

标，相应调整自己，才能让自己投入最主要的精力和时间去实现这个目标。

什么是博弈？博弈听起来高深莫测，但还是很好理解的，那就是每个博弈者在决定采取行动时，不但要根据自身的利益和目的行事，而且要考虑到自身的决策行为对其他人可能产生的影响，以及其他人的行为对自身可能产生的影响，通过选择最佳行动计划，寻求收益或效用的最大化的过程。也就是说，要在估计对方采取何种策略的基础上选择适合自己的策略。

人生充满博弈，若想在复杂的社会中做一个强者，就必须懂得运用博弈。

海瑞做知县时，正是嘉靖的宠臣严嵩当权时期，严嵩权倾天下，海瑞的顶头上司浙江总督胡宗宪，是严嵩的同党，胡宗宪仗着自己有后台，到处敲诈勒索，谁敢不顺他心，谁就倒霉。

有一次，胡宗宪的儿子带了一大批随从经过淳安，住在县里的驿站里。在淳安县，海瑞立下一条规矩，无论达官显贵，一律按普通官员标准招待。胡公子养尊处优惯了，看到驿吏送上来的饭菜，认为是有意怠慢自己，气得掀了饭桌，喝令随从把驿吏捆绑起来，倒吊在梁上。驿站里的差役赶快报告海瑞。海瑞知道胡公子招摇过境，本来已经感到厌烦，现在竟吊打起驿吏来，就觉得非管不可了。海瑞听完差役的报告，装作镇静地说："总督是个清廉的大臣。他早有吩咐，要各县招待过往官吏，不得铺张浪费。现在来的那个花花公子，排场阔绰，态度骄横，不会是胡大人的公子。一定是有坏人冒充公子，到本县来招摇撞骗。"于是，他立刻带了一大批差役赶到驿站，把胡宗宪的儿子及其随从统统抓了起来，带回县衙审讯。一开始，胡公子仗着父亲的官势，暴跳如雷，但海瑞一口咬定他是假冒公子，还说要把他重办，他才泄了气。海瑞又从他的行装里，搜出几千两银子，统统没收充公，还把他狠狠地教训一顿，撵出县境。等胡公子回到杭州向他父亲哭诉的时候，海瑞的报告也已经送到巡抚衙门，说有人冒充公子，非法吊打驿吏。胡宗宪明知道儿子吃了大亏，但是海瑞信里没牵连到他，如果把这件事声张出去，反而失了自己的颜面，就只好打落门牙往肚子里咽了。

在这件审讯上司"假公子"的事件中，海瑞掌握了博弈的主动权，因为胡公子把事情闹得太大，到了非处理不可的地步，所以在处理与睁一只眼闭一只眼的选择中，海瑞只能选择处理。好在他机智地把握了一个前提，就是一口咬定上司是好人，此人招摇撞骗，绝非上司公子。这实际上也是设计了一个难题给上司：承认他是自己的儿子，损伤自己的威严；不承认他是自己的儿子，伤害了儿子的利益。好在这位胡总督是一位丢车保帅的高手，两相权衡，反正海瑞已经该打的打了，该没收的没收了，儿子的利益已经受到损害，也就假戏真做，把真公子当假少爷给处理了。

天地之间有一张极大的棋盘，世间的每一个人都是一名棋手。人生中的每一种行为都是在这张看不见的大棋盘上布一颗子，精明慎重的棋手能够沉住气，善于揣摩，走出变化万端的棋局。人生也正如一盘棋，一着不慎，满盘皆输。

在现代社会，不懂得博弈论的人，就像夜晚走在陌生道路上的行人，永远不知道前方哪里有障碍、沟坎，只是一路靠自己摸索下去，将成功、不跌倒、不受挫的希望寄托在幸运、猜测及有限理性上。而懂得博弈论并能将这种理论运用娴熟的人，就仿佛同时获得了一盏明灯和一张地图，能够看清脚下和未来的路，掌握前进的主动权。

·不以个人好恶评价人·

人性是复杂的，善恶忠奸，都在薄薄的面皮下包裹，谁也不能轻易看透一个人的本质。你眼中的恶人在其他人的眼中也许会拥有很多优点，而你眼中的好人也许是被他人鄙弃的坏人。正是因为如此，看人要全面细致，不能偏颇。对印象好的人也要注意看看他的不足，对那些不喜欢的人也要力求找找他的优点。

在一个阳光明媚的清晨，柏拉图和老师苏格拉底一起在一片幽静的树林里散步。

柏拉图对老师说："东格拉底这人很不好！"苏格拉底问："为什么这么说？"柏拉图说："他经常挑剔您的学说，并且不喜欢您的扁鼻子。"苏格拉底笑了笑，缓缓地说："可我倒觉得他这人很不错。"柏拉图很迷惑地问："您怎么会这样认为呢？"

苏格拉底说："他对他的母亲很孝顺，照顾得非常周到；他对他的老师十分尊敬，从来没有对老师有不恭敬的行为；他对朋友很真诚，常常当面指出别人的缺点，帮忙改正；他对孩子很友善，经常和孩子们在一起做游戏；他对穷人非常富有同情心，我曾经亲眼看见他找出身上最后一个铜板，放进了乞丐的帽子里……"

"但是，他对您却不那么尊敬！"柏拉图说。

"孩子，问题就在这里，"苏格拉底抚摸着柏拉图的肩头慈爱地说，"一个人如果站在自己的立场上来看待别人，常常会把人看错。所以，我看人，从来不看

他对我如何，而看他对待别人如何。”

苏格拉底的话非常有道理，要想客观地认识一个人，不能总是站在自己的立场上，因为这会把自己的利益放在其中考虑，很有可能失之偏颇。评价一个人的时候要尽量客观公正，不以物喜，不以己悲。

胡适曾说：凡论一人，总须持平。爱而知其恶，恶而知其美，方是持平。他是这样说，也是这样做的。有这样一则故事：

林琴南曾写小说《荆生》贬损胡适、蔡元培等人。1928年春，有人化名“园丁”写了一篇小说《燃犀》，模仿当年林琴南写《荆生》的路子。胡适依旧“有幸”作为主角出场，只不过，这次被贬损的人物是林琴南。此时林琴南已经去世4年了。

胡适看过这篇文章后并没有“出气”的快感，反而给报社写信，从事实的角度指出小说种种蔑指的不实：“当陈独秀先生做北大文科学长时，当蔡先生去北大时，林琴南并不在北大当教员。……林琴南并不曾有路上拾起红女鞋的事。我们可以不赞成林先生的思想，但不能污蔑他的人格。”

在胡适看来，无论此人是好是坏、与他是敌是友，都各有其善恶的一面、有各自的优点缺点。对于看起来完美的人，要注意他的缺陷，而那些看起来并不招人喜欢的人，要着重找找他的优点。林琴南当日虽然与他交恶，并不代表他的人格就糟糕、道德也败坏。

沉住气，不以个人好恶为出发点，公正、全面地评价人，是一位学者的良心，更是做人的良心。与人交好就夸大他的优点无视其错误，与人交恶就公然将一个普通人的形象进行无情地扭曲，这不是正直的人的做法，也不是良善者所为。

·成大事者必善谋于众·

汉高祖刘邦在平定天下以后，设宴款待群臣。席间，他对群臣说：“运筹帷幄，决胜千里之外，朕不如张良；治国、爱民和用兵，萧何有万全的计策，朕也不及萧何；统帅百万大军，百战百胜，是韩信的专长，朕也甘拜下风。但是，朕懂得与这三位天下人杰合作，所以朕能得到天下。反观项羽，连唯一的贤臣范增都团结不了，这才是他失败的原因。”

这给我们以另一层深刻的启迪。在从做事到成事的过程中，单靠个人单枪匹马已很难奏效，往往需要人才的协同作战和多学科的交汇。即使是天才，也不可能精通所有的领域，没有人会成为所有专业的全才。所以要想成事，就必须善于借用别人的优势。“三个臭皮匠，胜过一个诸葛亮。”平庸的人“借用”了别人的优势，可使事情做得更周到。换句话说，只有60分能力的人，会因为借用了别人的优势而做出80分以上的成绩。

即使是天才人物也不可能样样精通。因此，成大事者要善于借用别人的智慧，把它转化成自己的智慧。在借用别人智慧的过程中，得到灵感和启发，使自己得到提升。

当今世界，对于想取得成功的人来说，已经不仅仅需要个体的努力，还需要知识的高度集结来作为成功的基石。因此，你越是善于从群体中求知，越是不断地开拓新的求知领域，你就越有益于人与人之间的优势互补，从而你的智能结构就越完美，越富有应变能力，进而越能够应付变化繁复的现实状况。

成功者都善于借用别人的力量和智慧。像有些公司老总就专门聘用职业经理人，做重大决策之前必先开会讨论，遇有特殊事情，必找专家研究，这就是在借用别人的智慧。

而借用别人的力量和智慧来做事，不仅可以把事情做得又快又好，还可以避免主观、武断。即使有人认为自己才高八斗，虽有别人不能及之处，但也有不及他人之处。

沃尔特·迪斯尼就是深谙其道的一位智者，难怪他能够取得事业上的显赫成就。

一个小女孩到了向往已久的迪斯尼乐园，还幸运地遇到了乐园的创办人沃尔特·迪斯尼。小女孩激动地问道：“您真伟大！您创造了这么多可爱的动画朋友。”

沃尔特·迪斯尼微笑着回答：“不，那些是别人创造出来的，不是我的功劳。”小女孩又好奇地问：“那些可爱朋友的有趣故事应该是您创作的吧？”

老人还是平静地笑着：“也不是，是许多聪明的富有想象力的作者和制作员想出来的。”小女孩认真地打量着自己心目中的大人物，不甘心地问：“可是……可是您到底做了些什么呢？”

沃尔特·迪斯尼爽朗地笑了，抚摸着小女孩的头，说：“我所做的就是不停地发现这些人，把他们召集在一起啊。”

沃尔特·迪斯尼虽然说得很轻松，可是召集有才能的人在一起并不是一件简单的事情。这需要有发展性的头脑以及超凡的远见。

那些成功的人大都是借用别人的智慧赢得财富的。借助别人的智慧来为自己办好事情，不是什么事情都要亲自去做。你只需要比别人知道的多一些，看到的问题多一些，然后安排人来解决这些问题。简而言之，不需要你亲自动手的就放手让别人去做。

“君子善假于物”，精明的人善于用人。也许你可以凭借自己的勤奋和聪明才智获得一定的财富，但是如果你能把自己和别人的想象力与智慧更好地结合起来，那不是更完美吗？

能够发现自己和别人的才能，并能为自己所用的人，就等于找到了成功的力量。聪明的人善于从别人身上汲取智慧的营养补充自己。用心倾听每个人对你的计划的看法是一种美德，它是一种虚怀若谷的表现。他们的意见，你不必每个都赞同，但有些看法和心得，一定是你不曾想过、考虑过的。广纳意见，将有助于你迈向成功之路。

聪明人都是通过别人的力量，去达成自己的目标。一个人大部分的成就总是承蒙他人所赐；他人常在无形之中将希望、鼓励、辅助投入我们的生命中，从而激活了我们的精神世界，使我们的能力趋于完善。拿曹操来说，在他开创事业的初期，善于听从别人的意见，以赢得普天之下人们的理解和赞许，从而不断壮大自己的势力。在那个君择臣、臣亦择君的年代，他的做法取得了良好的效果，更为他打天下奠定了坚实的基础。所以，一个人要想成功，就一定要学会充分利用众人强大的力量，得到众人的理解和支持，才能兼济天下。

钢铁大王卡内基曾经预先写好自己的墓志铭：“长眠于此地的人懂得在他的事业过程中起用比他自己更优秀的人。”所以，个人的优秀并不是最大的优秀，善于借助他人智慧的人，懂得整合所有优秀和智慧的人才是最优秀的，才能在事业上更上一层楼。

反求诸己，才能不断进步

孟子说：“权，然后知轻重；度，然后知长短。物皆然，心为甚。”意思是说一件东西，用秤称过，才知道它的轻重，用尺量过，才知道它的长短。世间万物，也都是这样，要经过某些标准的衡量，才知道究竟。而一个人的心理，更应该如此，经常反省衡量，才能认识自己、改善自己。孟子提出了一个个人成长的重要原则，就是要反求诸己，遇到问题多从自己身上找原因，这样才能进步。

2005 年，高小楠一毕业就顺利进入一家外企在武汉设立的办事处。不菲的薪水，较大的发展空间，令很多同学羡慕不已。公司不大，人尽其才，高小楠渐渐成长为一个合格的销售助理，辅助销售人员处理一些货运、文档方面的工作，可以独当一面。高小楠渐渐骄傲起来，对销售人员乃至部门经理安排的事情，要么就是有选择性地做，要么就忘在脑后，态度甚至有点傲慢。

好在高小楠是公司唯一的女性，外表也时尚漂亮，有时跟同事发生矛盾，只要不是原则问题，总经理以“男士要有绅士风度，不要跟女孩子计较”为由，让男同事礼让高小楠几分。有一次，高小楠和 4 个同事一起去参加北京的展会，开展当天，由高小楠负责的好几个文档都遗留在家，4 虽说事后有在武汉的同事用邮件补救，但也对工作有所耽搁，几个同事不满说了她几句。回武汉后，高小楠竟赌气递上辞呈，总经理为稳定团队，挽留了她，高小楠因赢得“胜利”而得意扬扬。可没承想此后，递辞呈成了高小楠的“杀手锏”，一有不如意就赌气辞职，2006 年年底，总经理终于在辞职信上签名准许，对于这次“弄假成真”，高小楠叫苦不迭。

高小楠条件不可谓不好，然而她并没有被自己的同事和上司所认可，其原因就在于高小楠处处从自我出发，不能从公司大局和团队合作的角度上考虑问题，在自己工作有了一点点起色之后，又不能反思自己的不足，知耻而后勇，反而处处意气用事，最后自尝苦果，白白浪费了大好的工作机会。

反求诸己的自我省察是一种高尚的人格修养，同时，也是一种睿智的生存智慧。唐太宗李世民说过：“以铜为镜，可以正衣冠；以人为镜，可以明得失。”孔子在《论语·里仁》里也教导人们要“见贤思齐，见不贤而内自省”，“见贤思齐”是说好的榜样对自己会产生震撼作用，驱使自己迎头赶上；“见不贤而内自省”是说坏的榜样对自己会产生“教益”，让自己吸取教训，不跟随别人堕落下去。这句话为我们不断反省和完善自己提供了一个很好的启示，很多在事业上卓有成就的人都是在不断学习别人的优点，反省自己的不足的过程中不断进步的。

1996 年，华为的老总看到企业中老员工逐渐失去斗志，也不再有挑战困难的激情，所以一手实行了企业内部“大换血”的行动。行动内容包括：所有办事处主任以上的干部，被公司要求提交两份报告：辞职报告和述职报告。这些干部要以竞聘的方式进行答辩，公司根据其表现、发展潜力和需要进行选用。在这场干部领导“能上能下”的大改革中，意味着有近三分之一的干部都将被替换掉。

当时，华为市场部的总裁毛江生也被裁下来了。从领导岗位突然降为一般员

工，毛江生内心的痛苦和挣扎可想而知。在后来的日子里，他发现有一批干部没有调整好心态，没有与时俱进，而最终遭到了淘汰。于是他决定不认输，勇敢地面对困难！经过短暂的阵痛之后，毛江生调整了心态，他没有退缩，反而以此为动力，激发起新的斗志和豪情。

在后来的工作中，他开始重新审视自己，认识到过去存在的不足，并冷静地分析了公司的发展形势。无论从思路还是工作方式上，他都做了很大的转变。

回忆那段日子时，毛江生说："在关键时刻，如果我们'老'华为人不能舍小我，求大我，不能勇敢地摒弃杂念和一己功名，又怎么会有新人的辈出和老战友的焕然生气？"

经过长达 4 年的历练，终于，在 2000 年，已经脱胎换骨的毛江生被任命为华为执行副总裁。

当今社会，许多人内心浮躁，内心被物牵绊，外部环境一有变动，内心即起波澜。上述案例中，毛江生的所作所为能够给我们很多有益的启示。面对突如其来的变故，毛江生没有一蹶不振，而是冷静地反省自己，如凤凰涅槃般获得了新的飞跃。

人生最大的敌人是自己。只有时刻反省自己的人才能够不断进步。英国诗人布朗宁说过，能够反躬自省的人，就一定不是庸俗的人。反省是一棵智慧树，只有深植在思维里，它才能与你的神经互联，为你提供源源不断的智慧，让人生这条路变得简单、精彩起来。反省也是一种做事态度，只有那些认真审视自己，时刻反省自己的人，才可能真正地踏实做事。

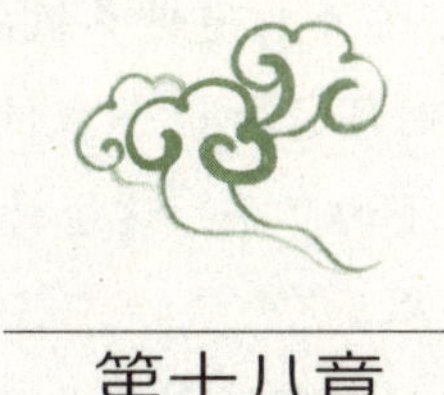

第十八章

沉住气，运气就来了

识时务者为俊杰，自古雄才大略之人皆能顺应时势而成大事，有智慧的人并非雄心勃勃，意气用事，随心所欲。而是能够沉住气，冷静地审时度势，理智地进退，在瞬息万变的社会中把握机遇，扬长弃短，借势而起，从而拥有更辉煌的成功。

·有智慧的人，懂得适可而止·

一个人要学会选择，选择你喜欢并擅长做的事；一个人要学会放弃，放弃你不想做的事；一个人要学会进退，退一步是为了你更好地前进。

人生如棋局，棋局自有法，进退各有道。天下棋谱有千千万万，重要的不是精通所有。精通所有的人并不见得就是高手，充其量只是一部棋谱大全。真正的高手，能够找到最合适自己风格的棋谱，然后在此基础上不断发展变化。

畅销书作家刘墉说过这样一番话：人生就像登山，你登上了一座山，如果还想登更高的山，就得先从这座山上下来。由此可知，有退才有进。

被称为“海航教父”的陈峰在海航的地位非比寻常，他用了14年，带领海航从“买半只飞机翅膀都不够”的1000万元起家，充分利用各种融资手段，将资产规模放大近5000倍，一举成为中国第四大航空集团。

据海航员工回忆，陈峰在2000年时曾经提出一个“379计划”，即海航要在“3年之内造就中国品牌企业，7年之内造就亚洲品牌企业，9年之内造就国际品牌企业”。而就在第一个目标已经达成，正向第二个、第三个目标迈进之时，陈峰却选择了离开。

当陈峰带着他那招牌式的微笑出现在众多记者面前时，他的身份已经转变为大新华航空集团董事长。不过，陈峰打造世界级航空企业的梦想始终没有动摇。“大新华航空将通过5年左右的时间，打造一家世界级航空企业，创建一个世界级的企业品牌。”相比给海航订下的9年，这个计划显然更具难度。但陈峰通过宣誓般的陈述，表明了自己的决心。

性格内敛，深谙资本运作之道的陈峰早在几年前，就已经默默地开始了谋篇布局。他拟定了“大新华”战略的三步走计划：第一阶段，从2002年起，实现旗下4家航空子公司的合并运行；第二阶段，正式挂牌成立新华航空集团；第三阶段，大新华航空争取早日上市。

显然，在陈峰的带领下，另一家国际大公司即将腾空出世。

其实，在不同的场合，陈峰曾经多次发出感慨“搞航空公司是走上了不归路”，“我每时每刻都如履薄冰，战战兢兢。但是当历史把你推到一个位置的时候，你必须把自己舍掉，无路可走也得走”。如果你注定要从事一个行业，不一定非要专注于一家企业，也许可以暂时从这座山下来，重新爬向另一座山，只有进退有道才能征服更多的山峰。

人生很多时候，更要学会退却，退更是一种策略，一种智慧。《周易》教会我们盈极生亏、满则招损、盛则人衰，当我们在一个位置到达一定高度的时候，不妨适可而止，退一步去看看别样的风景。

有智慧的人并非雄心勃勃，张扬意气，意欲心想事成，万事如意，而是善于审时度势，进退有道，使自身立足于不败之地。

·变通，走出人生困境的锦囊妙计·

变通是一种智慧，在善于变通的世界里，不存在“困难”这样的字眼。再顽固的荆棘，也会被他们用变通的方法清除掉。他们相信，凡事必有方法去解决，而且能够解决得很完善。

变通，是一种灵活处事的方法。一个人，如果不懂得变通，固守自己的一方水土，只会把自己逼入死角。有时候，灵活变通会是一个很好的出路。

一位姓刘的老总深有感触地讲述了自己的故事：

十多年前，他在一家电气公司当业务员。当时公司最大的问题是如何讨账。产品不错，销路也不错，但产品销出去后，总是无法及时收到款。

有一位客户，买了公司20万元产品，但总是以各种理由迟迟不肯付款，公司派了三批人去讨账，都没能拿到货款。当时他刚到公司上班不久，就和另外一位员工小张一起，被派去讨账。他们软磨硬泡，想尽了办法。最后，客户终于同意给钱，叫他们过两天来拿。

两天后他们赶去，对方给了一张20万元的现金支票。

他们高高兴兴地拿着支票到银行取钱，结果却被告知，账上只有199900元。很明显，对方又耍了个花招，他们给的是一张无法兑现的支票。第二天就要放年假了，如果不及时拿到钱，不知又要拖延多久。

遇到这种情况，一般人可能一筹莫展了。但是他突然灵机一动，于是拿出100元钱，让同去的小张存到客户公司的账户里去。这样一来，账户里就有了20万元。他立即将支票兑了现。

当他带着这20万元回到公司时，董事长对他大加赞赏。之后，他在公司不断发展，5年之后当上了公司的副总经理，后来又当上了总经理。

显然，刘总为我们讲了一个精彩的故事，他运用自己的智慧，将一个看似难以解决的问题迎刃而解了，因为他的变通，才使他获得不凡的业绩，并得到公司的重用。可以说，变通就是一种智慧。事实也一再证明，看似极其困难的事情，只要用心去寻找变通方法，必定会有所突破。

委内瑞拉人拉菲尔·杜德拉也正是凭借这种不断变通而发迹的。在不到20年的时间里，他就建立了投资额达10亿美元的事业。

在20世纪60年代中期，杜德拉在委内瑞拉的首都拥有一家很小的玻璃制造公司。可是，他并不满足于干这个行当，他学过石油工程，他认为石油是个能赚大钱并能更好施展自己才干的行业，他一心想跻身于石油界。

有一天，他从朋友那里了解到，说是阿根廷打算从国际市场上采购价值2000万美元的丁烷气。得此信息，他充满了希望，认为跻身于石油界的良机已到，于是立即前往阿根廷活动，想争取到这笔合同。

到了那儿之后，他才知道早已有英国石油公司和壳牌石油公司两个老牌大企业在频繁活动了。这是两家非常难对付的竞争对手，更何况自己对经营石油业并不熟悉，资本也不雄厚，要成交这笔生意难度很大。但他并没有就此罢休，他决定采取变通的迂回战术。

一天，他从一个朋友处了解到阿根廷的牛肉过剩，急于找门路出口外销。他灵机一动，感到幸运之神到来了，这等于给他提供了同英国石油公司及壳牌公司

同等竞争的机会，对此他充满了必胜的信心。

他随即去找阿根廷政府。当时他虽然还没有掌握丁烷气，但他确信自己能够弄到，他对阿根廷政府说："如果你们向我买2000万美元的丁烷气，我便买你2000万美元的牛肉。"当时，阿根廷政府想赶紧把牛肉推销出去，便把购买丁烷气的投标给了杜德拉，他终于战胜了两个强大的竞争对手。

投标争取到后，他立即开始筹办丁烷气。他马上飞往西班牙。当时西班牙有一家大船厂，由于缺少订货而濒临倒闭。西班牙政府对这家船厂的命运十分关切，想挽救这家船厂。

这一则消息，对杜德拉来说，又是一个可以把握的好机会。他便去找西班牙政府商谈，杜德拉说："假如你们向我买2000万美元的牛肉，我便向你们的船厂订制一艘价值2000万美元的超级油轮。"西班牙政府官员对此求之不得，当即拍板成交，马上通过西班牙驻阿根廷使馆，与阿根廷政府联络，请阿根廷政府将杜德拉所订购的2000万美元的牛肉，直接运到西班牙来。

杜德拉把2000万美元的牛肉转销出去之后，继续寻找丁烷气。他到了美国费城，找到太阳石油公司，他对太阳石油公司说："如果你们能出2000万美元租用我这条油轮，我就向你们购买2000万美元的丁烷气。"太阳石油公司接受了杜德拉的建议。从此，他便打进了石油业，实现了跻身于石油界的愿望。经过苦心经营，他终于成为委内瑞拉石油界的巨子。

杜德拉是具有大智慧、大气魄的商业奇才。这样的人能够在困境中变通，寻找方法，创造机会，将难题转化为有利的条件。美国一位著名的商业人士在总结自己的成功经验时说，他的成功就在于他善于变通，他能根据不同的困难，采取不同的方法，最终克服困难。

对于善于变通的人来说，世界上不存在解决不了的困难，只存在着暂时还没想到的方法。懂得变通的人，亦会懂得真正的成功之道。

·沿着螺旋式轨迹上升，步子才会稳健·

人生的际遇有两种，一种是顺境，一种是逆境，在顺境中顺流而上，抓牢机会，或许每个人都能够做到。但面对逆境，许多人却纷纷败退，在逆流中舟沉人亡。

有一位学者说：逆境，逆境，就是危险中的顺境。事实上，世界上任何危机都孕育着机会，山谷凹陷，进而起伏出峰顶；困难打击，进而磨砺出胜利。人生之路

上，进一步，退半步，沿着螺旋式轨迹上升，步子才会稳健。在逆境之中，一个人要善于把自己最弱的部分转化为最强的优势，这样才能为自己开拓人生的新局面。

蜚声世界的美国人沃尔特·迪斯尼，年轻的时候是一位画家，但他很孤独，因为他是一个贫困潦倒无人赏识的画家。几经周折，他终于找到了一份工作，替教堂作画。

当时，他借用了一间废弃的车库作为临时办公室，可事情并没有如他期望的那样，命运没有出现一丝转机。微薄的报酬入不敷出，他一直处在逆境中。

更令他心烦的是，每次熄灯后，一只老鼠就吱吱叫个不停。他想打开灯赶走那只讨厌的家伙，但疲倦的身心让他没有力气，所以他只好听之任之了。反正是失眠，他就去听老鼠的叫声，他甚至能听到它在自己床边的跳跃声。他习惯了在寂静的午夜有一只老鼠与自己默默相伴。

后来不只在夜里，白天小老鼠偶尔也会大摇大摆地从他的脚下走过，得意忘形地在不远处做着各种动作，表演着精彩的杂技。小老鼠使他的工作室有了生机。它成了他的朋友，他则成了它的观众，彼此相依为命。

那是一个与平常一样的漫漫长夜，他突然又听到一声“吱吱”，那是老鼠的叫声。这一刻，灵光一现，他打开了灯，支起画架，画出了一只老鼠的轮廓。

美国最著名的动物卡通形象——米老鼠就这样诞生了。

迪斯尼经历了许多挫折之后，终于把逆境变为顺境，当然帮助他走出逆境的不是那只老鼠，而是他自己。

逆境是一柄双刃剑，它能将弱者一剑削平，从此倒下，但是同时它也能够让强者更强，练就出色而几近完美的人格。在不屈的人面前，苦难会化为一种礼物，一种人格上的成熟与伟岸，一种意志上的顽强和坚韧，一种对人生和生活的深刻的认识。

所以，有时候缺点不一定是件坏事，如果引导得好，就能把缺点转化为优点。人生也是如此，我们在逆境的时候，千万不要逃避，而应该勇敢地面对，这样逆境就会变成顺境了。

历史上，一帆风顺的成功者是很少的，更多的成功者其实都是在逆境中探索前进的。高尔基曾在老板的皮鞭下，在敌人的明枪暗箭中，在饥饿的威胁下坚持读书、写作，终于成为世界文豪。富兰克林在贫困中奋发自学，刻苦钻研，进取不息，最终成为近代电学的奠基人。可见，成功人士们或是煎熬于生活苦海，或是挣扎于传统偏见，或是奋发于先天落后，或是发奋于失败之中，他们最终得以

成功的秘诀在于朝着预定的目标，砥砺于各种难以想象的逆境之中，奋战逆境，知难而上，终于成为淬火之钢、经霜之梅。

史泰龙在未成名之前十分落魄，连房子都租不起，晚上只能睡在金龟车里。当时，他立志要当一名演员，并自信满满地到纽约电影公司应聘，但都因外貌平平及咬字不清而遭拒绝。在被拒绝了1500次之后，有天晚上，他意外地看了一场电视直播的拳赛，由拳王阿里对一位名不见经传的拳击手查克·威普勒。这个威普勒在阿里的铁拳下居然支撑了15个回合。拳赛一结束，史泰龙立刻找到了创作新剧本的灵感。然后他用了三天时间便写就了一个剧本《洛奇》：一个叫洛奇的业余选手，由于偶然的机会与世界拳王对抗而一战成名。

在他的努力下，终于有人愿意出钱买他的剧本了。这时，他身上只剩40美元现金了，非常需要钱。可是当他听到电影公司不同意由他来主演的时候，他急了。他第一次拒绝了别人。

一些精明的制片人自然看好这个剧本，但史泰龙坚持自己当主角，这一要求令制片商们犹疑不定。很多机会也因此与他擦肩而过了。之后几经辗转，直到1855次的时候，史泰龙终于找到了一个支持者，他如愿以偿。

片子以很低的成本在一个月内就拍完了。谁也没想到，《洛奇》成了好莱坞电影史上一匹最大的黑马：在1976年，这部影片票房突破2.25亿美元，并夺走了奥斯卡最佳影片与最佳导演奖，史泰龙获得最佳男主角与最佳编剧提名。在颁奖仪式上，著名导演兼制片人弗兰克·科波拉由衷地赞叹道："我真希望这部电影是我拍的。"史泰龙也因此一炮打响，成为超级巨星。

你能面对1855次拒绝仍不放弃吗？史泰龙能做到，他做到了别人做不到的事，所以他能成功。不敢穿过黑夜的人，永远见不到黎明。面对失败，你会不会就此气馁？是积蓄力量等待下次的迸发，还是就此放弃？其实每个人都会遇到困难，它就如同横在我们生活中的一根栏杆，只有不停地去尝试、冲刺，你才有可能战胜它。

生活中总避免不了许多困难和不幸，但有些时候，它们并不都是坏事。平静、安逸、舒适的生活，往往使人安于现状，耽于享受；而挫折和磨难，却能使人受到磨炼和考验，变得坚强起来。痛苦和磨难，不仅会把我们磨炼得更坚强，而且能扩大我们对生活的认识范围和认识的深度，使自己更加成熟。这种成熟更能让我们将逆境变为顺境，机遇也好，努力也罢，逆境永远怕那些有心的人。

·知道进退，聪明而又精明·

“进”与“退”都是处世行事的技巧，是“圆”。是进是退都有章法。该进的时候不进会失去机遇，该退的时候不退会惹来麻烦，甚至是灾难。

依方圆之理行进退之法有一层意思，就是妥当地进退。“进”不张扬，直奔要害；“退”不委屈，妥善收场。既能功成名就，又能远灾避祸是修身处世的秘诀。世间一切事物都在不断变化，世事的盛衰和人生的沉浮也是如此，必须待时而动，顺其自然。这就意味着，为人处世要精通时务，懂得激流勇进和急流勇退的道理。

在古代，有不少真正的权谋家都懂得功成身退的道理，在开创伟业，大展宏图，实现夙愿之后，简单的“一退”，从而避开了灾祸。

春秋时期，吴越争雄，越国范蠡在越王勾践身为人奴之时，鼎力效忠。在忍耐了漫长的屈辱之后，越王勾践终于得以东山再起，一举灭掉了吴国，重建越国。而立下赫赫功劳的范蠡在庆功宴上，却悄悄带着西施，乘一叶扁舟离开了。

临走前，他曾托人送过一封信给他的好友文种，信上说：狡兔死，走狗烹；敌国灭，谋臣亡。越王这个人能容忍敌人的欺负，却容不下有功的大臣。我们只能够同他共患难，却不能同他共安乐。你现在不走，恐怕将来想走也走不了了。可惜，文种没有听其劝告，最后被勾践逼死。文种临死前对天长叹，痛悔自己没有听范蠡的话，而落得被杀的结局。

与文种相反，范蠡带着西施和一些财宝珠玉，弃官经商，改名换姓，跑到齐国去了。几年后，成为百万富翁，后人称其为商圣陶朱公。

范蠡和文种的一退一进，正好说明了“退”的机会含义。范蠡的“退”，为自己创造了更好的机会，而文种的“进”，其结果却是死路一条。

荀子说，人生如果到了如《诗经》中所说的，“往左，你能应付自如；往右，你能掌握一切”这样的境界，就不会枉为人生了。大丈夫有起有伏，能屈能伸。起，就直上九霄，伏，就如龙在渊；屈，就不露痕迹，伸，就清澈见底。漫漫人生路，有时退一步是为了踏越千重山，或是为了破万里浪；有时低一低头，更是为了昂扬成擎天柱，也是为了响成惊天动地的风雷。

综观世界历史，大凡能成就伟业者，无不是深谙进退规则之人。退而不隐，强而不显，大智慧者往往掌握了进退方圆的秘诀，为众人敬仰。知晓进退，懂得方圆，是我们能于历史的潮涌中得以应万变的法宝。许多成功人士一生不败，关

键就在于用绝了为人处世之道，进退之时，俯仰之间，都运用自如、超人一等。

·后退不是失去，而是投资·

在生活中，一些人目光只会停留在眼前利益上，无论做什么都不舍一分一厘，只求自己独吞利益。常常因一时赚得小利，而失去了长远之大利。虽然最先能尝到甜头，然而最后却不能饱尝硕果，倒是最先吃亏后退的人有可能占最后的大便宜。在你努力争取的目标上，还不具备绝对的制胜条件时，一定要注意避免和对手遭遇，宁可退避三舍，也不要急于交手。隐藏你的真实意图，以“退”的方式来达到“进”的目的。

在和对手进行斗智斗勇的过程中，沉住气，暂时退一步，忍住一时的欲望，耐得住各种各样的诱惑，保持良好的自我状态，才能取得自己真正的需求。

非洲东海岸是一块非常适合栽培食用油原料花生的地方，花生每年的产量都很高。英国友尼利福公司就是看好这一点，所以在那里设有大规模的友那蒂特非洲子公司。这里是友尼利福公司的一块宝地，也是其主要财源之一。然而，第二次世界大战结束后，随着非洲民族独立运动的兴起和发展。友尼利福这些肥沃的土地一块块地被非洲国家没收，这使该公司面临极大的危机。

怎么办呢？跟非洲政府和人民抗争到底，还是妥协退让？面对这种形势，公司内部经过长时间的激烈讨论之后，经理柯尔对非洲子公司发出了6条指令：

第一，非洲各地所有友那蒂特公司系统的首席经理人员，迅速启用非洲人。

第二，取消黑人与白人的工资差异，实行同工同酬。

第三，在尼日利亚设立经营干部养成所，培养非洲人干部。

第四，采取互相受益的政策。

第五，逐步寻求生存之道。

第六，不可拘束体面问题，应以创造最大利益为要务。

不仅如此，柯尔在与加纳政府的交涉中，为了进一步获得对方的信任，还主动把自己的栽培地提供给加纳政府，从而获得加纳政府的好感。“舍不得孩子，套不住狼”，果然，不久，加纳政府为了报答他，指定友尼利福公司为加纳政府食用油原料买卖的代理人，这就使柯尔在加纳独占专利权。

柯尔在同其他几个国家的交涉中，也都坚持采用退让政策，结果，在“迂回战术”的连连使用下，柯尔的公司不仅没有真的退下来，反而光明正大地站稳了脚跟。

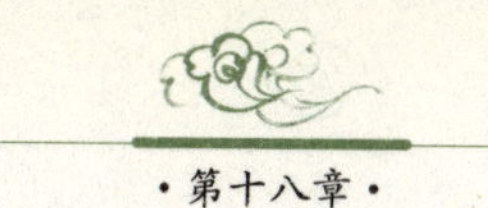

英国友尼利福公司的经营之道就是“以退为进”“以静制动”。只要最终能赢得利益，即使暂时要妥协、退让或者不够体面也没有关系。因为，在一些特殊情况下，只有甘愿妥协退让，才能赢得时机发展自己。退一步，有可能会获得进两步的空间和机会，结果还是自身获益。

做人也要像做生意这样有进有退，有所为有所不为，必要的退让可以换来更大的利益，一味地咄咄逼人则有可能陷入死胡同。

·为下一次的出击留出缓冲·

《老子》在第三十六章写道：“将欲歙之，必固张之；将欲弱之，必固强之；将欲废之，必固兴之；将欲夺之，必故与之。”老子这句话体现出了卓越的变通思想，为了捉住敌人，首先要放纵敌人，放长线才能钓大鱼。

世间之事，有些贵在神速，有些则需放慢脚步，有时甚至需要回过头向后退一步。“缓兵之计”中的“缓”就是后退的意思。后退是一种暂时的妥协，并不是怯懦，而是调整，是要为下次的进攻赢得缓冲的时间。

汉惠帝六年（公元前189年），相国曹参去世。陈平升任左丞相，安国侯王陵做了右丞相，位在陈平之上。

王陵、陈平并相的第二年，汉惠帝死，太子刘恭即位。少帝刘恭还是个婴儿，不能处理政事，吕太后名正言顺地替他临朝，主持朝政。

吕太后为了巩固自己的统治，打算封自己娘家的侄儿为诸侯王，首先征询右丞相王陵的意见。王陵性情耿直，直截了当地说：“高帝（刘邦的庙号）在世时，杀白马和大臣们立下盟约，非刘氏而王，天下共击之。现在立姓吕的人为王，违背高帝的盟约。”

吕后听了很不高兴，转而征询左丞相陈平的看法。陈平说：“高帝平定天下，分封刘姓子弟为王，现在太后临朝，分封吕姓子弟为王也没什么不可以。”吕后点了点头，十分高兴。

散朝以后，王陵责备陈平为奉承太后愧对高帝。听了王陵的责备，陈平一点儿也没生气，而是真诚地劝了王陵一番。

陈平看得很清楚，在当时的情况下，根本不可能阻止吕后封诸吕为王，只有保住自己的官职，才能和诸吕进行长期的斗争。因此，眼前不宜触怒吕后，暂且迎合她，以后再伺机而动，方为上策。

事实证明，陈平采取的斗争策略是高明的。吕后恨直言进谏的王陵不顺从她的旨意，假意提拔王陵做少帝的老师，实际上夺去了他的相权。

王陵被罢相之后，吕后提升陈平为右丞相，同时任命自己的亲信辟阳侯审食其为左丞相。陈平知道，吕后狡诈阴毒，生性多疑，栋梁干臣如果锋芒太露，就会因为震主之威而遭到疑忌，导致不测之祸，必须韬光养晦，使吕后放松对自己的警觉，才能保住地位。吕后的妹妹吕媭恨陈平当初替刘邦谋划擒拿她的丈夫樊哙，多次在吕后面前进谗言："陈平做丞相不理政事，每天老是喝酒，和侍女玩乐。"

吕后听人报告陈平的行为，喜在心头，认为陈平贪图享受，不过是个酒色之徒。一次，她竟然当着吕媭的面，和陈平套交情说："俗话说，妇女和小孩子的话，万万不可听信。您和我是什么关系，用不着怕吕媭的谗言。"

陈平将计就计，假意顺从吕后。吕后封诸吕为王，陈平无不从命。他费尽心机固守相位，暗中保护刘氏子弟，等待时机恢复刘氏政权。

公元前 180 年，吕后一死，陈平就和太尉周勃合谋，诛灭吕氏家族，拥立代王为孝文皇帝，恢复了刘氏天下。

在实力悬殊的情况下，"以卵击石"并不是明智之举。所以，行事万不可冲动，在"大兵压境"时，可先暂时采取某种保守后退的姿态与做法，在保守、后退中创造条件、积蓄力量，此时，保全实力无疑是最重要的，即便受点委屈，退回曾经走过的路上，也是不利己的。待到条件和力量具备，时机成熟时，再"发起进攻"，就好像拳击比赛中运动员先将拳头向后缩回，不是懦弱逃避，而是为了更有力地挥拳出击。

·留有退路的人才更有出路·

凡有远见的人都不会被眼前的得失所蒙蔽，在适当时机，都能为自己留条后路，为将来提供大展宏图的余地，更是为自己留一条全身而退之道。

人们常说："不给自己留退路"，这作为破釜沉舟、一往无前的精神是无可厚非的，但是在现实生活中，往往充满了变数，勇往直前固然可敬，但也可能因此被撞得头破血流，最终走到山穷水尽处。所以爱迪生就曾倡导："如果你希望成功，就以恒心为良友，以经验为参谋，以谨慎为兄弟吧！"

得意时，须寻一条退路，然后不死于安乐；失意时，须寻一条出路，然后可以生于忧患。人生变故，犹如水流；事盛则衰，物极必反。这是世事变化的基本公式。

世事既然如此，做人也就应该处处把握恰当的分寸，永远给自己留下一条退路。

一只狐狸不慎掉进井里，怎么也爬不上来。口渴的山羊路过井边，看见了狐狸，就问它井水好不好喝。狐狸眼珠一转说："井水非常甜美，你不如下来和我分享。"山羊信以为真，跳了下去，结果被呛了一鼻子水。它虽然感到不妙，但不得不和狐狸一起想办法摆脱目前的困境。

狐狸不动声色地建议说："你把前脚扒在井壁上，再把头挺直，我先跳上你的后背，踩着羊角爬到井外，再把你拉上来。这样我们都得救了。"山羊同意了。但是，当狐狸踩着山羊的后背跳出井外后，马上一溜烟跑了。临走前它对山羊说："在没看清出口之前，别盲目地跳下去！"

山羊的错误之处在于太过轻信，无论是不假思索跳入井中，还是甘心为狐狸做"跳板"，决定都做得太过草率，根本没考虑后果，没有为自己留条退路，结果落得个可悲的下场。

现实生活中，这样的例子也屡见不鲜。比如，一些经营状况不佳的企业，开出优厚条件，吸引精英加盟其中，以求拯救企业。然而，当企业走出困境后，老板却过河拆桥，拒不兑现当初的诺言。寓言中的这口井好比是陷入困境的企业，狐狸好比老板，山羊则是新员工。山羊的经历提醒我们，在做出决定的时候，一定要弄清楚对方的底细和真实想法，为自己留好退路。否则，你就可能成为那只倒霉的山羊。

人生是一段漫长的攀登之旅，对自己熟悉的路，可以做进一步的打算，比如往旁边小径走走，看看周围有没有新的风景。对不熟悉的路，则要做退一步的打算，在每个分岔路口都做个记号，好知道怎么下山。

只有那些知道退路的人才能攀上巅峰。子曰："君子有不幸，而无有幸；小人有幸，而无不幸。"人无完人，能做到完成自己定的目标，不要过于苛求更高的目标。因为当你爬得越高，可能会摔得越疼。好多事情要知道给自己留一条退路才可以攀到人生的最高峰。

无论何时，都应该为自己留一条退路，一个人一旦孤注一掷地丢掉原本属于自己所有的东西，就有可能失去一切。"狡兔三窟"，做事留有余地，给自己保留一条退路，就不至于落得一败涂地的下场。记得提醒自己事情不能做尽做绝，如同话不能说尽说绝一样，不是伤人就会被别人伤。当事情做到尽处，力、势全部耗尽，想要改变就难了。

俗话说："月盈则亏，水满则溢。"凡事留有退路，才能避免走向极端。特别是权衡进退得失的时候，更要注意适可而止，尽量做到见好就收，防患于未然，只有这样，才能牢牢握住对日后人生的主导权。

·以退为进，迂回前行·

《孙子兵法》曾云："先知迂直之计者胜。"曲中有直，直中有曲，这是辩证法的真谛。诚然，两点之间直线最短，但在有些情况下，近，成了真正的远；远，却变为实际的近。不要凡事都幻想着走直线，在迂直问题上要学会转换角度。在适当的时候，学会"退"不是屈服、软弱，而是非常务实、通权达变的智慧，退可改变现状、转危为安。

东汉末年的司马懿就是利用以退为进的方法夺得兵权的。

孔明取下陈仓，魏主曹睿面对如雪片般飞来的陈仓告急文件，又听闻郝昭已死，诸葛亮再出祁山，不但收了陈仓，更攻下了附近的城池，一时间，竟不知如何是好。

另一方面，文告又到，说东吴孙权称帝，与蜀国结盟，陆逊在武昌练兵，随时会入侵中原。两处告急，如何是好？此时又传出曹真病危的消息，曹睿只好再次找司马懿商量妙策。

司马懿说："以我猜测，东吴孙权只是增号称帝，伪称与蜀国结盟，故作兴兵。我们不用派兵防吴，只要集中兵力防蜀就可以了。"曹睿认为有理，立即封司马懿为大都督，总摄西边各路兵马。又吩咐左右，说："去曹真府取总兵将印来。"

司马懿阻止说："让我自己去取吧！"说完辞别而出，直往曹真大都督府。

司马懿见了卧病的曹真，说："东吴、西蜀联盟兴兵来犯，孔明又再次出祁山，你知道吗？"

曹真大惊，说："我因为病重，家人封锁了消息。现在国家危急，只有司马兄才有能力拒蜀兵呀！"

司马懿谦虚地说："我才薄智浅，怎可称职呢？"

曹真命左右，说："取总兵将印来！"

司马懿说："都督不用担心，我愿助你一臂之力拒敌，只是受不了这个帅印呀！"

曹真听了，整个人跃起，央求道："你如果不担此重任，国家就危急了！我今日病重，也要面见皇帝推荐你呀！"

司马懿见他如此有诚意，便只好说："天子已有恩命，唯我不敢接受罢了！"

曹真大喜，说："你若肯担当此任，蜀兵可退！"

司马懿再三推辞后终于接受了。

司马懿明明是去曹真府上取总兵将印的，但又怕曹真被夺权后会记恨于他，于是恰当地运用了一招以退为进的方法，明里退让，暗处夺权，巧妙化解了曹真被夺权的怨愤，真是官场高手。

以退求进是高明的处世哲学，因为只有后退才能跳得更高，只有收拳才能出拳有力，只有退一步才能进两步。

以退让开始，以胜利告终，也是人情关系学中不可多得的一条锦囊妙计。你先表现得以他人利益为重，实际上是在为自己的利益开辟道路。在做有风险的事情时，冷静沉着地让一步，方能取得绝佳效果。

成功的第一步便是让自己的利益和意图丝毫不露，让对方因为你能投其所好而情愿做你要他做的事。尊重并突出别人的观点和利益，这是我们欲求他人合作的最有力的法宝。人们不会正确使用这一法宝，是因为他们常常忘记了，如果我们过分强调自己的需要，那别人对此即便本来是有兴趣的，也会改变态度。

古代哲学家老子提出“进道若退”，他力主以柔克刚，以退为进，这又岂是只知猛打猛冲的人所能理解的呢？无论是战场还是商场，也无论是胜利后的退却还是失败后的退却，其实“退”仅仅是手段，而不是最后目的，只要有利于整体目标的实现，“退”又何尝不是上策呢？大自然中的狼族，有许多的成功猎捕正是由“退中求胜”所换取的。

因此，退中求胜的积极意义可概括为：保存实力、重整旗鼓以及待机战胜。

因此，人生在世，为人处世要学会退让。让则通，通则顺，一顺百顺。退让，是一种智慧，是一种艺术，更是一种走向成功的谋略。

·找准时机，趁势而为·

我们生活在一个充满机遇的世界里，它对于每个人都是公平的。然而，机遇又是随缘的，是可遇而不可求的。在机遇没有来临之时，我们不必急躁，而应该更加积极努力、蓄势待发；一旦机会来临，我们就找准时机，趁势而上，走上通往成功的道路。

机会稍纵即逝，要善于抓住，当仁不让地表现自己是成功者必须具备的素质。等到一个合适的时机时，应该学会当机立断，避免犹豫不决，贻误良机，这样就可以迅速达到自己的目的。

在电影《飘》中扮演女主角郝思嘉的费雯丽，在出演该片前只是一位名不见经传的小角色。她之所以能够因此而一举成名，就是因为她大胆地抓住了自我表现的良好机遇。

当《飘》已经开拍时，女主角的人选还没有最后确定。毕业于英国皇家戏剧学院的费雯丽，当即决定争取出演郝思嘉这一十分诱人的角色。可是，此时的费雯丽还默默无闻，没有什么名气。“怎样才能让导演知道我就是郝思嘉的最佳人选呢？”这个问题困扰着她。

经过一番深思熟虑后，费雯丽决定毛遂自荐，方法是自我表现。一天晚上，刚拍完《飘》的外景，因为一直找不到合适的郝思嘉扮演者，制片人大卫又开始愁眉不展了。突然，他看见一男一女走上楼梯，男的他认识，那女的是谁呢？只见她一手扶着男主角的扮演者，一手按住帽子，居然把自己打扮成了郝思嘉的形象。大卫正在纳闷时，突然听见男主角大喊一声：“喂！请看郝思嘉！”大卫一下子惊住了：“天呀！真是踏破铁鞋无觅处，得来全不费工夫。这不就是活脱脱的郝思嘉吗？！”于是，费雯丽被选中了。

费雯丽的成功完全依赖于她为自己创造的机会。机不可失，时不再来，这是每个人都知道的浅显而深刻的道理。抓住了机会，我们就可能乘风而起，登上成功的巅峰；如果错失了机会，我们就可能会让唾手可得的成功擦肩而过，因而懊悔不已。一位成功人士曾不无感慨地说：“在某些意义上，时机就是一种巨大的财富。”要想有所作为，仅靠蛮干是不行的。

我们必须善于抓住机遇。每一次机遇的到来，对于任何人来说都是一次严峻的考验。它不仅需要我们有坚实的功底和知识储备，更需要我们在看到机遇的时候，拿出拼搏和创新的魄力来。

很多人都曾经问过波司登股份有限公司总裁高德康成功的秘诀，高德康只是笑笑，“我没有什么秘诀，只是善抓机遇而已。”

最开始，高德康是靠给别人贴牌制衣经营服装厂。20世纪80年代，羽绒服市场并不被人看好，它臃肿肥大，样式老旧，当时最流行的是皮夹克，很少有人将注意力放在其貌不扬的羽绒服上。但高德康却觉得，老百姓现在的生活还不是特别富裕，不可能人人买得起一件时髦的皮夹克，而物美价廉的羽绒服却是能够买得起的。虽然是季节性服装，但需求量大，只要再稍微改动一下，市场前景还是非常广大的。

说干就干，他一边继续做贴牌生意，一边学习研究羽绒服的生产技术，几年

间，就成为这个行业里的行家里手，并一举向还处于空白状态的市场推出了自己的产品，获得了极大利润。抓住了潜在利润点，高德康的企业发展越来越好，这时他萌生了创建自己品牌的想法，而如今享誉全国的波司登就此诞生。

“善抓机遇”并不简单，首先要做的，是成为一个有心人。高德康能够抓住机遇，进入让他飞黄腾达的羽绒服行业，就得益于他的有心。只有认准时机，才能抓得住时机。错过一个机遇就是错过了一个潜在的改变命运的机会，成功者都是“视机如命”的人。

另外，机会只给有准备的人。否则，即使给你一个绝好的机会，但你的脑子里空空如也，没有任何本领，那也是浪费。所以我们平时要沉住气修炼自己，在自己所从事的领域练就一身过硬的本领，始终保持在最佳状态，机会来了，才能抓住。

·留有余地，才能从容转身·

探戈是一种讲求韵律节拍，双方脚步必须高度协调的舞蹈。探戈好看，但要跳好探戈绝非一件轻而易举的事，很多高手均需苦练数年才能达到炉火纯青的程度。跳探戈与处世，有着许多异曲同工之处，亲子、朋友、同事、上下级之间，如果能用跳探戈的方式相处，彼此协调，知进知退，通权达变，不但要小心不踩到对方的脚，而且要留意不让对方踩到自己的脚。这样，人与人之间才能和睦相处，恰到好处。

人生是一场华丽的舞会，聪明人往往选择跳探戈，自始至终保持着优雅奔放、进退自如的姿态。做事亦是如此，聪明人明白事不可做绝，凡事留三分薄面给他人，当时看也许自己吃亏了，但是低头看，自己脚下却多了七分余地。所以佛家要人心存厚道，多讲人好话，多给人留情面，因为种什么因结什么果，其实这就是给自己留一处空间。

据《桐城县志略》和姚永朴先生的《旧闻随笔》记载：清康熙时，文华殿大学士、礼部尚书张英世居桐城，其府第与一吴姓人家为邻，中间有一条属于张家的空地，向来作为过往通道。后来吴氏建房子想越界占用，张家不服，张吴两家遂发生纠纷，闹到县衙。因两家同为显贵望族，县令左右为难，迟迟不予判决。

张英家人见有理难争，遂驰书京都，向张英告状。张英阅罢，认为事情简单，便提笔挥毫，在家书上批诗四句：“千里修书只为墙，让他三尺又何妨。万里长城今犹在，不见当年秦始皇。”张家得诗，深感愧疚，毫不迟疑地让出三尺地

基。吴家见状，觉得张家有权有势，却不仗势欺人，深感不安，因此也效仿张家向后退让三尺。于是，形成了一条六尺宽的巷道，名曰“六尺巷”。两家此举随即成为美谈。

留三分余地给人，自己也因此从中受益。让出一堵墙，却换来了两家人融洽的关系，何乐而不为呢？

我们无论处于何时何地，都会遇到各种各样的人，都要同各种各样的人相处。在人际关系中，难免会出现磕磕碰碰，难免会发生问题。有人说：只要有人的地方，就会有争斗。有的人在争斗的时候往往为顾及自己的利益而去伤害他人，最终连自己也受到了伤害。

一个青年到河边钓鱼，遇到一个捕蟹老人，身背一只大蟹篓，但没有盖上盖子。他出于好心，提醒老人说：“大伯，你的蟹篓忘了盖上盖子。”

老人回头看了他一眼，微微一笑：“年轻人，谢谢你的好意。不过你放心，蟹篓可以不盖。要是有蟹想爬出来，别的蟹就会把它钳住，结果谁都跑不掉。”

那一篓互相钳制的螃蟹是否曾想到，钳住别人也就堵住了自己的出路。这个故事启示我们：事不可做绝，凡事给别人留有余地，才能给自己留有余地，也才能从容转身。

人要看多远而走多远，而不是走多远看多远。所以我们要沉住气，多重视形势的动态发展，对未来情况做出尽可能精确的判断，做到心中有谱，留点余地，自己才能进退自如。

第十九章

沉住气，福气就来了

《阴符经》上说：“性有巧拙，可以伏藏。”它告诉我们，善于伏藏是成功的关键。一个人过于显露出自己高于一般人的才智，往往会对自己不利，甚至招来外力的攻击。聪明人大都才华不外露，锋芒内敛，以装糊涂的办法而尽力避免做出犯糊涂的事情。这是一种很明智的做法，既可以保全自己，也可以伺机而动。学会“藏拙”，并不意味着抱残守缺、不思进取，而是沉住气，静下心来，充分了解自己的缺陷不足，找到适合自己的方向、位置而加倍努力，将长处发挥到极致，一步步走向成功。

·小事糊涂，大事精明·

人的一生精力有限，若对什么事都斤斤计较，那就太累了，不如“抓大放小”，小事糊涂而大事精明，这样一来，既显得宽容大度，又能保全自己。自古以来，揣着明白装糊涂既是一种做人之道，也是成大事者的成功之道。

清朝“扬州八怪”之一的郑板桥，一生清廉正直，留下了“难得糊涂”的处世智慧，给后人很多启示。

郑板桥在潍县做官时题过几幅著名的匾额，其中最为脍炙人口的是“难得糊涂”这一块。据考，“难得糊涂”这4个字是郑板桥在山东莱州的云峰山写的。那一年郑板桥专程至此观郑文公碑，因盘桓至晚，不得已借宿于山间茅屋。屋主为一儒雅老翁，自命糊涂老人，出语不俗。他室中陈列了一方桌般大小的砚台，石质细腻，镂刻精良，板桥大开眼界。老人请板桥题字以便刻于砚背。板桥以为老人必有来历，便题写了“难得糊涂”4个字，用了“康熙秀才，雍正举人，乾

隆进士”方印。

因砚台过大，尚有余地。板桥说老先生应写一段跋语，老人便写了：“得美石难，得顽石尤难，由美石而转入顽石更难。美于中，顽于外，藏野人之庐，不入富贵之门也。”他用了一块方印，印上的字是“院试第一，乡试第二，殿试第三”。板桥大惊，知道老人是一位隐退的官员，细谈之下，方知原委。

有感于糊涂老人的身世，板桥当下见还有空隙，便也补写了一段：“聪明难，糊涂尤难，由聪明而转入糊涂更难。放一著，退一步，当下安心，非图后来报也。”这就是“难得糊涂”的由来。

郑板桥所言的“糊涂”，并不是不分青红皂白的一塌糊涂，得过且过，而是说人的一生不必太较真，凡事要沉住气，耐心处理，遇大事的时候分清轻重，精明一些，小事糊涂一点，这样才能活得自在坦然。世事纷纭复杂，纠缠于细枝末节的是与非、因与果，与人与事都没有多少裨益，反而会因此而丢了西瓜拣芝麻。

公元前481年，齐国大臣田成子发动武装政变，在民众的支持下，以武力战胜齐简公亲信监止，监止、齐简公出逃，后被杀死。此后，田氏成了齐国实际上的国君。

在田成子发动政变之前，曾经发生过这样一件事：

一次，齐国大臣隰斯弥去拜见田成子。俩人一起登台远望，看到三面都视野辽阔，只有南面被隰斯弥家的树遮蔽了，田成子没有说什么，但脸上流露出不悦的表情。隰斯弥回家后，立刻派人把树砍掉，但是砍了几斧之后，隰斯弥又不让砍。他的侍从问他：“为什么一再地改变主意呢？”隰斯弥说：“俗语说：‘知渊中之鱼者不祥。’”田成子有谋反之心，即将有所行动，如果在这样重大的事情面前，我表现出猜透他心思的情形，那我的处境必定很危险。不砍伐树木还没有罪，但预知别人将要做的事，罪就大了，所以不砍树。”

隰斯弥从“砍树”到“不伐树”的经过显示出他“大事精明、小事糊涂”的智慧，隰斯弥通过登高眺望这件事，知道田成子嫌他家的树木挡住了目光，如果仅为讨好田成子，隰斯弥回家就会砍树。但田成子如果知道隰斯弥猜到他的心思，就会对隰斯弥提高警惕。隰斯弥不愿意掺和到这些谋反事情中来，所以干脆就来个装糊涂。如果是别人，知道田成子嫌树木挡住了目光，也许会毫不犹豫地回家砍树，以表明自己聪明，能猜到对方的心思，殊不知这样做正犯了大忌。

其实“大事精明”者怎么可能“小事糊涂”呢？须知大事就是小事积聚起来

的。所谓小事糊涂，只是装糊涂而已，因为真正的智者不屑于在小事上浪费时间和精力。

有人提出了一种论点：大事小事都精明——少；大事精明，小事糊涂——好；大事糊涂，小事精明——糟。“小事糊涂，大事精明”这是聪明人的处世原则与行为准则。智慧人生，“难得糊涂”。小事别较真，大事有原则。聪明人还是糊涂点好，谨防聪明反被聪明误。

·需要“糊涂”的时候就尽可能地糊涂·

在人际交往中，有的事不必弄得太明白，即使心里明白，也不一定要说出来。该糊涂时就得糊涂，这样有百益而无一害。“大辩若纳，大巧若拙，大智若愚”说的就是这个道理。

正所谓“古今得祸，精明人十居其九”。有的时候，明白某个道理，把它装在心里总比说出来的好。在职场中也是同样的道理，试想一下，有哪一个上级会愿意让部下全部都知道他的心思和用意呢?

所以，在适当的时候，你可以收敛自己的锋芒，向对方“示弱”，以消除对方的排斥感和敌对心理；松懈他的警惕性，助长他的同情心，使谈判朝着有利于你的方向发展。你不妨常常把“对不起”、“我不太理解”、“你能再说一遍吗”或者“我全都指望你帮我了”之类的话挂在嘴边。直到对方兴致全无，一筹莫展，完全丧失毅力和耐心。

日本某航空公司和美国一家公司谈判。谈判从早上8点开始，美国人完全控制了局面，他们通过屏幕向日本人详细地介绍、演示各式图表和计算结果，利用手中充足的资料向日本人展开强大的攻势。而日本人只是静静地坐在那里，一言不发。两个半小时之后，美国人关掉放映机，扭亮电灯，满怀信心地询问日方代表的意见。

一位日方代表面带微笑、彬彬有礼地答道：“我们不明白。”

“不明白？什么地方不明白？”另一位代表回答：“都不明白。”

美国人再也沉不住气了：“从哪里开始不明白？”

第三位代表慢条斯理地说：“从你将会议室的灯关了之后开始。”

美国人傻了眼：“你们要怎么办？”

三个日本商人异口同声说：“请你再说一遍。”

美方代表彻底泄了气。他们再也没有勇气和兴致重复那两个半小时的紧张、混乱的场面。他们只得放低要求，不计代价，只求达成协议。

美方代表是有备而来的，日方代表如果和他们正面交谈，一定很难占到便宜，日方代表索性收敛锋芒，宣称自己什么也不懂，反倒打乱了对方的阵脚，获得了成功。

在谈判中，我们有时会遇到攻击型的对手，他们咄咄逼人、气势汹汹。对这种人，采用“装傻”示弱的方法，往往能收到很好的效果。

很多人不希望我们看透他们的心思，因此有时候不要让自己太聪明，学会装装糊涂，懂得明知故昧。“明知故昧”就是说明明知道的事情却装糊涂，装作不知道，明明看得清楚的东西却装作看不见，也就是虽明白一切，却故意装糊涂。在生活中，好像是不正确的态度，但作为一种计谋或处世方法，可以用来保护自己。就一般情况而言，为顾全大局，为保住他人的秘密或隐私，为了维护他人的清白，人们也不得不装糊涂，三缄其口。人人都有身处险境、处境尴尬难堪的时候，适当地伪装一下自己，是明哲保身的好方法。揣着明白装糊涂，踏踏实实做自己才是上策。

智慧是留给自己用的，不是给别人看的

聪明是件好事，耍小聪明却不然。生活中有许多人其实是“小聪明，大糊涂”，平时喜欢耍点小聪明、小手段，结果如《红楼梦》中的王熙凤一般“聪明反被聪明误”。小聪明用得过多，便容易不得要领，或自相矛盾，或自坏其事。

成功需要的是智慧，自以为是的小聪明在时间面前不堪一击。如果你是真正的聪明，就不要总是在别人面前随便地“卖弄”，这样，至少可以避免弄巧成拙的难堪。

魏王的异母兄弟信陵君，在当时名列“春秋四公子”之一，知名度极高，因仰慕信陵君之名而前往的门客达三千人之多。

有一天，信陵君正和魏王在宫中下棋消遣，忽然接到报告，说是北方国境升起了狼烟，可能是敌人来袭的信号。魏王一听到这个消息，立刻放下棋子，打算召集群臣共商应敌事宜。坐在一旁的信陵君则不慌不忙地阻止魏王，说道：“先别着急，或许是邻国君主行围猎，我们的边境哨兵一时看错，误以为敌人来袭，所以升起烟火，以示警戒。”过了一会儿，又有报告说，刚才升起狼烟报告敌人来

袭是错误的，事实上是邻国君主在打猎。

于是魏王很惊讶地问信陵君："你怎么知道这件事情？"信陵君很得意地回答："我在邻国布有眼线，所以早就知道邻国君王今天会去打猎。"

从此，魏王对信陵君渐渐地疏远了。后来，信陵君受到别人的诬陷，失去了魏王的信赖，晚年沉湎于酒色，终致病死。

信陵君自以为聪明，却不知道聪明反被聪明误。其实太多的历史经验告诉我们：守拙装愚是一条至关重要的生存法则。有的时候我们做事自以为聪明，一旦有什么洞察，却往往因为自己不懂得放低姿态，其结果只能和故事中的信陵君一样了。

有些人觉得自己很聪明，别人都比他傻，他们总是在行为决策过程中，受其经验和认知水平影响，会先抛出一个假定，要小聪明者的愚蠢之处就在于将错误假定认为正确，在此指导下也必然要走向错误。所以说做人还是要脚踏实地，千万别耍小聪明，不然只会搬起石头砸自己的脚。

苏东坡被贬湖州三年，三年期满，回到京城。他想到当初因为得罪王安石而遭贬，这次回京必须先去拜访他，然后再去朝见天子。当苏东坡来到相府时，王安石正在睡觉，他被管家徐伦引到王安石的东书房用茶。

徐伦走后，苏东坡看书桌上有笔和砚，便打开砚匣，看到一方绿色端砚，甚有神采。他刚要盖上盖子时，忽然看见砚匣下露出纸角儿，取出一看，原来是两句未完的诗稿，原来是王安石写的《咏菊》诗："西风昨夜过园林，吹落黄花满地金。"苏东坡暗笑："想当年我在京城做官的时候，王太师出口成章，不假思索。三年后，怎么太师的诗落到此等水平，看来已经是江郎才尽。"

苏东坡笑这两句诗根本不通，因为一年四季，不同季节的风有不同的名字：春天是和风，夏天是薰风，秋天是金风，冬天是朔风。这诗的首句说西风，西方属金，金风是秋天独有的，秋风一刮，梧桐叶变黄，很多花瓣都会飘落。但第二句说的黄花即是菊花，菊花开于深秋，此花属火性，秋霜都不能耐它何，任随金风怎样吹得它焦干枯烂，也不落瓣。王安石写"吹落黄花满地金"根本不符合自然界的规律，苏东坡兴之所发，不能自已，举起笔来依韵续诗两句："秋花不比春花落，说与诗人仔细吟。"

写罢，苏东坡又惭愧起来，心想：倘若王太师来书房，见了这诗，颜面上多不好看。原想把诗装在袖筒里带走，又怕连累徐伦，思前想后，觉得不安，只好又把诗稿叠起来，压在砚匣之下，走出书房。

没多久，王安石走进东书房，看到了诗稿，问明情由，认出是苏东坡的笔迹，心想："苏东坡这个人，虽然屡遭挫折，轻薄之性仍然不改。他不承认自己学疏才浅，反倒来讥笑老夫！"次日早朝，王安石密奏天子："苏东坡才力不及，将他贬到黄州。"天子准奏，百官听命，只有苏东坡心中不服，认为是王安石因改诗一事公报私仇。但是皇命难违，也只得谢恩从命。

次日，苏东坡便赶到黄州。重阳节那天，天气晴朗，苏东坡突然想起定慧院长送他的菊花栽于后院，便去后院赏菊。走到菊花架下，只见满地铺金，枝上全无一朵，惊得苏东坡目瞪口呆，半晌无语。突然明白王安石将他贬至黄州，原来是让他来看菊花的！

苏东坡自坏其事，真可谓不经一事不长一智，直到被贬才意识到自己不该如此轻薄地耍小聪明。

成功需要的是智慧，而不是自以为是的小聪明，不要做一个耍小聪明的笨人。小聪明易被聪明误，小聪明得小利，大智慧得大益。有大智慧，才有大美丽、大人生。沉住气，善用大智慧的人，前途才会充满光明，善用大智慧的人才是真正的聪明。

·隐藏锋芒，风雨中的小树苗才能长成参天大树·

老子云："良贾深藏若虚，君子盛德，容貌若愚。"善于做生意的商人，总是隐藏其最珍贵的货品，不会让人轻易见到；而品德高尚的君子，从外表看上去显得愚笨。这无疑蕴含着一种处世智慧。锋芒毕露毫无益处，"满招损，谦受益"，自我炫耀者只会招致他人的反感乃至小人的陷害。隐藏锋芒，低调做人，才能让自己不会过早地被风雨侵蚀，才能让自己长成参天大树。

真人不露相，露相非真人。在竞争激烈的社会，聪明人都很谨慎，不会轻易暴露自己的真实意图；而很多新人往往因修行不够，在不知不觉中铸成大错，自毁前程，令人叹惜。

一位刚毕业的大学生被一家大企业录用了，他信心十足，鼓足干劲，在自己的销售岗位上干得相当出色。他头脑灵活，喜欢思考，很快就发现了公司管理存在的一些弊端，于是经常向主管反映，然而每次得到的答复总是："你的意见很好，我会在下次会议上提出来让大家讨论。"

他很不满，对主管的平庸和懦弱也很不服气，几次萌生了取而代之的念头。

在一次全公司大会上，他坦陈了自己的想法，并建议公司实行竞争上岗，能者上，庸者下。会场顿时寂静无声，主管早就气得脸色发白。总经理称赞了他的想法，认为很有新意，却没有深入讨论的意思。

会议结束后，他忽然发现一切都变了。同事对他敬而远之，主管更是冷语相向；更严重的是，有人向总经理投诉他收受回扣、违规操作、泄露公司机密……任何一项罪名都能将他这个小小的销售员压垮。经理当然明白事情的来龙去脉，但为了照顾大多数人的情绪，还是辞退了他。

没有人不想出人头地，每个人都有自己的“野心”，但是切忌太过外露。你的“志向”和“企图”即使是正当的，一旦在你身上得到表现，总会有人感到受了威胁。他们可能会利用手中的权力或影响力对你进行打击，使你过去的一切努力都化为泡影。上面所说的销售员的遭遇，不正给我们上了生动的一课吗？

在一个群体或团体中，人人都希望自己成为脱颖而出的佼佼者，但社会竞争又暗藏着一个悖论，这就是“枪打出头鸟”或“出头的椽子先烂”。如果一个羽翼未丰的人积贮的能量尚不够，是万不可轻易暴露内心，过早卷入残酷的社会竞争的。在这种时候，最需要保持低调。

我们都知道战国时期发生在赵国的毛遂自荐的故事，在秦兵围赵的危急关头，毛遂面对旁人的不信任与嘲讽，勇敢地推荐了自己。结果他凭着三寸不烂之舌，在其他人束手无策的情况下，成功地说服了楚王，完成了任务。

毛遂是罕见的人才，之前他的平庸与内敛只是隐藏锋芒的一种手段，他耐心等待着，直到最能表现自己的时机来临，然后主动出击，赢得大家的尊敬与钦佩。他不愧是深谙藏锋与出头之道的大师。

如果你胸怀大志，但条件又尚未成熟，你所要做的就是沉住气，在暗中修炼自己，等待机会。在这种情况下，别人尚未察觉你的真实意图，而你早已对大局了然于胸。待时机成熟，勇猛出击，先声夺人，成功也只是指日可待的事情。

藏锋静若处子，不动声色做大事

古人云：“纵无显效亦藏拙，若有所成甘守株。”古往今来，很多成大事者都经历了一个藏锋守拙、低调隐忍的阶段，虽然表面上收敛了自己的行为，却在默默沉淀自己的实力。从某种意义上说，藏锋守拙是保全人生的一种谋略，因为“小不忍则乱大谋”，“风物长宜放眼量”。忍耐是一种弹性的前进策略，它是人生

的延长线，就像战争中的防御和后退有时恰恰是赢得胜利的必要条件一样。

但是，“忍字心头一把刀”，不是意志极坚强者，很难把这个写起来极简单的字做到位。

李忱是唐宪宗李纯的第十三子，于长庆中期被封为光王。在他即位之前，贵为王公的李忱却不得不离京出走，这得从他当时的处境说起。李忱的母亲并不是一个有身份、有地位的妃子，她作为当时叛臣的罪孥进宫，结果邂逅了当朝皇帝——唐宪宗李纯，生下了李忱。可惜在李忱的幼年，宪宗皇帝就被宦官暗杀了，留下这一对母子，既不能母凭子贵，也不能子凭母贵。

公元820年2月，李恒（李忱之兄）被宦官扶上皇位，是为唐穆宗；四年后穆宗服长生药病逝，其子敬宗李湛接任，但他只活到18岁，驾崩后由其弟文宗李昂、武宗李炎相继接任。

在这长达二十年的时间里，三朝皇叔李忱的地位既微妙又尴尬，他只能以黄老之道，韬光养晦，装傻弄痴。尽管他为人低调，不事张扬，但光王的特殊身份，还是让他逃避不了被侄儿们猜忌、排斥、挤压的命运。文宗、武宗两位皇帝更是对他心存芥蒂，非但不以礼相待，还想方设法地迫害他。公元841年，唐武宗登基时，李忱为避祸全身，便“寻请为僧，行游江表间”，远离了是非之地。应该说，李忱当时做出的这一抉择，当属大智若愚、达人知命的明智之举。而流放底层，阅尽人世沧桑，也为他将来修成大器提供了一个难得的机会。

法号“琼俊”的李忱虽然隐居于与世隔绝的深山之中，但他并没有一心向佛，忘却心中之志。握瑾怀瑜的他，效法孔明抱膝于隆中、太公钓闲于渭水，准备伺机而动。在唐武宗统治的六年间，他不停地通过秘密渠道打探宫内情况，积极从事夺权的活动，以实现“归去宿龙宫”的夙愿。

虽然他一直隐藏自己的这一志向，在福建境内的天竺山真寂寺的三年间，他大智若愚、言行谨慎，不露端倪，但在一次与当时的名僧黄蘖和尚观瀑吟联时，他那深藏于心的雄才大略却通过一联对表露无遗。

一日，两人在山中闲话，面对悬崖峭壁上的一条飞瀑，黄蘖来了雅兴，对李忱说道：“我得一上联，看你能否接下联？”李忱也兴致盎然，说道：“你道来我听，我必对得上。”黄蘖于是吟道：“千岩万壑不辞劳，远看方知出处高。”李忱几乎是脱口而出：“溪涧岂能留得住，终归大海作波涛。”黄蘖听了，赞赏有加。

没有深沉的寂寞，哪有动地的长歌？李忱就像那瀑布，经历“千岩万壑不辞劳”的艰险后，终将飞珠溅玉、石破天惊。公元846年，深谙权谋、忍辱负重的

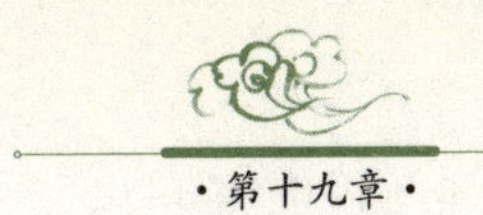

李忱果然在太监们的拥戴下，从侄儿手中夺过大位，成为唐宣宗，时年37岁。由于他长期在民间阅世读人，深知黎民疾苦，故躬行节俭，虚怀纳谏，颇有作为，号称“大中之治”。

李忱能忍人所不能忍，终于忍而后发，摆脱了多年的屈辱生活，并达到了自己的目标。可见要做大事，要成大事，关键在于一个“忍”字。真正有智慧的人，不是锋芒毕露、趾高气扬、拔剑断杀，而是如李忱一般表面憨愚窝囊，却怀揣着大志暗中做准备的“霸王”。

生活中我们同样要有藏锋守拙的精神，因为人生纷扰不断，若总以“得理不饶人”的心态去面对，自然会让自己处于一种孤立的境地。平时，不妨多想想，你是否总是夸耀自己的能力，有意无意表现张扬？你的某些“志向”或“企图”是否还没有实施就已经尽人皆知？

藏锋隐忍不是单纯的品格个性，它是一种谋略。善于利用忍耐有助于事态向好的方面发展。首先不要总是希望从一开始就引人注目，一味展现自己的能力。即使别人相信，形成心理定式之后，如果你稍有差错或失误，往往就被人瞧不起。聪明人不是一上阵就把自己的聪明才智展现无疑，而是注意适当地隐藏自己的实力，这样不仅能趋利避害而且还容易因一点成绩一鸣惊人。

其次即使你的“野心”是正当的，而一经在你身上得到表现的时候，总会有人感觉受到了威胁。而你却由于实力太弱，面对他们利用手中的权力和影响力对你进行打击，你过去的一切努力都将化为泡影。因此要把心事放在心里，将自己的“野心”包裹起来，在目标尚未实现之前，绝不能让人看窥破弱点，给人可乘之机。

·喜怒不露于外，好恶不示于人·

无论何人，只要进入社会一段时间之后，便能多多少少练就察言观色的本事，他们会根据你的喜怒哀乐来调整和你相处的方式，并进而顺着你的喜怒哀乐来谋取自己的利益。你也会在不知不觉中，意志受到别人的掌控。如果你的喜怒哀乐表达失当，有时可能会惹来无端之祸。因此，高明者一般都不随便表现这些情绪。越是精于生存之道的人，城府越深，“喜怒不露于外，好恶不示于人”。

事实上，喜怒哀乐是人的基本情绪，没有喜怒哀乐的人其实很可怕，因为你不知道他对某件事的反应、对某个人的观感，别人面对他时，会有不知如何应对的慌乱。

其实，没有喜怒哀乐的人并不存在，他们只是不把喜怒哀乐表现在脸上罢了。在人际交往中，做到这一点是很重要的。

楚汉战争期间，刘邦屡次被项羽打败，兵困荥阳，处境危在旦夕。而正在这时，刘邦的部下韩信在北线却捷报频传，攻占了齐国。随着军事上的节节胜利，韩信的政治野心也逐渐膨胀起来。他派人面见刘邦，要求封自己为假（代理）齐王。刘邦一听，便怒不可遏，对前来送信的信使大声斥责。张良正坐在刘邦身边，急忙用脚轻轻踢了他一下，附耳说道："汉军刚刚失利，大王有力量阻止韩信称王吗？不如顺水推舟答应他，否则将会产生意外之变。"刘邦立即心领神会，感到前言有失，便话锋一转，反改口骂道："大丈夫既定诸侯，就要做个真王，何必要做假王！"刘邦原本爱骂人，这一骂不足为怪，况且前后两语衔接不错，竟也没露出什么破绽。

不久，刘邦派张良作为专使，为韩信授印册封。刘邦不动声色稳住了韩信，为汉军日后十面埋伏，击败项羽作了组织准备。如果他当时便为此事与韩信闹翻，后果将不堪设想。

像刘邦这样，只有"喜怒不露于外"，亦即沉住气，尽量压抑个人的感情，以冷静客观的态度来应付事情，才能做大事、成大器。如果把持不住露出真实感情，会如同自掀底牌一般，容易被对方控制而屈居下风。

不轻易表露出自己的观点、见解和喜怒哀乐，被称为"深藏不露"，这是古今中外很多成功人士的做法。俗话说"画虎画皮难画骨，知人知面不知心"，自己平时的一句话，甚至一个表情在对方心里都可能会造成反应，会采取措施"反击"；随便把喜怒哀乐表现出来，也很容易被人窥破内心，从而牵着你的鼻子走。

做人要懂得用"拟态"和"保护色"，保持点神秘感，让人不敢妄自揣度，也就不敢对你轻举妄动。

俾斯麦35岁时，担任普鲁士国会的代议士。当时奥地利非常强大，曾经威胁德国如果企图统一，奥地利就要出兵干预。

俾斯麦一生都在狂热地追求普鲁士的强盛，他梦想打败奥地利，统一德国。他曾说过一句著名的话："要解决这个时代最严重的问题并不是依靠演说和决心，而是依赖铁和血。"但是令所有人惊异的是，这样一个好战分子居然在国会上主张和平。但这并不是他的真实意图，事实上，他连做梦都想着统一德国。

他说："没有对于战争后果的清醒认识，却执意发动战争，这样的政客，请自己去赴死吧！战争结束后，你们是否有勇气承担农民面对农田化为灰烬的痛苦？是否有勇气承受身体残废、妻离子散的悲伤？"

听了俾斯麦的这番演说，那些期待战争的议员迷惑了，最后，因为俾斯麦的坚持，终于避免了战争。

由于普鲁士主张和平，奥地利很是满意，就一直没有进行阻挠。

几个星期后，国王感谢俾斯麦为和平发言，委任他为内阁大臣。几年之后，俾斯麦成了普鲁士首相，这时他对奥地利宣战，摧毁了原来的帝国，统一了德国。

俾斯麦赞成和平的真实原因是他意识到当时的普鲁士军力赶不上其他欧洲强权的实力，并不适合发动战争。如果战争失利，他的政治生涯就岌岌可危了。他渴望权力，所以就坚持和自己意愿相反的主张，发表那些违背自己意愿的言论。

真假莫辨，以假乱真，真又似假，假变通真，当对手眼中的你已到了如此境界，他又怎么敢轻易进攻你呢？如果想战胜对手，就要不断改变行事方法，尤其在对手对你的情况比较熟悉的时候。改变自己的习惯，让他无法预测到你下一步的行动，就会让他方寸大乱，失掉信心，这时便可趁机将其击垮。如果不知道变通，只是一味地使用老方法，在对手的实力不下降的情况下，那等于是继续自寻败路，不可能有奇迹出现。

·掩藏自己的实力，示出弱者的姿态·

表面上看着比较强悍、威风凛凛的人并不是最有能力的，而真正有本领的人是懂得掩藏自己的实力、不轻易将才艺外露的人。因为喜好表现的人，是最为肤浅的人，也是最容易遭人嫉妒的人，所以韬光养晦才是聪明人之所为。"大智若愚"从某种意义上讲，是有智谋的人保护自己的一种处世计谋。

人生也是这样。当一个人志得意满时，切不可目空一切、不可一世，因为这样更容易引起别人的嫉妒，所以，无论你有怎样出众的才智，一定要谨记待人处事的法则。不要把自己看得太重要了，地球并不是缺少某个人就不能运转，所以还是收敛起自己的锋芒，实实在在地做人，在风平浪静中展露你的才华，只有这样，才能得到别人的认可。

古时候，郑庄公准备讨伐许国，开始打仗以前，他先在国都组织比赛，挑选先行官，众将知道这个消息后认为自己露脸立功的机会来了，于是都跃跃欲试，

准备一显身手。

第一个项目是击剑格斗，众将在比赛中都使出浑身解数，经过轮番的比试，最后选出六个人来参加下一轮比赛。

第二个项目是比箭，取胜的六名将领各射三箭，以射中靶心者为胜。轮到第五位上来射箭的是公孙子都，他武艺高强，年轻气盛，从来不把别人放在眼里，只见他搭弓上箭，三箭连中靶心，众人都欢呼鼓掌，此时公孙子都更是得意扬扬了。等到最后一位射手上场时，大家才发现这是一个胡子有些花白的老头，他叫颍考叔，因为曾劝庄公与母亲和解，所以，庄公一直都很看重他，颍考叔上前看了看，于是不慌不忙地开始射箭，嗖嗖嗖三箭，都是连中靶心，与公孙子都射了个平手，这样一来最后只剩下两个人，于是庄公就派人拉出一辆战车来，说："你们二人站在百步开外，同时来抢这部战车，谁抢到手谁就是先行官。公孙子都轻蔑地看了一眼对手，哪知跑了一半时，公孙子都却脚下一滑，跌了个跟头，等到他爬起来时颍考叔已抢车在手，公孙子都看到后很不服气，提了长戟就来夺车，颍考叔知道此人的意图，便拉起车飞步跑去，这个时候庄公忙派人阻止并宣布颍考叔为先行官。

颍考叔果然不负庄公之望，在进攻许都城时，手举大旗率先从云梯冲上城头，眼见大功告成的时候，公孙子都嫉妒得牙齿痒痒，竟抽出箭来，搭弓瞄准颍考叔一下射中心脏，就这样颍考叔从城头栽了下去。大将瑕叔盈以为颍考叔是被许兵射中身亡了，于是他忙拿起战旗，又指挥士兵冲城，终于拿下了许都。

颍考叔就是因为锋芒显露遭小人暗算的典型。的确，一个人如果锋芒太露，不懂得适时收敛，就很容易招人陷害，虽然可以取得暂时的成功，但却为自己埋下了祸根，所以当一个人骄傲自得地展现自己才华的时候，危机也就布满了四周，在这个时候，人们就需要懂得抱愚守拙，因为这样看似无用却能为自己带来很多好处。

在森林里，大象不断地被人类猎杀，但每次猎杀完，人类并不把大象庞大的身躯运走，而是直接取走了象牙。因为那才是人们所需要的，所以有的大象为了生存，每天都会很小心，它们见到人类后就东躲西藏，对人类会时时提高警惕，但即使是这样，它们还是难逃厄运，一只只大象倒在人类的枪口下。但奇怪的是，有一只公象从未受到人类的威胁，它每天都可以从容地到处转悠，有的时候甚至还可以到人类居住的村庄附近吃玉米，而且人类见了它，都没有想过猎杀它，有时甚至和它打招呼，对它表现得很友善，这让其他大象对此极为不

解。“你有什么秘诀吗？人类为什么从不伤害你，却总是把枪口对准我们呢？”大象族长问它。“你看我和你们有什么不同吗？”那只公象抬起头来看着族长和其他同类，大家惊奇地发现他的象牙不见了，于是大家问道：“你……你……的牙？”“是的，我没有牙齿。因为从很早以前起，我每天做的第一件事就是磨自己的牙，而正是因为没有牙齿，人类枪杀我就没有任何价值，所以我现在才能这样从容、悠闲地生活。”

我们不得不赞叹那只公象的勇气和智慧。要知道，象牙是公象吸引配偶的绝佳武器，哪只象的牙粗壮、美丽，它就会更加受青睐，所以公象们都以自己的象牙为荣。然而。正是这代表荣誉的象牙，却因受到人类的觊觎而为公象引来了杀身之祸。此时，磨掉象牙、收敛锋芒，才是保护自己的最好办法。

作为一个人，尤其是一个有才华的人，要做到不露锋芒，才是聪明之举。糊涂可以有效地保护自己，在发挥自己才华的时候要低调处事，不要争强好胜，学会战胜骄傲自大的毛病，凡事不要太张狂，太咄咄逼人，随时随地要养成谦虚做人的美德。

正所谓花要半开，酒要半醉，鲜花在盛开得太过娇艳的时候，往往容易被人采摘，这就是衰败的开始。人生在世，要懂得抱愚守拙，这是一种深藏不露的大智慧。

·亮出底牌遭暗算，深藏不露免灾难·

与人相处，要沉住气，管好自己的嘴，不要把自己的事全让人知道，特别是那些不愿让他人知道的个人秘密，更要做到有所保留，将自己的心思深藏不露。向他人过度公开自己秘密的人，往往会因此而吃大亏。

碰上貌似老实的人，人们往往一见如故，把自己的事全部告诉对方，或许会因此成为知心朋友。但在现实中，更多可能的情况是：你把真心交给他，他却因此而看扁你，更有甚者会因此打起坏主意，暗算你。

因此，任何时候我们都要留一手，不要把全部真情和盘托出，并非所有的事情都能对人讲，冲动是泄露的大门。轻易展露自己心思、亮出自己底牌的人往往会成为输家。

王平是一个公司的职员，他与他的同事兼好朋友李进无话不谈。一次，借着酒兴，他向李进说出了自己不为人知的秘密。王平少年时，曾与别人打群架，结果被判了两年刑。从监狱出来后，改过自新，重新做人，最终考上了大学，进了现在的这家公司工作。时值年底，公司由于效益不佳，准备裁员。王平和李进从事同一工作，这个位置精简后只能留下一人，但论实力，王平比李进要略胜一筹。

不久，公司里的同事都在私下议论王平是坐过牢的“劳改犯”，大家对他的印象大打折扣。谁愿意跟一个劳改犯共事呢？结果李进最终留了下来。

世界上的事情没有固定不变的，人与人之间的关系也不例外。今日为朋友，明日成敌人的事例屡见不鲜。像王平这样，把自己过去的秘密完全告诉别人，一旦交情破裂，对方不仅不为你保密，还会将所知的秘密作为把柄，到时后悔也来不及了。

因此，自己的秘密不要轻易示人，守住自己的秘密是对自己的一种尊重，是对自己负责的一种行为。罗曼·罗兰说：“每个人的心底，都有一座埋藏记忆的小岛，永不向人打开。”马克·吐温也说过：“每个人像一轮明月，他呈现光明的一面，但另有黑暗的一面从来不会给别人看到。”

要知道，秘密只能独享，不能作为礼物送人，再好的朋友，一旦你们的感情破裂，你的秘密将人尽皆知，受到伤害的人不仅是你，还有秘密中牵连到的所有人。

·装疯卖傻有时是最好的掩护·

一个人，锋芒太盛了难免灼伤他人。想想看，当你将所有的目光和风光都抢尽了，却将挫败和压力留给别人，那么别人在你的光芒的压迫之下，还能够过得自在、舒坦吗？因此，有才却不善于隐匿的人，往往招来更多的嫉恨和磨难。

《论语》中有一段孔子赞人“愚不可及”的话，大意是说：“宁武子这人，当国家政治清明的时候便发挥他的聪明才智，当国家政治黑暗的时候便作出一副愚笨的样子。他的那种聪明是人们可以赶得上的，他的那种愚笨却是没有人能够赶得上的。”这句话告诉我们：学“傻”比学“智”更难。

西汉的张良是汉高祖刘邦的谋士，他智慧过人，屡出奇计，为西汉的建立立下了不朽的功勋。一次，吕后因刘邦要废掉太子刘盈之事派人求张良帮忙，软硬兼施之下，张良无奈出了主意，让吕后请出商山四皓辅佐太子。刘邦一直崇敬这四个人，待见他们出山相助太子，大惊失色，自知太子羽翼已成，不得不放弃了废太子的念头。

吕后派人向张良致谢，张良却回绝说：“这都是皇后的高见，与我何干呢？请

转奏皇后，此事千万不要再提起了。”

吕后听了使者回报，感叹良久，她对自己的妹妹说：“张良不居功是小，弃智绝俗才是大啊。我先前只知道他智谋超群，今日才知他是深不可测，非我等可以窥伺得了的。”

刘邦死后，吕后专权。张良对世事的变故一概不问，对求见他的大臣也一律不见。吕后见他潜心研学道家养生之术，便不以他为患，反而对他愈生钦敬，她派人对张良说：“人的一生，十分短暂，应该及时享乐。听闻你为炼仙术，竟致绝食，何须如此？切不要自寻烦恼了。”

在吕后的一再催促下，张良这才勉强用饭。吕后对其他的大臣或杀或贬，却独对张良关爱有加。

诗云“吕后由来有深妒”，张良在激烈的权力争锋中能够保全自身，就是因为他能够隐藏聪明，不居功自傲，弃智绝俗。

俗话说，真人不露相，露相非真人，才能出众不是真智慧，有智慧的人并不显露自己，因为过于显山露水只会让智慧发挥它的副作用，导致“聪明反被聪明误”的后果。所以，刻意隐藏智慧往往是智者的第一选择。这其中自有智者对智慧的独特认识，但更多的还是他们对智慧的副作用心存忌惮。智慧会引人注目，但如果在引人注目之后不能为人效劳，就容易引起他人的嫉妒，所以，智者都懂得隐藏智慧，保全自身。而那些不知收敛的人，他们的结局大多不妙。

因此，做人切忌恃才自傲，不知饶人。锋芒太露易遭嫉恨，更容易树敌，藏巧守拙才是长远之道。

实习期间，一位实习老师在黑板上刚写了几个字，学生中突然有人叫起来：“实习老师的字比我们李老师的字好看！”

真是语惊四座，幼稚的学生哪能想到：此时后座的班主任李老师该多么尴尬！对这位实习生来说，初上岗位，就碰到这般让人难堪的场面，的确使人头疼，以后怎样同这位班主任共渡实习关呢？怎么办？转过身来谦虚几句，行吗？不行！这位实习生灵机一动，装作没有听到，继续写了几个字，头也不回地说：“不安安静静地看课文，是谁在下边大声喧哗？”此语一出，后座的李老师紧张尴尬的神情，顿时轻松多了——尴尬局面也随之消除。

装傻，就是对别人的话装作没有听到或没有听清楚，以便避实就虚、猛然出击的处理问题的方式。这里的实习老师巧妙地运用了“装傻”的技巧，避实就虚，避开“称赞”这一实体，装作没有听清楚，而攻击“喧闹”这一虚像。既巧妙地告诉那位班主任“我根本没有听到”，又敲打了那位学生的称赞兴致，避免了学生误认为老师没有听见可能会再称赞几句，从而再次造成尴尬的局面。

智者的才华，不是用来炫耀的。如果一个人天资聪颖，那是他的幸运，而如果他拿自己的幸运去让别人相形见绌，就会遭到对方的疏远甚至嫉妒。聪明的人会把自己的得意放在心里，而不是放在嘴上，更不会把它当作炫耀的资本。

·偶尔犯错也无妨·

善于处世的人，常常故意在明显的地方留一点儿瑕疵，让人一眼就看见他“连这么简单的都搞错了”。这样一来，尽管你出人头地，木秀于林，别人也不会对你敬而远之。一旦他发现“原来你也有错”，反而会缩短你们之间的距离。

有时，人们要学会适当地犯一点无伤大雅的小错误，不要在人前显得过于完美。犯些小错，可以避免因你太过于完美，而盖住了别人的光芒，进而引起别人的嫉妒。

在好莱坞有这样一位国际知名演员：一次，他在进影棚演出之前，一位朋友提醒他，纽扣上下扣反了。他低头看了看，连声向朋友道谢并赶紧扣好纽扣。可等他的朋友走开以后，他又把纽扣上下重新扣反。一个年轻人正好瞧见这一过程，便不解地问他是怎么回事。这名演员说他扮演的是个流浪汉，扣反纽扣正好表现出他不注重形象、对生活失去信心的一面。年轻人更是困惑地问道：“可你为什么不向朋友解释或者说这是演戏的需要呢？”

这位演员坦然地笑着说：“他提醒我是把我当作真正的朋友，是出于对我的关心。假如我一定要解释清楚，就极有可能让他认为我做任何事都是有准备的，有一定原因的。久而久之，谁还能指出我的缺点，在他们眼里，我的缺点也会被认为是个性，而恰恰这正是我要完善的地方。”

俗话说：水至清则无鱼，人至察则无徒。人不是上帝，都不完美，都会犯一些错误。这位演员是真正聪明的，他不忌讳犯错，更在朋友面前坦露错误，因为他深知：为了不断地完善自己，你必须给人以批评你的机会。莎士比亚说：“最好的好人，都是犯过错误的过来人；一个人往往因为有一点小小的缺点，将来会变得更好。”人不犯错，本身就已经是最大的错误了。在适当的时候，犯一些无关紧要的小错误，能更好地融入人群之中，避免因过于“完美”而遭人排挤。

乔波在某钢厂宣传处工作，有一天，处长突然叫他整理一个劳动模范的先进事迹。据知情人士透露，这其实是一次考试，它将关系到乔波是否还能继续在机关待下去。本来对这样的材料，他并不感到为难，但有了无形的压力，便不得不格外用心。他熬了一个通宵，写好后反复推敲，又抄得工工整整，第二天一上班，就把它送到了处长的桌子上。

处长非常高兴，不但字写得遒劲、悦目，而且在内容、结构上也没有什么可挑剔的。可是，处长越看到最后，笑容越收紧了。末了，他把文稿退回，让他再认真修改修改，满脸的严肃，真叫人搞不清什么地方出了差错。乔波转身刚要迈步，处长像突然想起了什么似的说："对，对，那个'副厂长'的。'副'字不能写成'付'，改过来，改过来就行了。"就这么简单。处长又恢复了先前高兴的样子，一个劲儿地夸道："速度快，不错。"考试自然过关，还是优秀。

做人要注意韬光养晦，不露锋芒，要注意不要炫耀自己的聪明才智，以免让你显得比别人聪明。必要的时候，应该像乔波这样，以"自污"来做障眼法，能让对方安心，也能使自己安全。有实力者如果太过高尚、自敛、清正，会让领导或竞争者感觉不安。适度地"抹黑"自己，告诉他们自己只是一个再普通不过的小人物，对方自然会放松警惕。

总之，无论你有如何出众的才智或高远的志向，都要时刻谨记：心高不可气傲，不要把自己看得太了不起，必须沉住气，审时度势，尽量收敛锋芒，这样才能为自己赢得更宽松的发展空间，有助于未来的成功。